大豆SSR标记法筛选近似品种系列丛书

SSR标记法采集大豆资源数据分析研究

李冬梅 韩瑞玺 等 著

中国农业出版社

北京

图书在版编目（CIP）数据

SSR 标记法采集大豆资源数据分析研究 / 李冬梅等著．
—北京：中国农业出版社，2023.7
ISBN 978 - 7 - 109 - 31124 - 4

Ⅰ.①S…　Ⅱ.①李…　Ⅲ.①大豆－种质资源－数据
处理　Ⅳ.①S565.102.4

中国国家版本馆 CIP 数据核字（2023）第 175485 号

中国农业出版社出版

地址：北京市朝阳区麦子店街 18 号楼
邮编：100125
责任编辑：杨晓改
版式设计：书雅文化　　责任校对：吴丽婷
印刷：中农印务有限公司
版次：2023 年 7 月第 1 版
印次：2023 年 7 月北京第 1 次印刷
发行：新华书店北京发行所
开本：880mm×1230mm　1/16
印张：15.25
字数：500 千字
定价：268.00 元

著 者 名 单

李冬梅　韩瑞玺　李　铁　邓　超
孙铭隆　张凯淅　荆若男　高凤梅
王晨宇　赵远玲　孙连发　马莹雪
李媛媛　冯艳芳　孙　丹　王翔宇
杨　柳

大豆起源于我国，是重要的栽培作物，在我国各地均有种植，每年有大量的大豆资源申请品种保护和DUS［distinctness（特异性）、uniformity（一致性）和stability（稳定性）］测试，准确科学地对这些种质资源材料进行DUS判定是保护申请者品种权益的重要内容。

随着育种人对品种权保护意识的逐年提高，分子技术凭借其独有的优于形态标记的特点，如多态性高、周期短、不受环境影响、可选择的标记数量多、结果更稳定等，成为DUS测试中各国争相研究的热点。而目前，分子技术在DUS测试中的最重要作用就是近似品种筛选，构建以分子标记为基础的DNA指纹数据库，以快速高效筛选近似品种。目前，分子标记技术正渐渐成为世界各国构建品种资源分子标记数据库、筛选近似品种的辅助技术手段，也将成为推动作物育种事业和新品种保护事业快速发展的重要技术支撑。

全书的概述部分简述了本书的主要目的，资源间的遗传距离部分给出了遗传距离表，以更好地分析这些资源间的近似关系。群体结构分析部分，给出了群体结构分布图，以直观的图像形式清晰地展示了192份大豆资源的聚类情况。

本书还提供了国家种质资源库中用于新品种保护的192份大豆资源的SSR标记基因位点分型结果以及实验相关的引物信息、荧光引物组合信息、所使用的主要仪器设备和主要实验方法等。

本书内容可作为DUS测试中筛选近似品种参考使用，也可为科研人员提供有益的思路和信息，内容仅供参考，不作为任何依据性工作使用。遗传距离和群体结构分析仅为本批次样品的结果，虽经反复核对，仍可能有疏漏之处，敬请读者批评指正。

本书的出版得到了农业农村部植物新品种测试（哈尔滨）分中心的大力支持，在此表示诚挚、由衷的感谢。

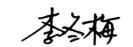

2023年3月25日哈尔滨

目 录

前言

一、概　　述

大豆资源是大豆育种的材料基础，利用不同材料中的大量遗传变异位点，创建适应性好、产量品质优良以及抗逆性高的新品种是农业生产中最主要的育种目的，利用 SSR（简单重复序列，simple sequence repeats）分子标记采集不同大豆资源的等位变异位点，从而将不同大豆资源进行遗传距离和群体结构分析，能够为遗传育种提供更多可利用的信息。同时，在新品种保护中，最重要的技术环节之一就是近似品种筛选，为了有效区分作物品种，需要收集大量已知品种，构建用于近似品种筛选的品种资源数据库，而以 DNA 为依托的分子标记技术是利用数据库实现快速高效筛选近似品种的最优选择。目前，分子标记技术正渐渐成为世界各国构建品种资源分子数据库、筛选近似品种的辅助技术手段，也将成为推动作物育种事业和新品种保护事业快速发展的重要技术支撑。

本书主要分析了 192 份大豆资源间的遗传距离和群体遗传结构，以更好地对这些资源进行近似品种筛选和分类，进而为大豆遗传育种和品种保护提供更多可利用的信息。

二、192 份大豆资源的遗传距离

192 份大豆资源的遗传距离见表 1 至表 28。

表 1 遗传距离（一）

序号	资源编号	序号/资源编号						
		1	2	3	4	5	6	7
		XIN00110	XIN00244	XIN00245	XIN00246	XIN00247	XIN00249	XIN00252
1	XIN00110	0.00	0.86	0.76	0.63	0.76	0.67	0.74
2	XIN00244	0.86	0.00	0.59	0.63	0.69	0.74	0.62
3	XIN00245	0.76	0.59	0.00	0.54	0.73	0.71	0.73
4	XIN00246	0.63	0.63	0.54	0.00	0.58	0.60	0.59
5	XIN00247	0.76	0.69	0.73	0.58	0.00	0.69	0.63
6	XIN00249	0.67	0.74	0.71	0.60	0.69	0.00	0.61
7	XIN00252	0.74	0.62	0.73	0.59	0.63	0.61	0.00
8	XIN00253	0.77	0.69	0.85	0.69	0.66	0.61	0.38
9	XIN00255	0.76	0.71	0.59	0.51	0.63	0.76	0.69
10	XIN00256	0.50	0.56	0.43	0.29	0.53	0.47	0.44
11	XIN00275	0.82	0.69	0.75	0.66	0.80	0.71	0.76
12	XIN00327	0.83	0.79	0.70	0.69	0.75	0.77	0.76
13	XIN00533	0.81	0.67	0.71	0.70	0.76	0.65	0.72
14	XIN00892	0.62	0.88	0.79	0.78	0.79	0.69	0.82
15	XIN00935	0.80	0.70	0.69	0.58	0.85	0.73	0.77
16	XIN01057	0.74	0.88	0.82	0.78	0.87	0.72	0.79
17	XIN01059	0.72	0.91	0.88	0.85	0.89	0.74	0.93
18	XIN01061	0.76	0.74	0.68	0.49	0.60	0.67	0.74
19	XIN01070	0.59	0.73	0.71	0.69	0.76	0.59	0.67
20	XIN01174	0.80	0.71	0.71	0.63	0.69	0.59	0.51
21	XIN01451	0.62	0.80	0.84	0.72	0.71	0.72	0.79
22	XIN01462	0.77	0.77	0.62	0.69	0.65	0.77	0.69

（续）

序号	资源编号	序号/资源编号						
		1	2	3	4	5	6	7
		XIN00110	XIN00244	XIN00245	XIN00246	XIN00247	XIN00249	XIN00252
23	XIN01470	0.69	0.57	0.51	0.49	0.67	0.56	0.56
24	XIN01797	0.85	0.74	0.62	0.63	0.75	0.69	0.71
25	XIN01888	0.82	0.74	0.73	0.72	0.80	0.78	0.88
26	XIN01889	0.83	0.80	0.74	0.73	0.86	0.73	0.88
27	XIN02035	0.71	0.82	0.79	0.74	0.73	0.67	0.68
28	XIN02196	0.72	0.83	0.79	0.74	0.86	0.73	0.74
29	XIN02360	0.57	0.78	0.71	0.54	0.71	0.57	0.74
30	XIN02362	0.78	0.71	0.77	0.72	0.78	0.72	0.74
31	XIN02395	0.64	0.81	0.85	0.68	0.70	0.74	0.75
32	XIN02522	0.76	0.65	0.61	0.59	0.69	0.58	0.58
33	XIN02916	0.88	0.71	0.65	0.66	0.74	0.71	0.71
34	XIN03117	0.85	0.68	0.80	0.79	0.74	0.69	0.51
35	XIN03178	0.69	0.84	0.90	0.77	0.83	0.76	0.79
36	XIN03180	0.72	0.89	0.82	0.75	0.83	0.71	0.85
37	XIN03182	0.61	0.78	0.71	0.60	0.69	0.58	0.78
38	XIN03185	0.78	0.70	0.76	0.76	0.69	0.76	0.75
39	XIN03207	0.86	0.65	0.77	0.72	0.77	0.69	0.49
40	XIN03309	0.74	0.73	0.81	0.60	0.67	0.70	0.72
41	XIN03486	0.71	0.71	0.63	0.49	0.62	0.72	0.56
42	XIN03488	0.74	0.61	0.62	0.58	0.72	0.74	0.66
43	XIN03689	0.80	0.71	0.76	0.76	0.69	0.70	0.56
44	XIN03717	0.76	0.64	0.64	0.58	0.69	0.64	0.42
45	XIN03733	0.74	0.79	0.79	0.69	0.85	0.62	0.67
46	XIN03841	0.62	0.75	0.72	0.65	0.65	0.65	0.75
47	XIN03843	0.76	0.82	0.79	0.76	0.85	0.75	0.76

（续）

序号	资源编号	序号/资源编号						
		1	2	3	4	5	6	7
		XIN00110	XIN00244	XIN00245	XIN00246	XIN00247	XIN00249	XIN00252
48	XIN03845	0.73	0.82	0.78	0.74	0.86	0.73	0.84
49	XIN03902	0.69	0.93	0.90	0.75	0.76	0.81	0.87
50	XIN03997	0.67	0.88	0.73	0.79	0.79	0.69	0.82
51	XIN04109	0.79	0.88	0.81	0.80	0.85	0.74	0.88
52	XIN04288	0.79	0.79	0.69	0.66	0.74	0.66	0.71
53	XIN04290	0.84	0.82	0.76	0.61	0.77	0.72	0.68
54	XIN04326	0.68	0.71	0.73	0.61	0.73	0.68	0.75
55	XIN04328	0.64	0.73	0.82	0.66	0.63	0.73	0.66
56	XIN04374	0.79	0.87	0.89	0.77	0.86	0.74	0.78
57	XIN04450	0.68	0.82	0.78	0.80	0.90	0.75	0.80
58	XIN04453	0.71	0.55	0.60	0.55	0.72	0.64	0.65
59	XIN04461	0.85	0.67	0.66	0.67	0.57	0.74	0.59
60	XIN04552	0.74	0.83	0.89	0.80	0.83	0.77	0.80
61	XIN04585	0.85	0.57	0.66	0.61	0.87	0.69	0.73
62	XIN04587	0.76	0.76	0.78	0.76	0.84	0.70	0.84
63	XIN04595	0.67	0.73	0.63	0.60	0.68	0.46	0.72
64	XIN04734	0.84	0.74	0.75	0.80	0.85	0.77	0.77
65	XIN04823	0.69	0.69	0.61	0.47	0.56	0.48	0.52
66	XIN04825	0.71	0.65	0.49	0.49	0.78	0.60	0.60
67	XIN04897	0.70	0.88	0.75	0.71	0.80	0.70	0.76
68	XIN05159	0.82	0.76	0.81	0.76	0.84	0.76	0.80
69	XIN05239	0.74	0.79	0.75	0.69	0.78	0.59	0.56
70	XIN05251	0.81	0.93	0.84	0.87	0.85	0.83	0.93
71	XIN05269	0.77	0.63	0.67	0.50	0.55	0.72	0.63
72	XIN05281	0.82	0.86	0.67	0.71	0.65	0.68	0.72

（续）

序号	资源编号	序号/资源编号						
		1	2	3	4	5	6	7
		XIN00110	XIN00244	XIN00245	XIN00246	XIN00247	XIN00249	XIN00252
73	XIN05352	0.69	0.88	0.87	0.77	0.75	0.81	0.82
74	XIN05379	0.73	0.73	0.75	0.70	0.71	0.74	0.75
75	XIN05425	0.92	0.69	0.68	0.76	0.78	0.68	0.82
76	XIN05427	0.81	0.62	0.64	0.65	0.66	0.57	0.58
77	XIN05440	0.77	0.81	0.68	0.50	0.70	0.69	0.70
78	XIN05441	0.67	0.76	0.78	0.54	0.65	0.67	0.51
79	XIN05461	0.75	0.75	0.62	0.56	0.69	0.70	0.72
80	XIN05462	0.66	0.71	0.73	0.55	0.76	0.64	0.76
81	XIN05645	0.79	0.82	0.73	0.77	0.81	0.66	0.79
82	XIN05647	0.71	0.82	0.79	0.72	0.80	0.66	0.76
83	XIN05649	0.76	0.79	0.79	0.72	0.81	0.69	0.79
84	XIN05650	0.79	0.72	0.65	0.68	0.69	0.72	0.55
85	XIN05651	0.88	0.79	0.64	0.66	0.70	0.69	0.70
86	XIN05652	0.86	0.77	0.76	0.70	0.77	0.72	0.66
87	XIN05701	0.85	0.59	0.67	0.62	0.86	0.72	0.80
88	XIN05702	0.75	0.72	0.76	0.72	0.81	0.67	0.81
89	XIN05726	0.65	0.87	0.73	0.79	0.88	0.70	0.83
90	XIN05731	0.77	0.59	0.66	0.55	0.70	0.77	0.60
91	XIN05733	0.75	0.60	0.74	0.54	0.71	0.71	0.66
92	XIN05862	0.76	0.71	0.75	0.69	0.77	0.68	0.72
93	XIN05891	0.68	0.70	0.67	0.54	0.72	0.48	0.53
94	XIN05926	0.73	0.79	0.71	0.67	0.79	0.76	0.80
95	XIN05952	0.65	0.82	0.85	0.75	0.74	0.74	0.82
96	XIN05972	0.72	0.91	0.79	0.78	0.85	0.71	0.81
97	XIN05995	0.76	0.78	0.71	0.77	0.75	0.62	0.73

（续）

序号	资源编号	序号/资源编号						
		1	2	3	4	5	6	7
		XIN00110	XIN00244	XIN00245	XIN00246	XIN00247	XIN00249	XIN00252
98	XIN06057	0.68	0.88	0.85	0.73	0.83	0.74	0.79
99	XIN06084	0.78	0.71	0.79	0.72	0.81	0.78	0.76
100	XIN06118	0.83	0.84	0.76	0.75	0.70	0.74	0.82
101	XIN06346	0.81	0.78	0.86	0.75	0.76	0.68	0.81
102	XIN06349	0.77	0.79	0.82	0.67	0.71	0.72	0.64
103	XIN06351	0.83	0.69	0.68	0.66	0.69	0.59	0.43
104	XIN06425	0.83	0.69	0.79	0.68	0.73	0.76	0.68
105	XIN06427	0.79	0.75	0.78	0.69	0.77	0.79	0.68
106	XIN06460	0.81	0.65	0.78	0.70	0.71	0.65	0.75
107	XIN06617	0.78	0.84	0.71	0.67	0.81	0.71	0.61
108	XIN06619	0.80	0.64	0.64	0.66	0.74	0.69	0.51
109	XIN06639	0.76	0.57	0.60	0.40	0.65	0.60	0.51
110	XIN07900	0.79	0.78	0.70	0.76	0.71	0.68	0.75
111	XIN07902	0.65	0.69	0.62	0.52	0.69	0.47	0.67
112	XIN07913	0.80	0.86	0.83	0.70	0.87	0.67	0.86
113	XIN07914	0.65	0.70	0.76	0.70	0.74	0.69	0.76
114	XIN07953	0.79	0.77	0.62	0.61	0.76	0.66	0.84
115	XIN08073	0.88	0.79	0.79	0.74	0.84	0.69	0.71
116	XIN08225	0.68	0.81	0.84	0.75	0.73	0.71	0.77
117	XIN08227	0.77	0.85	0.85	0.76	0.83	0.77	0.81
118	XIN08229	0.78	0.80	0.88	0.70	0.72	0.77	0.79
119	XIN08230	0.82	0.87	0.82	0.76	0.83	0.79	0.89
120	XIN08231	0.71	0.81	0.77	0.68	0.78	0.74	0.80
121	XIN08252	0.65	0.69	0.64	0.53	0.67	0.49	0.65
122	XIN08254	0.77	0.70	0.76	0.70	0.79	0.59	0.71

（续）

序号	资源编号	序号/资源编号						
		1	2	3	4	5	6	7
		XIN00110	XIN00244	XIN00245	XIN00246	XIN00247	XIN00249	XIN00252
123	XIN08283	0.76	0.65	0.70	0.49	0.69	0.64	0.59
124	XIN08327	0.65	0.82	0.85	0.71	0.76	0.76	0.82
125	XIN08670	0.82	0.75	0.77	0.70	0.74	0.76	0.69
126	XIN08699	0.89	0.75	0.79	0.68	0.72	0.74	0.74
127	XIN08701	0.80	0.70	0.74	0.62	0.89	0.70	0.74
128	XIN08718	0.81	0.62	0.67	0.59	0.75	0.59	0.53
129	XIN08743	0.86	0.74	0.76	0.64	0.58	0.77	0.69
130	XIN08754	0.90	0.78	0.71	0.75	0.83	0.65	0.67
131	XIN08786	0.72	0.80	0.82	0.77	0.85	0.72	0.81
132	XIN09052	0.65	0.71	0.65	0.55	0.67	0.44	0.67
133	XIN09099	0.72	0.86	0.82	0.70	0.83	0.71	0.77
134	XIN09101	0.79	0.84	0.83	0.79	0.83	0.74	0.81
135	XIN09103	0.76	0.71	0.65	0.60	0.70	0.51	0.62
136	XIN09105	0.85	0.80	0.79	0.69	0.78	0.63	0.69
137	XIN09107	0.74	0.80	0.79	0.67	0.69	0.65	0.49
138	XIN09291	0.72	0.94	0.94	0.83	0.83	0.83	0.86
139	XIN09415	0.74	0.71	0.85	0.67	0.52	0.66	0.46
140	XIN09478	0.78	0.94	0.90	0.76	0.83	0.80	0.85
141	XIN09479	0.88	0.82	0.80	0.79	0.76	0.68	0.68
142	XIN09481	0.88	0.85	0.84	0.78	0.82	0.73	0.67
143	XIN09482	0.88	0.69	0.71	0.76	0.73	0.73	0.59
144	XIN09616	0.83	0.66	0.76	0.73	0.61	0.71	0.59
145	XIN09619	0.82	0.79	0.73	0.58	0.77	0.60	0.62
146	XIN09621	0.81	0.71	0.65	0.61	0.71	0.67	0.60
147	XIN09624	0.76	0.76	0.67	0.65	0.74	0.65	0.71

（续）

序号	资源编号	序号/资源编号						
		1	2	3	4	5	6	7
		XIN00110	XIN00244	XIN00245	XIN00246	XIN00247	XIN00249	XIN00252
148	XIN09670	0.78	0.90	0.87	0.87	0.88	0.79	0.90
149	XIN09683	0.80	0.77	0.71	0.70	0.78	0.69	0.74
150	XIN09685	0.77	0.66	0.57	0.59	0.77	0.66	0.70
151	XIN09687	0.79	0.72	0.76	0.61	0.78	0.75	0.76
152	XIN09799	0.70	0.66	0.56	0.63	0.74	0.71	0.66
153	XIN09830	0.79	0.74	0.80	0.74	0.68	0.78	0.55
154	XIN09845	0.72	0.76	0.73	0.72	0.77	0.63	0.76
155	XIN09847	0.70	0.76	0.74	0.68	0.74	0.63	0.76
156	XIN09879	0.74	0.68	0.73	0.71	0.83	0.71	0.56
157	XIN09889	0.73	0.71	0.68	0.62	0.71	0.77	0.74
158	XIN09891	0.82	0.72	0.70	0.64	0.67	0.69	0.70
159	XIN09912	0.76	0.75	0.85	0.72	0.73	0.75	0.68
160	XIN10136	0.80	0.74	0.65	0.59	0.64	0.70	0.63
161	XIN10138	0.75	0.91	0.79	0.78	0.85	0.75	0.85
162	XIN10149	0.77	0.92	0.92	0.79	0.88	0.75	0.89
163	XIN10156	0.78	0.82	0.82	0.78	0.85	0.73	0.81
164	XIN10162	0.59	0.80	0.71	0.69	0.72	0.60	0.75
165	XIN10164	0.77	0.91	0.79	0.80	0.83	0.70	0.86
166	XIN10168	0.81	0.79	0.77	0.72	0.69	0.63	0.59
167	XIN10172	0.70	0.81	0.87	0.77	0.79	0.76	0.76
168	XIN10181	0.62	0.70	0.57	0.53	0.69	0.60	0.61
169	XIN10183	0.69	0.61	0.59	0.44	0.65	0.65	0.54
170	XIN10184	0.66	0.74	0.58	0.47	0.72	0.59	0.56
171	XIN10186	0.80	0.74	0.68	0.72	0.82	0.67	0.71
172	XIN10188	0.69	0.60	0.60	0.53	0.61	0.66	0.62

（续）

序号	资源编号	序号/资源编号						
		1	2	3	4	5	6	7
		XIN00110	XIN00244	XIN00245	XIN00246	XIN00247	XIN00249	XIN00252
173	XIN10189	0.68	0.55	0.51	0.31	0.56	0.57	0.49
174	XIN10191	0.77	0.74	0.61	0.58	0.72	0.70	0.53
175	XIN10196	0.79	0.88	0.81	0.78	0.86	0.75	0.84
176	XIN10197	0.72	0.86	0.83	0.70	0.84	0.74	0.79
177	XIN10199	0.67	0.69	0.64	0.58	0.72	0.69	0.73
178	XIN10203	0.79	0.71	0.58	0.56	0.66	0.68	0.59
179	XIN10205	0.67	0.65	0.65	0.65	0.73	0.57	0.71
180	XIN10207	0.77	0.74	0.67	0.67	0.81	0.66	0.61
181	XIN10214	0.68	0.88	0.90	0.76	0.81	0.72	0.87
182	XIN10220	0.76	0.71	0.52	0.43	0.69	0.71	0.62
183	XIN10222	0.88	0.86	0.85	0.81	0.75	0.69	0.71
184	XIN10228	0.76	0.74	0.67	0.66	0.83	0.66	0.59
185	XIN10230	0.72	0.93	0.87	0.71	0.81	0.75	0.74
186	XIN10284	0.72	0.85	0.79	0.72	0.81	0.71	0.74
187	XIN10334	0.91	0.80	0.82	0.72	0.69	0.77	0.69
188	XIN10378	0.74	0.88	0.88	0.81	0.80	0.82	0.85
189	XIN10380	0.74	0.91	0.85	0.86	0.84	0.81	0.88
190	XIN10558	0.83	0.69	0.77	0.68	0.78	0.61	0.55
191	XIN10559	0.78	0.78	0.68	0.74	0.88	0.72	0.81
192	XIN10642	0.84	0.85	0.84	0.84	0.82	0.80	0.85

表2 遗传距离（二）

序号	资源编号	序号/资源编号						
		8	9	10	11	12	13	14
		XIN00253	XIN00255	XIN00256	XIN00275	XIN00327	XIN00533	XIN00892
1	XIN00110	0.77	0.76	0.50	0.82	0.83	0.81	0.62
2	XIN00244	0.69	0.71	0.56	0.69	0.79	0.67	0.88
3	XIN00245	0.85	0.59	0.43	0.75	0.70	0.71	0.79
4	XIN00246	0.69	0.51	0.29	0.66	0.69	0.70	0.78
5	XIN00247	0.66	0.63	0.53	0.80	0.75	0.76	0.79
6	XIN00249	0.61	0.76	0.47	0.71	0.77	0.65	0.69
7	XIN00252	0.38	0.69	0.44	0.76	0.76	0.72	0.82
8	XIN00253	0.00	0.79	0.59	0.77	0.79	0.77	0.85
9	XIN00255	0.79	0.00	0.50	0.64	0.63	0.76	0.84
10	XIN00256	0.59	0.50	0.00	0.61	0.58	0.64	0.68
11	XIN00275	0.77	0.64	0.61	0.00	0.77	0.66	0.79
12	XIN00327	0.79	0.63	0.58	0.77	0.00	0.76	0.87
13	XIN00533	0.77	0.76	0.64	0.66	0.76	0.00	0.85
14	XIN00892	0.85	0.84	0.68	0.79	0.87	0.85	0.00
15	XIN00935	0.68	0.70	0.55	0.77	0.65	0.67	0.81
16	XIN01057	0.88	0.85	0.65	0.89	0.87	0.72	0.67
17	XIN01059	0.89	0.83	0.69	0.83	0.86	0.81	0.61
18	XIN01061	0.74	0.61	0.40	0.72	0.64	0.69	0.74
19	XIN01070	0.74	0.77	0.53	0.69	0.72	0.71	0.22
20	XIN01174	0.57	0.77	0.51	0.83	0.69	0.72	0.88
21	XIN01451	0.73	0.83	0.66	0.75	0.86	0.80	0.68
22	XIN01462	0.71	0.63	0.52	0.76	0.47	0.72	0.79
23	XIN01470	0.64	0.56	0.41	0.78	0.81	0.74	0.84

（续）

序号	资源编号	序号/资源编号						
		8	9	10	11	12	13	14
		XIN00253	XIN00255	XIN00256	XIN00275	XIN00327	XIN00533	XIN00892
24	XIN01797	0.74	0.62	0.53	0.77	0.63	0.47	0.91
25	XIN01888	0.88	0.82	0.66	0.78	0.73	0.75	0.80
26	XIN01889	0.91	0.84	0.60	0.71	0.78	0.76	0.76
27	XIN02035	0.69	0.86	0.65	0.73	0.85	0.80	0.50
28	XIN02196	0.86	0.90	0.63	0.74	0.82	0.80	0.65
29	XIN02360	0.66	0.81	0.47	0.71	0.84	0.64	0.73
30	XIN02362	0.68	0.82	0.63	0.67	0.91	0.79	0.77
31	XIN02395	0.76	0.69	0.63	0.71	0.81	0.74	0.79
32	XIN02522	0.58	0.73	0.45	0.81	0.70	0.74	0.87
33	XIN02916	0.64	0.88	0.53	0.82	0.74	0.75	0.83
34	XIN03117	0.55	0.83	0.64	0.74	0.72	0.74	0.81
35	XIN03178	0.79	0.83	0.66	0.83	0.86	0.78	0.67
36	XIN03180	0.86	0.81	0.65	0.61	0.77	0.76	0.68
37	XIN03182	0.68	0.82	0.52	0.68	0.81	0.74	0.70
38	XIN03185	0.87	0.65	0.63	0.72	0.85	0.69	0.71
39	XIN03207	0.51	0.78	0.64	0.72	0.76	0.75	0.83
40	XIN03309	0.69	0.60	0.54	0.64	0.62	0.73	0.85
41	XIN03486	0.68	0.47	0.42	0.78	0.72	0.75	0.77
42	XIN03488	0.83	0.40	0.44	0.78	0.78	0.83	0.86
43	XIN03689	0.54	0.80	0.54	0.86	0.65	0.81	0.88
44	XIN03717	0.48	0.58	0.53	0.82	0.76	0.74	0.79
45	XIN03733	0.82	0.74	0.59	0.63	0.79	0.78	0.67
46	XIN03841	0.68	0.74	0.56	0.65	0.85	0.73	0.61
47	XIN03843	0.85	0.89	0.67	0.69	0.84	0.82	0.64
48	XIN03845	0.82	0.87	0.67	0.75	0.90	0.74	0.69

（续）

序号	资源编号	序号/资源编号						
		8	9	10	11	12	13	14
		XIN00253	XIN00255	XIN00256	XIN00275	XIN00327	XIN00533	XIN00892
49	XIN03902	0.84	0.81	0.69	0.91	0.95	0.83	0.56
50	XIN03997	0.88	0.83	0.61	0.73	0.79	0.70	0.62
51	XIN04109	0.88	0.89	0.68	0.74	0.88	0.79	0.64
52	XIN04288	0.64	0.74	0.47	0.79	0.56	0.70	0.84
53	XIN04290	0.62	0.72	0.52	0.81	0.51	0.69	0.92
54	XIN04326	0.63	0.79	0.46	0.68	0.74	0.74	0.69
55	XIN04328	0.66	0.90	0.59	0.73	0.82	0.61	0.72
56	XIN04374	0.78	0.87	0.65	0.73	0.70	0.79	0.68
57	XIN04450	0.82	0.80	0.67	0.68	0.80	0.77	0.61
58	XIN04453	0.59	0.54	0.48	0.66	0.76	0.74	0.89
59	XIN04461	0.76	0.75	0.49	0.76	0.58	0.76	0.87
60	XIN04552	0.77	0.80	0.67	0.82	0.79	0.80	0.71
61	XIN04585	0.80	0.60	0.51	0.68	0.73	0.67	0.87
62	XIN04587	0.82	0.79	0.58	0.73	0.79	0.58	0.72
63	XIN04595	0.67	0.73	0.40	0.71	0.80	0.67	0.77
64	XIN04734	0.77	0.77	0.66	0.74	0.70	0.71	0.87
65	XIN04823	0.66	0.59	0.46	0.76	0.76	0.73	0.72
66	XIN04825	0.73	0.45	0.48	0.83	0.76	0.77	0.81
67	XIN04897	0.82	0.82	0.62	0.79	0.84	0.71	0.63
68	XIN05159	0.83	0.77	0.63	0.74	0.88	0.64	0.68
69	XIN05239	0.63	0.76	0.60	0.63	0.75	0.60	0.82
70	XIN05251	0.90	0.83	0.79	0.83	0.96	0.84	0.59
71	XIN05269	0.61	0.64	0.43	0.60	0.79	0.71	0.72
72	XIN05281	0.79	0.77	0.56	0.70	0.79	0.61	0.82
73	XIN05352	0.79	0.76	0.71	0.80	0.89	0.87	0.60

序号	资源编号	序号/资源编号						
		8	9	10	11	12	13	14
		XIN00253	XIN00255	XIN00256	XIN00275	XIN00327	XIN00533	XIN00892
74	XIN05379	0.67	0.80	0.54	0.73	0.74	0.68	0.68
75	XIN05425	0.73	0.81	0.60	0.73	0.68	0.77	0.81
76	XIN05427	0.54	0.77	0.55	0.69	0.62	0.59	0.81
77	XIN05440	0.81	0.67	0.38	0.74	0.44	0.62	0.92
78	XIN05441	0.68	0.61	0.43	0.80	0.63	0.82	0.90
79	XIN05461	0.81	0.50	0.41	0.54	0.61	0.69	0.89
80	XIN05462	0.71	0.62	0.41	0.71	0.72	0.72	0.82
81	XIN05645	0.69	0.90	0.68	0.74	0.77	0.71	0.72
82	XIN05647	0.74	0.86	0.61	0.71	0.82	0.86	0.64
83	XIN05649	0.74	0.92	0.68	0.65	0.91	0.86	0.61
84	XIN05650	0.62	0.58	0.50	0.78	0.72	0.79	0.87
85	XIN05651	0.68	0.65	0.63	0.81	0.68	0.74	0.82
86	XIN05652	0.67	0.74	0.59	0.83	0.70	0.67	0.89
87	XIN05701	0.77	0.59	0.52	0.67	0.70	0.67	0.89
88	XIN05702	0.78	0.77	0.53	0.68	0.75	0.57	0.71
89	XIN05726	0.77	0.85	0.66	0.80	0.87	0.77	0.70
90	XIN05731	0.60	0.71	0.49	0.69	0.75	0.81	0.77
91	XIN05733	0.63	0.71	0.48	0.71	0.75	0.81	0.83
92	XIN05862	0.66	0.68	0.56	0.63	0.83	0.76	0.73
93	XIN05891	0.68	0.74	0.43	0.74	0.77	0.67	0.80
94	XIN05926	0.83	0.74	0.60	0.73	0.88	0.80	0.82
95	XIN05952	0.74	0.85	0.68	0.76	0.91	0.82	0.68
96	XIN05972	0.74	0.89	0.63	0.79	0.80	0.79	0.59
97	XIN05995	0.76	0.89	0.53	0.77	0.82	0.71	0.79
98	XIN06057	0.73	0.87	0.70	0.82	0.75	0.79	0.58

（续）

序号	资源编号	序号/资源编号						
		8	9	10	11	12	13	14
		XIN00253	XIN00255	XIN00256	XIN00275	XIN00327	XIN00533	XIN00892
99	XIN06084	0.74	0.83	0.68	0.78	0.81	0.60	0.82
100	XIN06118	0.79	0.79	0.56	0.82	0.80	0.74	0.73
101	XIN06346	0.72	0.84	0.64	0.72	0.77	0.74	0.73
102	XIN06349	0.69	0.72	0.60	0.80	0.65	0.67	0.79
103	XIN06351	0.51	0.81	0.56	0.76	0.81	0.60	0.85
104	XIN06425	0.75	0.76	0.53	0.79	0.69	0.61	0.94
105	XIN06427	0.69	0.82	0.51	0.78	0.73	0.69	0.89
106	XIN06460	0.76	0.68	0.50	0.69	0.73	0.71	0.82
107	XIN06617	0.64	0.67	0.58	0.74	0.78	0.63	0.84
108	XIN06619	0.52	0.74	0.46	0.70	0.71	0.63	0.81
109	XIN06639	0.61	0.67	0.44	0.73	0.78	0.67	0.86
110	XIN07900	0.73	0.73	0.54	0.76	0.60	0.60	0.83
111	XIN07902	0.70	0.74	0.37	0.67	0.78	0.67	0.78
112	XIN07913	0.83	0.85	0.66	0.64	0.77	0.72	0.68
113	XIN07914	0.80	0.84	0.59	0.64	0.83	0.67	0.69
114	XIN07953	0.83	0.74	0.54	0.69	0.80	0.78	0.79
115	XIN08073	0.69	0.78	0.65	0.85	0.72	0.64	0.90
116	XIN08225	0.78	0.78	0.68	0.68	0.80	0.76	0.63
117	XIN08227	0.74	0.76	0.67	0.69	0.70	0.88	0.70
118	XIN08229	0.77	0.80	0.66	0.67	0.81	0.84	0.85
119	XIN08230	0.89	0.85	0.71	0.71	0.71	0.79	0.68
120	XIN08231	0.84	0.80	0.60	0.71	0.72	0.81	0.79
121	XIN08252	0.71	0.74	0.36	0.68	0.78	0.69	0.79
122	XIN08254	0.69	0.73	0.63	0.80	0.74	0.74	0.84
123	XIN08283	0.62	0.67	0.44	0.68	0.61	0.72	0.82

（续）

序号	资源编号	序号/资源编号						
		8	9	10	11	12	13	14
		XIN00253	XIN00255	XIN00256	XIN00275	XIN00327	XIN00533	XIN00892
124	XIN08327	0.76	0.83	0.67	0.71	0.88	0.81	0.70
125	XIN08670	0.75	0.79	0.64	0.79	0.82	0.65	0.91
126	XIN08699	0.65	0.75	0.63	0.76	0.66	0.61	0.87
127	XIN08701	0.73	0.81	0.61	0.74	0.88	0.66	0.72
128	XIN08718	0.53	0.79	0.45	0.61	0.65	0.60	0.83
129	XIN08743	0.72	0.71	0.57	0.74	0.81	0.65	0.86
130	XIN08754	0.61	0.74	0.71	0.74	0.70	0.57	0.91
131	XIN08786	0.87	0.81	0.65	0.84	0.82	0.76	0.69
132	XIN09052	0.67	0.76	0.40	0.70	0.81	0.67	0.78
133	XIN09099	0.86	0.89	0.71	0.77	0.79	0.77	0.62
134	XIN09101	0.82	0.74	0.68	0.60	0.80	0.83	0.73
135	XIN09103	0.54	0.77	0.49	0.69	0.73	0.78	0.81
136	XIN09105	0.63	0.73	0.52	0.87	0.67	0.74	0.91
137	XIN09107	0.43	0.81	0.56	0.85	0.69	0.74	0.82
138	XIN09291	0.86	0.83	0.72	0.88	0.90	0.84	0.64
139	XIN09415	0.38	0.79	0.48	0.80	0.71	0.68	0.82
140	XIN09478	0.82	0.83	0.68	0.77	0.88	0.85	0.60
141	XIN09479	0.66	0.79	0.68	0.89	0.73	0.71	0.92
142	XIN09481	0.67	0.80	0.68	0.90	0.74	0.71	0.93
143	XIN09482	0.56	0.75	0.60	0.69	0.70	0.64	0.90
144	XIN09616	0.49	0.74	0.54	0.71	0.71	0.63	0.82
145	XIN09619	0.69	0.68	0.50	0.75	0.63	0.65	0.93
146	XIN09621	0.57	0.66	0.55	0.71	0.47	0.67	0.83
147	XIN09624	0.68	0.65	0.51	0.64	0.70	0.72	0.83
148	XIN09670	0.87	0.79	0.76	0.81	0.95	0.84	0.65

（续）

序号	资源编号	序号/资源编号						
		8	9	10	11	12	13	14
		XIN00253	XIN00255	XIN00256	XIN00275	XIN00327	XIN00533	XIN00892
149	XIN09683	0.77	0.72	0.53	0.76	0.76	0.77	0.88
150	XIN09685	0.79	0.60	0.61	0.59	0.77	0.65	0.80
151	XIN09687	0.76	0.69	0.61	0.57	0.70	0.76	0.73
152	XIN09799	0.71	0.66	0.41	0.70	0.72	0.65	0.79
153	XIN09830	0.66	0.80	0.54	0.67	0.78	0.65	0.86
154	XIN09845	0.75	0.78	0.56	0.58	0.77	0.72	0.64
155	XIN09847	0.78	0.74	0.53	0.51	0.76	0.69	0.66
156	XIN09879	0.61	0.79	0.54	0.81	0.55	0.79	0.87
157	XIN09889	0.71	0.63	0.47	0.66	0.51	0.69	0.85
158	XIN09891	0.65	0.66	0.56	0.81	0.57	0.64	0.96
159	XIN09912	0.68	0.74	0.62	0.76	0.73	0.78	0.70
160	XIN10136	0.74	0.56	0.45	0.74	0.71	0.77	0.85
161	XIN10138	0.77	0.89	0.65	0.78	0.83	0.80	0.62
162	XIN10149	0.82	0.88	0.73	0.79	0.85	0.83	0.69
163	XIN10156	0.81	0.91	0.69	0.78	0.78	0.79	0.60
164	XIN10162	0.81	0.78	0.60	0.59	0.82	0.67	0.41
165	XIN10164	0.91	0.88	0.69	0.84	0.93	0.80	0.58
166	XIN10168	0.62	0.67	0.58	0.67	0.70	0.63	0.83
167	XIN10172	0.77	0.83	0.67	0.84	0.86	0.76	0.62
168	XIN10181	0.64	0.60	0.31	0.74	0.76	0.76	0.74
169	XIN10183	0.57	0.53	0.28	0.63	0.67	0.74	0.79
170	XIN10184	0.65	0.61	0.32	0.73	0.74	0.74	0.79
171	XIN10186	0.71	0.69	0.58	0.60	0.74	0.80	0.85
172	XIN10188	0.67	0.54	0.47	0.67	0.66	0.69	0.78
173	XIN10189	0.59	0.44	0.33	0.60	0.65	0.61	0.70

（续）

序号	资源编号	序号/资源编号						
		8	9	10	11	12	13	14
		XIN00253	XIN00255	XIN00256	XIN00275	XIN00327	XIN00533	XIN00892
174	XIN10191	0.69	0.38	0.53	0.78	0.74	0.65	0.91
175	XIN10196	0.85	0.88	0.67	0.74	0.82	0.74	0.72
176	XIN10197	0.79	0.88	0.70	0.75	0.77	0.78	0.60
177	XIN10199	0.76	0.55	0.47	0.59	0.65	0.68	0.67
178	XIN10203	0.82	0.49	0.38	0.78	0.67	0.80	0.84
179	XIN10205	0.79	0.75	0.46	0.74	0.80	0.65	0.80
180	XIN10207	0.59	0.74	0.45	0.73	0.71	0.65	0.76
181	XIN10214	0.82	0.88	0.66	0.74	0.93	0.79	0.65
182	XIN10220	0.59	0.49	0.49	0.79	0.76	0.74	0.84
183	XIN10222	0.71	0.78	0.70	0.88	0.78	0.67	0.94
184	XIN10228	0.56	0.79	0.45	0.75	0.73	0.66	0.73
185	XIN10230	0.77	0.76	0.67	0.78	0.84	0.83	0.68
186	XIN10284	0.72	0.76	0.64	0.71	0.77	0.67	0.67
187	XIN10334	0.71	0.73	0.69	0.85	0.64	0.66	0.94
188	XIN10378	0.82	0.82	0.72	0.85	0.93	0.88	0.64
189	XIN10380	0.88	0.83	0.76	0.78	0.94	0.82	0.64
190	XIN10558	0.49	0.83	0.63	0.74	0.73	0.67	0.83
191	XIN10559	0.86	0.76	0.56	0.75	0.88	0.71	0.81
192	XIN10642	0.83	0.77	0.70	0.70	0.86	0.71	0.76

表3 遗传距离（三）

序号	资源编号	序号/资源编号						
		15	16	17	18	19	20	21
		XIN00935	XIN01057	XIN01059	XIN01061	XIN01070	XIN01174	XIN01451
1	XIN00110	0.80	0.74	0.72	0.76	0.59	0.80	0.62
2	XIN00244	0.70	0.88	0.91	0.74	0.73	0.71	0.80
3	XIN00245	0.69	0.82	0.88	0.68	0.71	0.71	0.84
4	XIN00246	0.58	0.78	0.85	0.49	0.69	0.63	0.72
5	XIN00247	0.85	0.87	0.89	0.60	0.76	0.69	0.71
6	XIN00249	0.73	0.72	0.74	0.67	0.59	0.59	0.72
7	XIN00252	0.77	0.79	0.93	0.74	0.67	0.51	0.79
8	XIN00253	0.68	0.88	0.89	0.74	0.74	0.57	0.73
9	XIN00255	0.70	0.85	0.83	0.61	0.77	0.77	0.83
10	XIN00256	0.55	0.65	0.69	0.40	0.53	0.51	0.66
11	XIN00275	0.77	0.89	0.83	0.72	0.69	0.83	0.75
12	XIN00327	0.65	0.87	0.86	0.64	0.72	0.69	0.86
13	XIN00533	0.67	0.72	0.81	0.69	0.71	0.72	0.80
14	XIN00892	0.81	0.67	0.61	0.74	0.22	0.88	0.68
15	XIN00935	0.00	0.77	0.82	0.59	0.73	0.71	0.86
16	XIN01057	0.77	0.00	0.56	0.89	0.43	0.71	0.70
17	XIN01059	0.82	0.56	0.00	0.83	0.45	0.90	0.57
18	XIN01061	0.59	0.89	0.83	0.00	0.67	0.69	0.76
19	XIN01070	0.73	0.43	0.45	0.67	0.00	0.72	0.49
20	XIN01174	0.71	0.71	0.90	0.69	0.72	0.00	0.87
21	XIN01451	0.86	0.70	0.57	0.76	0.49	0.87	0.00
22	XIN01462	0.70	0.86	0.92	0.54	0.68	0.72	0.77
23	XIN01470	0.68	0.77	0.85	0.63	0.69	0.56	0.70

（续）

序号	资源编号	序号/资源编号						
		15	16	17	18	19	20	21
		XIN00935	XIN01057	XIN01059	XIN01061	XIN01070	XIN01174	XIN01451
24	XIN01797	0.61	0.74	0.93	0.58	0.79	0.53	0.87
25	XIN01888	0.81	0.75	0.80	0.77	0.66	0.73	0.69
26	XIN01889	0.77	0.82	0.76	0.74	0.68	0.74	0.85
27	XIN02035	0.82	0.48	0.65	0.77	0.42	0.70	0.52
28	XIN02196	0.73	0.71	0.68	0.76	0.58	0.78	0.74
29	XIN02360	0.69	0.67	0.62	0.71	0.58	0.66	0.61
30	XIN02362	0.74	0.74	0.65	0.74	0.61	0.81	0.38
31	XIN02395	0.89	0.69	0.76	0.77	0.61	0.77	0.64
32	XIN02522	0.65	0.77	0.85	0.60	0.71	0.19	0.88
33	XIN02916	0.56	0.84	0.89	0.64	0.74	0.60	0.77
34	XIN03117	0.65	0.86	0.88	0.74	0.73	0.62	0.81
35	XIN03178	0.79	0.59	0.66	0.75	0.54	0.85	0.60
36	XIN03180	0.79	0.74	0.62	0.73	0.57	0.85	0.64
37	XIN03182	0.75	0.74	0.62	0.72	0.59	0.69	0.56
38	XIN03185	0.77	0.81	0.83	0.83	0.67	0.78	0.76
39	XIN03207	0.62	0.82	0.91	0.74	0.71	0.55	0.85
40	XIN03309	0.75	0.86	0.84	0.66	0.76	0.58	0.79
41	XIN03486	0.69	0.75	0.80	0.62	0.70	0.62	0.82
42	XIN03488	0.69	0.89	0.78	0.65	0.75	0.72	0.81
43	XIN03689	0.61	0.76	0.86	0.74	0.73	0.51	0.82
44	XIN03717	0.71	0.85	0.83	0.56	0.70	0.63	0.78
45	XIN03733	0.74	0.76	0.76	0.78	0.59	0.65	0.74
46	XIN03841	0.78	0.63	0.56	0.69	0.48	0.81	0.17
47	XIN03843	0.78	0.71	0.70	0.76	0.57	0.80	0.79
48	XIN03845	0.91	0.78	0.58	0.79	0.56	0.85	0.60

（续）

序号	资源编号	序号/资源编号						
		15	16	17	18	19	20	21
		XIN00935	XIN01057	XIN01059	XIN01061	XIN01070	XIN01174	XIN01451
49	XIN03902	0.91	0.65	0.50	0.83	0.48	0.87	0.63
50	XIN03997	0.80	0.70	0.63	0.69	0.51	0.82	0.70
51	XIN04109	0.91	0.70	0.66	0.75	0.55	0.88	0.42
52	XIN04288	0.71	0.85	0.85	0.56	0.66	0.52	0.77
53	XIN04290	0.60	0.87	0.87	0.50	0.79	0.47	0.84
54	XIN04326	0.67	0.81	0.75	0.61	0.63	0.77	0.69
55	XIN04328	0.74	0.76	0.76	0.72	0.73	0.68	0.78
56	XIN04374	0.70	0.73	0.72	0.74	0.53	0.72	0.61
57	XIN04450	0.79	0.66	0.59	0.80	0.52	0.77	0.69
58	XIN04453	0.64	0.84	0.90	0.61	0.76	0.71	0.77
59	XIN04461	0.70	0.78	0.86	0.70	0.73	0.58	0.89
60	XIN04552	0.77	0.58	0.61	0.79	0.52	0.83	0.60
61	XIN04585	0.65	0.81	0.92	0.62	0.77	0.63	0.92
62	XIN04587	0.65	0.78	0.86	0.75	0.68	0.70	0.85
63	XIN04595	0.73	0.69	0.80	0.68	0.63	0.50	0.72
64	XIN04734	0.68	0.82	0.85	0.72	0.72	0.64	0.80
65	XIN04823	0.77	0.75	0.82	0.61	0.61	0.55	0.71
66	XIN04825	0.73	0.78	0.83	0.63	0.76	0.73	0.76
67	XIN04897	0.80	0.30	0.54	0.76	0.44	0.69	0.58
68	XIN05159	0.73	0.78	0.70	0.79	0.66	0.83	0.74
69	XIN05239	0.79	0.79	0.89	0.81	0.71	0.65	0.79
70	XIN05251	0.86	0.85	0.62	0.84	0.66	0.96	0.74
71	XIN05269	0.67	0.79	0.82	0.59	0.67	0.72	0.80
72	XIN05281	0.79	0.78	0.92	0.71	0.76	0.63	0.83
73	XIN05352	0.91	0.70	0.62	0.78	0.49	0.88	0.52

序号	资源编号	序号/资源编号						
		15	16	17	18	19	20	21
		XIN00935	XIN01057	XIN01059	XIN01061	XIN01070	XIN01174	XIN01451
74	XIN05379	0.71	0.87	0.77	0.68	0.64	0.76	0.70
75	XIN05425	0.73	0.82	0.85	0.76	0.69	0.73	0.80
76	XIN05427	0.63	0.74	0.81	0.75	0.64	0.49	0.71
77	XIN05440	0.54	0.83	0.86	0.54	0.78	0.68	0.84
78	XIN05441	0.71	0.78	0.86	0.68	0.70	0.55	0.79
79	XIN05461	0.57	0.87	0.81	0.58	0.77	0.73	0.79
80	XIN05462	0.64	0.79	0.76	0.71	0.67	0.71	0.74
81	XIN05645	0.77	0.61	0.72	0.77	0.55	0.73	0.52
82	XIN05647	0.77	0.71	0.64	0.74	0.51	0.74	0.47
83	XIN05649	0.77	0.62	0.61	0.77	0.48	0.77	0.50
84	XIN05650	0.74	0.82	0.91	0.59	0.76	0.53	0.84
85	XIN05651	0.66	0.85	0.96	0.64	0.78	0.53	0.93
86	XIN05652	0.58	0.84	0.89	0.64	0.77	0.49	0.86
87	XIN05701	0.62	0.86	0.89	0.61	0.80	0.65	0.90
88	XIN05702	0.64	0.74	0.83	0.72	0.68	0.67	0.86
89	XIN05726	0.81	0.73	0.66	0.83	0.58	0.87	0.66
90	XIN05731	0.68	0.81	0.80	0.73	0.74	0.66	0.81
91	XIN05733	0.72	0.82	0.83	0.61	0.75	0.71	0.79
92	XIN05862	0.78	0.73	0.66	0.68	0.60	0.76	0.70
93	XIN05891	0.70	0.76	0.82	0.62	0.73	0.49	0.82
94	XIN05926	0.74	0.86	0.82	0.72	0.74	0.88	0.69
95	XIN05952	0.86	0.70	0.60	0.79	0.52	0.88	0.04
96	XIN05972	0.76	0.44	0.56	0.76	0.41	0.74	0.69
97	XIN05995	0.79	0.74	0.79	0.83	0.63	0.77	0.70
98	XIN06057	0.69	0.59	0.67	0.77	0.58	0.75	0.63

（续）

序号	资源编号	序号/资源编号						
		15	16	17	18	19	20	21
		XIN00935	XIN01057	XIN01059	XIN01061	XIN01070	XIN01174	XIN01451
99	XIN06084	0.68	0.79	0.77	0.72	0.69	0.85	0.70
100	XIN06118	0.76	0.89	0.76	0.63	0.71	0.87	0.79
101	XIN06346	0.77	0.84	0.74	0.76	0.68	0.84	0.73
102	XIN06349	0.63	0.80	0.83	0.76	0.74	0.60	0.82
103	XIN06351	0.71	0.80	0.88	0.76	0.72	0.33	0.81
104	XIN06425	0.59	0.78	0.83	0.62	0.79	0.59	0.86
105	XIN06427	0.70	0.83	0.81	0.67	0.80	0.57	0.90
106	XIN06460	0.68	0.79	0.80	0.63	0.69	0.77	0.79
107	XIN06617	0.57	0.82	0.92	0.62	0.74	0.62	0.86
108	XIN06619	0.62	0.74	0.81	0.64	0.67	0.66	0.79
109	XIN06639	0.68	0.77	0.85	0.60	0.73	0.54	0.77
110	XIN07900	0.80	0.77	0.68	0.65	0.68	0.62	0.74
111	XIN07902	0.70	0.70	0.81	0.71	0.66	0.53	0.78
112	XIN07913	0.78	0.68	0.62	0.82	0.47	0.87	0.57
113	XIN07914	0.70	0.68	0.61	0.75	0.57	0.79	0.61
114	XIN07953	0.71	0.66	0.70	0.72	0.61	0.67	0.74
115	XIN08073	0.62	0.85	0.92	0.72	0.83	0.60	0.88
116	XIN08225	0.80	0.59	0.53	0.78	0.53	0.77	0.50
117	XIN08227	0.76	0.81	0.68	0.74	0.62	0.83	0.80
118	XIN08229	0.82	0.82	0.87	0.76	0.74	0.80	0.86
119	XIN08230	0.81	0.81	0.77	0.60	0.61	0.79	0.80
120	XIN08231	0.84	0.68	0.79	0.75	0.61	0.81	0.73
121	XIN08252	0.71	0.68	0.78	0.66	0.64	0.55	0.76
122	XIN08254	0.74	0.79	0.83	0.76	0.74	0.56	0.79
123	XIN08283	0.77	0.85	0.89	0.59	0.71	0.46	0.87

序号	资源编号	序号/资源编号						
		15	16	17	18	19	20	21
		XIN00935	XIN01057	XIN01059	XIN01061	XIN01070	XIN01174	XIN01451
124	XIN08327	0.85	0.71	0.56	0.80	0.51	0.88	0.08
125	XIN08670	0.76	0.78	0.86	0.68	0.76	0.80	0.82
126	XIN08699	0.57	0.85	0.84	0.66	0.77	0.72	0.83
127	XIN08701	0.46	0.80	0.83	0.65	0.65	0.65	0.84
128	XIN08718	0.54	0.73	0.79	0.64	0.67	0.52	0.73
129	XIN08743	0.68	0.81	0.83	0.66	0.79	0.67	0.85
130	XIN08754	0.53	0.89	0.93	0.68	0.86	0.71	0.92
131	XIN08786	0.82	0.40	0.49	0.85	0.41	0.78	0.50
132	XIN09052	0.70	0.70	0.81	0.68	0.66	0.53	0.75
133	XIN09099	0.77	0.55	0.70	0.80	0.61	0.76	0.59
134	XIN09101	0.85	0.71	0.65	0.78	0.66	0.81	0.74
135	XIN09103	0.71	0.76	0.92	0.63	0.70	0.45	0.81
136	XIN09105	0.73	0.80	0.83	0.67	0.72	0.50	0.90
137	XIN09107	0.68	0.71	0.81	0.79	0.72	0.47	0.77
138	XIN09291	0.89	0.66	0.47	0.86	0.52	0.86	0.59
139	XIN09415	0.73	0.85	0.88	0.66	0.70	0.62	0.73
140	XIN09478	0.85	0.63	0.53	0.81	0.46	0.90	0.59
141	XIN09479	0.64	0.87	0.91	0.74	0.84	0.57	0.89
142	XIN09481	0.63	0.88	0.93	0.78	0.84	0.68	0.86
143	XIN09482	0.58	0.79	0.87	0.73	0.82	0.59	0.86
144	XIN09616	0.70	0.85	0.89	0.68	0.73	0.51	0.85
145	XIN09619	0.59	0.82	0.90	0.65	0.76	0.47	0.83
146	XIN09621	0.57	0.80	0.86	0.60	0.74	0.54	0.80
147	XIN09624	0.78	0.84	0.85	0.60	0.71	0.56	0.78
148	XIN09670	0.82	0.82	0.63	0.86	0.60	0.93	0.68

（续）

序号	资源编号	序号/资源编号						
		15	16	17	18	19	20	21
		XIN00935	XIN01057	XIN01059	XIN01061	XIN01070	XIN01174	XIN01451
149	XIN09683	0.77	0.86	0.90	0.63	0.75	0.69	0.79
150	XIN09685	0.64	0.80	0.73	0.72	0.72	0.77	0.73
151	XIN09687	0.62	0.88	0.76	0.67	0.67	0.88	0.76
152	XIN09799	0.65	0.75	0.80	0.54	0.66	0.62	0.71
153	XIN09830	0.78	0.79	0.89	0.77	0.73	0.60	0.87
154	XIN09845	0.79	0.71	0.58	0.76	0.56	0.80	0.68
155	XIN09847	0.81	0.73	0.59	0.69	0.57	0.78	0.67
156	XIN09879	0.65	0.88	0.91	0.60	0.73	0.60	0.83
157	XIN09889	0.70	0.86	0.89	0.49	0.71	0.69	0.74
158	XIN09891	0.63	0.82	0.88	0.69	0.79	0.56	0.79
159	XIN09912	0.78	0.71	0.74	0.65	0.55	0.76	0.76
160	XIN10136	0.73	0.83	0.85	0.58	0.74	0.64	0.84
161	XIN10138	0.77	0.45	0.55	0.78	0.43	0.77	0.69
162	XIN10149	0.80	0.58	0.63	0.84	0.51	0.84	0.57
163	XIN10156	0.68	0.72	0.70	0.80	0.59	0.77	0.69
164	XIN10162	0.82	0.54	0.49	0.74	0.39	0.75	0.54
165	XIN10164	0.92	0.66	0.63	0.79	0.45	0.81	0.56
166	XIN10168	0.72	0.81	0.83	0.63	0.71	0.40	0.79
167	XIN10172	0.85	0.70	0.65	0.74	0.49	0.78	0.60
168	XIN10181	0.77	0.76	0.69	0.73	0.61	0.54	0.75
169	XIN10183	0.73	0.78	0.81	0.60	0.67	0.51	0.81
170	XIN10184	0.74	0.76	0.79	0.65	0.64	0.57	0.76
171	XIN10186	0.77	0.80	0.88	0.69	0.75	0.67	0.87
172	XIN10188	0.70	0.84	0.84	0.51	0.66	0.59	0.72
173	XIN10189	0.56	0.69	0.76	0.47	0.63	0.53	0.75

序号	资源编号	序号/资源编号						
		15	16	17	18	19	20	21
		XIN00935	XIN01057	XIN01059	XIN01061	XIN01070	XIN01174	XIN01451
174	XIN10191	0.72	0.80	0.83	0.59	0.78	0.64	0.81
175	XIN10196	0.79	0.66	0.58	0.78	0.57	0.79	0.65
176	XIN10197	0.69	0.64	0.70	0.76	0.60	0.76	0.58
177	XIN10199	0.68	0.74	0.72	0.63	0.59	0.69	0.67
178	XIN10203	0.75	0.88	0.90	0.51	0.74	0.55	0.89
179	XIN10205	0.65	0.74	0.84	0.70	0.70	0.63	0.74
180	XIN10207	0.63	0.79	0.84	0.61	0.65	0.68	0.76
181	XIN10214	0.84	0.74	0.63	0.77	0.54	0.87	0.65
182	XIN10220	0.71	0.88	0.94	0.58	0.77	0.60	0.81
183	XIN10222	0.70	0.89	0.93	0.74	0.85	0.64	0.90
184	XIN10228	0.60	0.76	0.86	0.60	0.65	0.66	0.75
185	XIN10230	0.86	0.63	0.67	0.79	0.57	0.86	0.69
186	XIN10284	0.69	0.81	0.81	0.77	0.65	0.77	0.73
187	XIN10334	0.57	0.89	0.93	0.74	0.85	0.58	0.93
188	XIN10378	0.89	0.68	0.59	0.86	0.51	0.94	0.49
189	XIN10380	0.91	0.74	0.56	0.90	0.53	0.94	0.61
190	XIN10558	0.63	0.89	0.84	0.76	0.78	0.67	0.86
191	XIN10559	0.53	0.68	0.78	0.74	0.69	0.73	0.81
192	XIN10642	0.79	0.93	0.79	0.75	0.71	0.88	0.78

表4 遗传距离（四）

序号	资源编号	序号/资源编号						
		22	23	24	25	26	27	28
		XIN01462	XIN01470	XIN01797	XIN01888	XIN01889	XIN02035	XIN02196
1	XIN00110	0.77	0.69	0.85	0.82	0.83	0.71	0.72
2	XIN00244	0.77	0.57	0.74	0.74	0.80	0.82	0.83
3	XIN00245	0.62	0.51	0.62	0.73	0.74	0.79	0.79
4	XIN00246	0.69	0.49	0.63	0.72	0.73	0.74	0.74
5	XIN00247	0.65	0.67	0.75	0.80	0.86	0.73	0.86
6	XIN00249	0.77	0.56	0.69	0.78	0.73	0.67	0.73
7	XIN00252	0.69	0.56	0.71	0.88	0.88	0.68	0.74
8	XIN00253	0.71	0.64	0.74	0.88	0.91	0.69	0.86
9	XIN00255	0.63	0.56	0.62	0.82	0.84	0.86	0.90
10	XIN00256	0.52	0.41	0.53	0.66	0.60	0.65	0.63
11	XIN00275	0.76	0.78	0.77	0.78	0.71	0.73	0.74
12	XIN00327	0.47	0.81	0.63	0.73	0.78	0.85	0.82
13	XIN00533	0.72	0.74	0.47	0.75	0.76	0.80	0.80
14	XIN00892	0.79	0.84	0.91	0.80	0.76	0.50	0.65
15	XIN00935	0.70	0.68	0.61	0.81	0.77	0.82	0.73
16	XIN01057	0.86	0.77	0.74	0.75	0.82	0.48	0.71
17	XIN01059	0.92	0.85	0.93	0.80	0.76	0.65	0.68
18	XIN01061	0.54	0.63	0.58	0.77	0.74	0.77	0.76
19	XIN01070	0.68	0.69	0.79	0.66	0.68	0.42	0.58
20	XIN01174	0.72	0.56	0.53	0.73	0.74	0.70	0.78
21	XIN01451	0.77	0.70	0.87	0.69	0.85	0.52	0.74
22	XIN01462	0.00	0.71	0.61	0.80	0.86	0.80	0.86
23	XIN01470	0.71	0.00	0.65	0.63	0.80	0.69	0.82

（续）

序号	资源编号	序号/资源编号						
		22	23	24	25	26	27	28
		XIN01462	XIN01470	XIN01797	XIN01888	XIN01889	XIN02035	XIN02196
24	XIN01797	0.61	0.65	0.00	0.81	0.80	0.80	0.81
25	XIN01888	0.80	0.63	0.81	0.00	0.38	0.67	0.67
26	XIN01889	0.86	0.80	0.80	0.38	0.00	0.79	0.63
27	XIN02035	0.80	0.69	0.80	0.67	0.79	0.00	0.63
28	XIN02196	0.86	0.82	0.81	0.67	0.63	0.63	0.00
29	XIN02360	0.81	0.65	0.78	0.71	0.68	0.66	0.66
30	XIN02362	0.81	0.71	0.82	0.69	0.74	0.58	0.64
31	XIN02395	0.73	0.77	0.72	0.85	0.82	0.69	0.72
32	XIN02522	0.64	0.56	0.56	0.81	0.74	0.77	0.79
33	XIN02916	0.72	0.72	0.71	0.83	0.71	0.76	0.71
34	XIN03117	0.72	0.73	0.65	0.75	0.79	0.74	0.77
35	XIN03178	0.76	0.81	0.85	0.80	0.79	0.60	0.71
36	XIN03180	0.80	0.81	0.80	0.78	0.71	0.67	0.55
37	XIN03182	0.84	0.69	0.83	0.69	0.62	0.64	0.65
38	XIN03185	0.74	0.73	0.74	0.81	0.76	0.71	0.73
39	XIN03207	0.79	0.76	0.64	0.79	0.86	0.77	0.81
40	XIN03309	0.60	0.70	0.62	0.76	0.71	0.81	0.76
41	XIN03486	0.67	0.53	0.62	0.81	0.78	0.76	0.76
42	XIN03488	0.69	0.60	0.65	0.78	0.76	0.87	0.79
43	XIN03689	0.69	0.66	0.66	0.81	0.86	0.78	0.86
44	XIN03717	0.69	0.45	0.69	0.74	0.85	0.69	0.80
45	XIN03733	0.85	0.69	0.82	0.77	0.68	0.66	0.68
46	XIN03841	0.74	0.62	0.79	0.66	0.75	0.42	0.63
47	XIN03843	0.91	0.84	0.85	0.69	0.68	0.61	0.16
48	XIN03845	0.91	0.77	0.88	0.73	0.76	0.64	0.76

（续）

序号	资源编号	序号/资源编号						
		22	23	24	25	26	27	28
		XIN01462	XIN01470	XIN01797	XIN01888	XIN01889	XIN02035	XIN02196
49	XIN03902	0.84	0.80	0.90	0.77	0.90	0.58	0.83
50	XIN03997	0.82	0.72	0.82	0.66	0.67	0.58	0.35
51	XIN04109	0.88	0.74	0.82	0.71	0.82	0.51	0.65
52	XIN04288	0.48	0.62	0.56	0.71	0.70	0.79	0.78
53	XIN04290	0.54	0.74	0.49	0.78	0.74	0.85	0.81
54	XIN04326	0.71	0.69	0.84	0.74	0.74	0.69	0.67
55	XIN04328	0.86	0.67	0.82	0.74	0.82	0.61	0.73
56	XIN04374	0.78	0.87	0.84	0.71	0.75	0.64	0.42
57	XIN04450	0.86	0.79	0.74	0.72	0.70	0.64	0.64
58	XIN04453	0.73	0.38	0.66	0.72	0.85	0.76	0.90
59	XIN04461	0.61	0.73	0.64	0.77	0.79	0.81	0.82
60	XIN04552	0.77	0.79	0.85	0.75	0.80	0.58	0.73
61	XIN04585	0.73	0.61	0.58	0.82	0.76	0.82	0.85
62	XIN04587	0.82	0.71	0.73	0.76	0.70	0.76	0.76
63	XIN04595	0.77	0.35	0.63	0.71	0.73	0.63	0.80
64	XIN04734	0.71	0.78	0.66	0.69	0.73	0.79	0.74
65	XIN04823	0.66	0.51	0.59	0.77	0.90	0.61	0.90
66	XIN04825	0.61	0.42	0.63	0.76	0.79	0.80	0.82
67	XIN04897	0.82	0.68	0.78	0.63	0.76	0.34	0.61
68	XIN05159	0.82	0.76	0.85	0.74	0.64	0.76	0.68
69	XIN05239	0.65	0.68	0.74	0.83	0.81	0.73	0.85
70	XIN05251	0.85	0.91	0.91	0.84	0.88	0.71	0.76
71	XIN05269	0.71	0.68	0.71	0.76	0.71	0.66	0.72
72	XIN05281	0.65	0.61	0.58	0.78	0.71	0.72	0.73
73	XIN05352	0.79	0.74	0.91	0.81	0.85	0.63	0.76

（续）

序号	资源编号	序号/资源编号						
		22	23	24	25	26	27	28
		XIN01462	XIN01470	XIN01797	XIN01888	XIN01889	XIN02035	XIN02196
74	XIN05379	0.76	0.73	0.80	0.74	0.70	0.72	0.73
75	XIN05425	0.66	0.76	0.71	0.65	0.79	0.77	0.82
76	XIN05427	0.72	0.60	0.52	0.65	0.65	0.69	0.70
77	XIN05440	0.45	0.68	0.49	0.71	0.77	0.86	0.80
78	XIN05441	0.49	0.52	0.64	0.78	0.82	0.72	0.88
79	XIN05461	0.61	0.59	0.60	0.72	0.75	0.81	0.74
80	XIN05462	0.71	0.60	0.71	0.76	0.71	0.76	0.77
81	XIN05645	0.72	0.63	0.78	0.62	0.77	0.40	0.75
82	XIN05647	0.83	0.64	0.91	0.66	0.76	0.28	0.66
83	XIN05649	0.89	0.67	0.89	0.69	0.82	0.25	0.66
84	XIN05650	0.63	0.52	0.62	0.81	0.84	0.79	0.87
85	XIN05651	0.65	0.63	0.50	0.83	0.94	0.74	0.91
86	XIN05652	0.58	0.70	0.49	0.80	0.80	0.80	0.77
87	XIN05701	0.71	0.61	0.61	0.83	0.79	0.85	0.88
88	XIN05702	0.78	0.71	0.70	0.76	0.65	0.78	0.72
89	XIN05726	0.77	0.68	0.77	0.83	0.93	0.64	0.71
90	XIN05731	0.79	0.72	0.73	0.67	0.62	0.71	0.52
91	XIN05733	0.87	0.67	0.79	0.66	0.62	0.71	0.56
92	XIN05862	0.93	0.76	0.93	0.72	0.74	0.68	0.58
93	XIN05891	0.75	0.46	0.62	0.79	0.80	0.67	0.81
94	XIN05926	0.76	0.74	0.88	0.69	0.70	0.80	0.72
95	XIN05952	0.79	0.71	0.88	0.70	0.85	0.51	0.74
96	XIN05972	0.78	0.76	0.90	0.74	0.76	0.45	0.74
97	XIN05995	0.79	0.76	0.65	0.80	0.74	0.67	0.87
98	XIN06057	0.86	0.80	0.77	0.73	0.80	0.58	0.63

（续）

序号	资源编号	序号/资源编号						
		22	23	24	25	26	27	28
		XIN01462	XIN01470	XIN01797	XIN01888	XIN01889	XIN02035	XIN02196
99	XIN06084	0.69	0.74	0.71	0.77	0.81	0.76	0.76
100	XIN06118	0.76	0.78	0.88	0.82	0.74	0.78	0.81
101	XIN06346	0.81	0.80	0.84	0.88	0.87	0.69	0.79
102	XIN06349	0.68	0.69	0.63	0.60	0.67	0.74	0.75
103	XIN06351	0.78	0.64	0.56	0.77	0.77	0.73	0.81
104	XIN06425	0.66	0.73	0.62	0.75	0.71	0.82	0.78
105	XIN06427	0.75	0.75	0.63	0.77	0.75	0.86	0.82
106	XIN06460	0.70	0.73	0.76	0.86	0.82	0.73	0.86
107	XIN06617	0.65	0.65	0.51	0.74	0.69	0.79	0.78
108	XIN06619	0.69	0.61	0.61	0.73	0.77	0.78	0.84
109	XIN06639	0.74	0.50	0.54	0.70	0.76	0.78	0.68
110	XIN07900	0.60	0.71	0.65	0.71	0.70	0.76	0.84
111	XIN07902	0.76	0.39	0.61	0.76	0.71	0.69	0.78
112	XIN07913	0.84	0.79	0.87	0.69	0.77	0.65	0.59
113	XIN07914	0.81	0.64	0.80	0.59	0.67	0.58	0.54
114	XIN07953	0.73	0.58	0.73	0.54	0.51	0.65	0.67
115	XIN08073	0.69	0.66	0.55	0.79	0.76	0.78	0.83
116	XIN08225	0.83	0.73	0.75	0.71	0.76	0.38	0.62
117	XIN08227	0.78	0.88	0.83	0.80	0.72	0.69	0.67
118	XIN08229	0.81	0.78	0.83	0.81	0.69	0.81	0.74
119	XIN08230	0.77	0.86	0.80	0.70	0.66	0.74	0.58
120	XIN08231	0.78	0.76	0.81	0.65	0.69	0.70	0.63
121	XIN08252	0.72	0.44	0.66	0.76	0.75	0.69	0.76
122	XIN08254	0.76	0.54	0.67	0.76	0.81	0.74	0.86
123	XIN08283	0.71	0.51	0.63	0.75	0.68	0.76	0.77

（续）

序号	资源编号	序号/资源编号						
		22	23	24	25	26	27	28
		XIN01462	XIN01470	XIN01797	XIN01888	XIN01889	XIN02035	XIN02196
124	XIN08327	0.80	0.74	0.85	0.75	0.85	0.57	0.72
125	XIN08670	0.68	0.74	0.67	0.74	0.86	0.78	0.74
126	XIN08699	0.63	0.72	0.44	0.79	0.78	0.76	0.81
127	XIN08701	0.75	0.64	0.75	0.80	0.76	0.69	0.75
128	XIN08718	0.61	0.61	0.53	0.67	0.67	0.71	0.76
129	XIN08743	0.77	0.73	0.51	0.74	0.68	0.78	0.70
130	XIN08754	0.65	0.68	0.57	0.78	0.81	0.82	0.83
131	XIN08786	0.85	0.69	0.79	0.70	0.83	0.59	0.67
132	XIN09052	0.76	0.36	0.64	0.73	0.74	0.66	0.78
133	XIN09099	0.89	0.77	0.74	0.70	0.78	0.57	0.61
134	XIN09101	0.88	0.80	0.81	0.81	0.75	0.65	0.48
135	XIN09103	0.72	0.48	0.62	0.78	0.82	0.68	0.85
136	XIN09105	0.67	0.63	0.67	0.78	0.77	0.78	0.81
137	XIN09107	0.67	0.57	0.64	0.73	0.83	0.67	0.69
138	XIN09291	0.86	0.82	0.89	0.74	0.91	0.59	0.75
139	XIN09415	0.68	0.74	0.68	0.73	0.82	0.69	0.76
140	XIN09478	0.76	0.87	0.85	0.83	0.82	0.58	0.67
141	XIN09479	0.71	0.66	0.61	0.82	0.78	0.77	0.84
142	XIN09481	0.76	0.72	0.68	0.80	0.82	0.79	0.85
143	XIN09482	0.74	0.60	0.60	0.71	0.72	0.75	0.80
144	XIN09616	0.71	0.69	0.63	0.75	0.74	0.79	0.80
145	XIN09619	0.55	0.69	0.58	0.75	0.76	0.85	0.85
146	XIN09621	0.49	0.59	0.54	0.74	0.79	0.76	0.84
147	XIN09624	0.63	0.63	0.65	0.78	0.75	0.74	0.78
148	XIN09670	0.82	0.85	0.88	0.84	0.87	0.74	0.82

（续）

序号	资源编号	序号/资源编号						
		22	23	24	25	26	27	28
		XIN01462	XIN01470	XIN01797	XIN01888	XIN01889	XIN02035	XIN02196
149	XIN09683	0.78	0.72	0.75	0.76	0.71	0.85	0.75
150	XIN09685	0.77	0.64	0.75	0.73	0.65	0.80	0.58
151	XIN09687	0.83	0.84	0.83	0.79	0.58	0.79	0.53
152	XIN09799	0.63	0.62	0.56	0.72	0.66	0.78	0.70
153	XIN09830	0.72	0.74	0.71	0.72	0.76	0.71	0.64
154	XIN09845	0.81	0.76	0.80	0.71	0.58	0.58	0.53
155	XIN09847	0.82	0.74	0.75	0.74	0.59	0.59	0.53
156	XIN09879	0.52	0.66	0.69	0.76	0.79	0.83	0.77
157	XIN09889	0.53	0.72	0.56	0.83	0.74	0.87	0.75
158	XIN09891	0.56	0.65	0.36	0.77	0.78	0.86	0.89
159	XIN09912	0.74	0.78	0.76	0.76	0.84	0.65	0.74
160	XIN10136	0.64	0.53	0.56	0.85	0.86	0.76	0.86
161	XIN10138	0.83	0.77	0.91	0.75	0.80	0.49	0.77
162	XIN10149	0.84	0.85	0.90	0.79	0.86	0.61	0.74
163	XIN10156	0.90	0.83	0.84	0.69	0.71	0.64	0.38
164	XIN10162	0.82	0.66	0.74	0.63	0.67	0.39	0.53
165	XIN10164	0.94	0.67	0.89	0.66	0.83	0.51	0.64
166	XIN10168	0.66	0.65	0.52	0.76	0.69	0.75	0.78
167	XIN10172	0.85	0.76	0.83	0.74	0.67	0.65	0.67
168	XIN10181	0.74	0.51	0.67	0.72	0.70	0.69	0.74
169	XIN10183	0.65	0.58	0.69	0.75	0.70	0.76	0.78
170	XIN10184	0.63	0.54	0.61	0.76	0.74	0.73	0.79
171	XIN10186	0.72	0.64	0.67	0.85	0.71	0.77	0.75
172	XIN10188	0.55	0.49	0.53	0.79	0.83	0.72	0.78
173	XIN10189	0.65	0.41	0.53	0.60	0.55	0.66	0.67

（续）

序号	资源编号	序号/资源编号						
		22	23	24	25	26	27	28
		XIN01462	XIN01470	XIN01797	XIN01888	XIN01889	XIN02035	XIN02196
174	XIN10191	0.71	0.51	0.58	0.87	0.84	0.87	0.88
175	XIN10196	0.93	0.86	0.82	0.71	0.70	0.68	0.43
176	XIN10197	0.87	0.78	0.76	0.72	0.79	0.63	0.59
177	XIN10199	0.60	0.66	0.71	0.73	0.65	0.71	0.74
178	XIN10203	0.63	0.47	0.55	0.75	0.79	0.76	0.83
179	XIN10205	0.73	0.47	0.65	0.74	0.78	0.71	0.77
180	XIN10207	0.74	0.52	0.71	0.77	0.85	0.78	0.82
181	XIN10214	0.93	0.83	0.87	0.79	0.82	0.65	0.66
182	XIN10220	0.63	0.47	0.62	0.81	0.88	0.81	0.88
183	XIN10222	0.75	0.68	0.64	0.84	0.80	0.77	0.89
184	XIN10228	0.71	0.50	0.69	0.75	0.85	0.74	0.77
185	XIN10230	0.81	0.80	0.87	0.76	0.88	0.57	0.66
186	XIN10284	0.70	0.77	0.73	0.83	0.81	0.68	0.76
187	XIN10334	0.64	0.68	0.56	0.76	0.71	0.81	0.81
188	XIN10378	0.80	0.83	0.89	0.82	0.91	0.61	0.74
189	XIN10380	0.88	0.81	0.85	0.82	0.91	0.61	0.76
190	XIN10558	0.85	0.69	0.84	0.85	0.78	0.76	0.84
191	XIN10559	0.78	0.63	0.73	0.83	0.72	0.78	0.73
192	XIN10642	0.85	0.82	0.85	0.79	0.82	0.81	0.79

表5 遗传距离（五）

序号	资源编号	序号/资源编号						
		29	30	31	32	33	34	35
		XIN02360	XIN02362	XIN02395	XIN02522	XIN02916	XIN03117	XIN03178
1	XIN00110	0.57	0.78	0.64	0.76	0.88	0.85	0.69
2	XIN00244	0.78	0.71	0.81	0.65	0.71	0.68	0.84
3	XIN00245	0.71	0.77	0.85	0.61	0.65	0.80	0.90
4	XIN00246	0.54	0.72	0.68	0.59	0.66	0.79	0.77
5	XIN00247	0.71	0.78	0.70	0.69	0.74	0.74	0.83
6	XIN00249	0.57	0.72	0.74	0.58	0.71	0.69	0.76
7	XIN00252	0.74	0.74	0.75	0.58	0.71	0.51	0.79
8	XIN00253	0.66	0.68	0.76	0.58	0.64	0.55	0.79
9	XIN00255	0.81	0.82	0.69	0.73	0.88	0.83	0.83
10	XIN00256	0.47	0.63	0.63	0.45	0.53	0.64	0.66
11	XIN00275	0.71	0.67	0.71	0.81	0.82	0.74	0.83
12	XIN00327	0.84	0.91	0.81	0.70	0.74	0.72	0.86
13	XIN00533	0.64	0.79	0.74	0.74	0.75	0.74	0.78
14	XIN00892	0.73	0.77	0.79	0.87	0.83	0.81	0.67
15	XIN00935	0.69	0.74	0.89	0.65	0.56	0.65	0.79
16	XIN01057	0.67	0.74	0.69	0.77	0.84	0.86	0.59
17	XIN01059	0.62	0.65	0.76	0.85	0.89	0.88	0.66
18	XIN01061	0.71	0.74	0.77	0.60	0.64	0.74	0.75
19	XIN01070	0.58	0.61	0.61	0.71	0.74	0.73	0.54
20	XIN01174	0.66	0.81	0.77	0.19	0.60	0.62	0.85
21	XIN01451	0.61	0.38	0.64	0.88	0.77	0.81	0.60
22	XIN01462	0.81	0.81	0.73	0.64	0.72	0.72	0.76
23	XIN01470	0.65	0.71	0.77	0.56	0.72	0.73	0.81

（续）

序号	资源编号	序号/资源编号						
		29	30	31	32	33	34	35
		XIN02360	XIN02362	XIN02395	XIN02522	XIN02916	XIN03117	XIN03178
24	XIN01797	0.78	0.82	0.72	0.56	0.71	0.65	0.85
25	XIN01888	0.71	0.69	0.85	0.81	0.83	0.75	0.80
26	XIN01889	0.68	0.74	0.82	0.74	0.71	0.79	0.79
27	XIN02035	0.66	0.58	0.69	0.77	0.76	0.74	0.60
28	XIN02196	0.66	0.64	0.72	0.79	0.71	0.77	0.71
29	XIN02360	0.00	0.64	0.70	0.64	0.70	0.71	0.65
30	XIN02362	0.64	0.00	0.76	0.77	0.74	0.76	0.69
31	XIN02395	0.70	0.76	0.00	0.79	0.98	0.82	0.55
32	XIN02522	0.64	0.77	0.79	0.00	0.59	0.69	0.82
33	XIN02916	0.70	0.74	0.98	0.59	0.00	0.70	0.87
34	XIN03117	0.71	0.76	0.82	0.69	0.70	0.00	0.84
35	XIN03178	0.65	0.69	0.55	0.82	0.87	0.84	0.00
36	XIN03180	0.61	0.69	0.69	0.85	0.88	0.79	0.62
37	XIN03182	0.11	0.58	0.74	0.66	0.77	0.75	0.67
38	XIN03185	0.79	0.75	0.69	0.78	0.80	0.79	0.80
39	XIN03207	0.76	0.77	0.74	0.60	0.65	0.34	0.86
40	XIN03309	0.77	0.83	0.74	0.56	0.61	0.80	0.87
41	XIN03486	0.67	0.77	0.72	0.59	0.80	0.74	0.80
42	XIN03488	0.74	0.75	0.78	0.64	0.79	0.76	0.89
43	XIN03689	0.62	0.82	0.76	0.55	0.68	0.49	0.84
44	XIN03717	0.63	0.67	0.76	0.61	0.79	0.56	0.78
45	XIN03733	0.75	0.70	0.74	0.64	0.76	0.73	0.75
46	XIN03841	0.57	0.33	0.59	0.79	0.75	0.77	0.53
47	XIN03843	0.77	0.67	0.76	0.81	0.70	0.85	0.76
48	XIN03845	0.61	0.66	0.72	0.86	0.87	0.87	0.70

（续）

序号	资源编号	序号/资源编号						
		29	30	31	32	33	34	35
		XIN02360	XIN02362	XIN02395	XIN02522	XIN02916	XIN03117	XIN03178
49	XIN03902	0.66	0.74	0.65	0.88	0.91	0.86	0.61
50	XIN03997	0.65	0.74	0.74	0.84	0.72	0.90	0.78
51	XIN04109	0.70	0.59	0.79	0.86	0.86	0.82	0.69
52	XIN04288	0.71	0.79	0.79	0.49	0.60	0.53	0.76
53	XIN04290	0.73	0.88	0.84	0.46	0.54	0.64	0.83
54	XIN04326	0.64	0.69	0.76	0.71	0.56	0.81	0.74
55	XIN04328	0.66	0.76	0.76	0.75	0.67	0.78	0.79
56	XIN04374	0.74	0.64	0.64	0.76	0.68	0.80	0.62
57	XIN04450	0.66	0.69	0.75	0.77	0.83	0.70	0.62
58	XIN04453	0.75	0.73	0.84	0.67	0.77	0.80	0.82
59	XIN04461	0.70	0.90	0.80	0.57	0.71	0.57	0.86
60	XIN04552	0.66	0.70	0.54	0.81	0.81	0.89	0.14
61	XIN04585	0.80	0.87	0.81	0.57	0.73	0.82	0.86
62	XIN04587	0.70	0.90	0.76	0.69	0.71	0.85	0.88
63	XIN04595	0.61	0.73	0.73	0.56	0.73	0.74	0.79
64	XIN04734	0.69	0.72	0.93	0.63	0.59	0.33	0.86
65	XIN04823	0.64	0.73	0.72	0.65	0.73	0.58	0.89
66	XIN04825	0.78	0.75	0.71	0.66	0.78	0.72	0.80
67	XIN04897	0.61	0.59	0.73	0.73	0.78	0.86	0.64
68	XIN05159	0.67	0.74	0.79	0.78	0.77	0.76	0.79
69	XIN05239	0.71	0.83	0.77	0.62	0.79	0.72	0.82
70	XIN05251	0.78	0.81	0.79	0.96	0.87	0.81	0.79
71	XIN05269	0.60	0.74	0.79	0.69	0.69	0.74	0.89
72	XIN05281	0.70	0.87	0.74	0.65	0.77	0.74	0.86
73	XIN05352	0.69	0.66	0.59	0.82	0.94	0.87	0.44

序号	资源编号	序号/资源编号						
		29	30	31	32	33	34	35
		XIN02360	XIN02362	XIN02395	XIN02522	XIN02916	XIN03117	XIN03178
74	XIN05379	0.73	0.71	0.78	0.74	0.54	0.81	0.79
75	XIN05425	0.80	0.73	0.81	0.73	0.57	0.67	0.84
76	XIN05427	0.66	0.68	0.65	0.61	0.55	0.58	0.74
77	XIN05440	0.63	0.78	0.77	0.60	0.66	0.69	0.83
78	XIN05441	0.69	0.84	0.74	0.56	0.77	0.78	0.74
79	XIN05461	0.67	0.74	0.84	0.72	0.66	0.81	0.87
80	XIN05462	0.61	0.76	0.74	0.60	0.73	0.79	0.77
81	XIN05645	0.62	0.62	0.88	0.81	0.57	0.77	0.72
82	XIN05647	0.63	0.54	0.74	0.82	0.73	0.79	0.63
83	XIN05649	0.64	0.51	0.76	0.82	0.77	0.74	0.66
84	XIN05650	0.81	0.91	0.75	0.66	0.76	0.69	0.84
85	XIN05651	0.83	0.88	0.85	0.55	0.72	0.67	0.96
86	XIN05652	0.71	0.77	0.70	0.50	0.68	0.50	0.80
87	XIN05701	0.73	0.87	0.81	0.60	0.70	0.83	0.88
88	XIN05702	0.69	0.88	0.78	0.68	0.66	0.83	0.88
89	XIN05726	0.68	0.69	0.80	0.78	0.82	0.75	0.73
90	XIN05731	0.59	0.62	0.81	0.65	0.65	0.72	0.87
91	XIN05733	0.65	0.61	0.82	0.70	0.66	0.78	0.81
92	XIN05862	0.53	0.70	0.68	0.73	0.83	0.85	0.63
93	XIN05891	0.65	0.75	0.80	0.52	0.61	0.65	0.88
94	XIN05926	0.71	0.65	0.72	0.78	0.88	0.85	0.78
95	XIN05952	0.64	0.43	0.67	0.89	0.78	0.82	0.59
96	XIN05972	0.56	0.67	0.70	0.77	0.71	0.78	0.56
97	XIN05995	0.69	0.70	0.74	0.71	0.73	0.64	0.75
98	XIN06057	0.65	0.64	0.79	0.80	0.73	0.79	0.63

（续）

序号	资源编号	序号/资源编号						
		29	30	31	32	33	34	35
		XIN02360	XIN02362	XIN02395	XIN02522	XIN02916	XIN03117	XIN03178
99	XIN06084	0.74	0.75	0.76	0.79	0.80	0.62	0.69
100	XIN06118	0.78	0.80	0.85	0.84	0.58	0.90	0.78
101	XIN06346	0.76	0.70	0.84	0.85	0.66	0.84	0.89
102	XIN06349	0.68	0.79	0.76	0.66	0.81	0.51	0.82
103	XIN06351	0.66	0.76	0.80	0.34	0.63	0.48	0.88
104	XIN06425	0.73	0.83	0.86	0.59	0.71	0.51	0.88
105	XIN06427	0.75	0.85	0.80	0.59	0.69	0.55	0.87
106	XIN06460	0.63	0.75	0.78	0.69	0.57	0.81	0.84
107	XIN06617	0.76	0.81	0.83	0.60	0.71	0.44	0.81
108	XIN06619	0.57	0.72	0.74	0.69	0.70	0.50	0.82
109	XIN06639	0.61	0.72	0.76	0.52	0.61	0.63	0.83
110	XIN07900	0.65	0.77	0.71	0.64	0.65	0.63	0.82
111	XIN07902	0.55	0.75	0.72	0.55	0.69	0.73	0.81
112	XIN07913	0.56	0.63	0.70	0.87	0.83	0.89	0.62
113	XIN07914	0.52	0.51	0.66	0.78	0.71	0.72	0.74
114	XIN07953	0.59	0.61	0.85	0.69	0.63	0.81	0.78
115	XIN08073	0.81	0.80	0.74	0.67	0.74	0.60	0.81
116	XIN08225	0.58	0.58	0.56	0.78	0.87	0.76	0.57
117	XIN08227	0.72	0.72	0.78	0.81	0.78	0.83	0.72
118	XIN08229	0.76	0.81	0.81	0.79	0.80	0.82	0.76
119	XIN08230	0.81	0.82	0.72	0.77	0.75	0.88	0.52
120	XIN08231	0.67	0.77	0.71	0.83	0.79	0.88	0.67
121	XIN08252	0.56	0.73	0.76	0.54	0.66	0.74	0.78
122	XIN08254	0.62	0.78	0.76	0.65	0.83	0.41	0.86
123	XIN08283	0.68	0.79	0.79	0.43	0.64	0.79	0.87

（续）

序号	资源编号	序号/资源编号						
		29	30	31	32	33	34	35
		XIN02360	XIN02362	XIN02395	XIN02522	XIN02916	XIN03117	XIN03178
124	XIN08327	0.63	0.44	0.64	0.89	0.79	0.82	0.61
125	XIN08670	0.76	0.76	0.74	0.77	0.80	0.68	0.67
126	XIN08699	0.74	0.76	0.63	0.76	0.77	0.57	0.78
127	XIN08701	0.65	0.72	0.90	0.66	0.53	0.72	0.83
128	XIN08718	0.60	0.73	0.83	0.53	0.47	0.40	0.76
129	XIN08743	0.68	0.85	0.69	0.70	0.62	0.61	0.80
130	XIN08754	0.84	0.82	0.79	0.71	0.73	0.54	0.88
131	XIN08786	0.62	0.65	0.73	0.81	0.83	0.84	0.67
132	XIN09052	0.55	0.72	0.74	0.55	0.69	0.73	0.81
133	XIN09099	0.69	0.67	0.80	0.80	0.78	0.80	0.61
134	XIN09101	0.82	0.69	0.83	0.83	0.76	0.86	0.78
135	XIN09103	0.69	0.78	0.83	0.53	0.63	0.67	0.87
136	XIN09105	0.75	0.79	0.83	0.46	0.58	0.70	0.85
137	XIN09107	0.64	0.72	0.74	0.59	0.69	0.52	0.82
138	XIN09291	0.69	0.68	0.66	0.89	0.96	0.85	0.63
139	XIN09415	0.69	0.66	0.74	0.63	0.63	0.64	0.81
140	XIN09478	0.64	0.66	0.67	0.91	0.95	0.81	0.51
141	XIN09479	0.77	0.83	0.79	0.63	0.63	0.62	0.84
142	XIN09481	0.77	0.81	0.90	0.70	0.66	0.61	0.84
143	XIN09482	0.74	0.77	0.78	0.67	0.60	0.58	0.84
144	XIN09616	0.60	0.85	0.74	0.59	0.64	0.58	0.84
145	XIN09619	0.69	0.81	0.83	0.51	0.73	0.60	0.87
146	XIN09621	0.75	0.86	0.79	0.60	0.69	0.59	0.87
147	XIN09624	0.66	0.80	0.68	0.64	0.62	0.57	0.78
148	XIN09670	0.74	0.76	0.76	0.91	0.84	0.85	0.77

（续）

序号	资源编号	序号/资源编号						
		29	30	31	32	33	34	35
		XIN02360	XIN02362	XIN02395	XIN02522	XIN02916	XIN03117	XIN03178
149	XIN09683	0.81	0.68	0.87	0.72	0.58	0.85	0.82
150	XIN09685	0.61	0.64	0.74	0.74	0.67	0.74	0.75
151	XIN09687	0.70	0.62	0.76	0.84	0.64	0.81	0.78
152	XIN09799	0.64	0.67	0.74	0.64	0.46	0.58	0.78
153	XIN09830	0.76	0.73	0.66	0.70	0.67	0.66	0.89
154	XIN09845	0.66	0.59	0.75	0.76	0.66	0.85	0.71
155	XIN09847	0.69	0.56	0.72	0.74	0.72	0.81	0.73
156	XIN09879	0.80	0.76	0.86	0.56	0.71	0.35	0.84
157	XIN09889	0.69	0.76	0.72	0.66	0.58	0.73	0.76
158	XIN09891	0.77	0.81	0.81	0.56	0.70	0.59	0.89
159	XIN09912	0.71	0.70	0.51	0.77	0.86	0.76	0.54
160	XIN10136	0.78	0.81	0.69	0.55	0.85	0.70	0.82
161	XIN10138	0.53	0.67	0.69	0.81	0.77	0.79	0.59
162	XIN10149	0.60	0.63	0.63	0.87	0.89	0.80	0.40
163	XIN10156	0.71	0.63	0.76	0.83	0.68	0.76	0.74
164	XIN10162	0.54	0.54	0.66	0.75	0.79	0.73	0.60
165	XIN10164	0.68	0.67	0.78	0.88	0.81	0.88	0.78
166	XIN10168	0.73	0.80	0.72	0.46	0.61	0.60	0.77
167	XIN10172	0.64	0.64	0.69	0.75	0.79	0.80	0.63
168	XIN10181	0.58	0.69	0.63	0.52	0.74	0.77	0.78
169	XIN10183	0.66	0.67	0.71	0.48	0.61	0.75	0.80
170	XIN10184	0.64	0.69	0.74	0.49	0.65	0.74	0.76
171	XIN10186	0.81	0.82	0.77	0.59	0.71	0.76	0.82
172	XIN10188	0.68	0.73	0.58	0.58	0.72	0.60	0.76
173	XIN10189	0.54	0.72	0.71	0.49	0.56	0.67	0.76

序号	资源编号	序号/资源编号						
		29	30	31	32	33	34	35
		XIN02360	XIN02362	XIN02395	XIN02522	XIN02916	XIN03117	XIN03178
174	XIN10191	0.81	0.87	0.74	0.67	0.79	0.72	0.83
175	XIN10196	0.56	0.71	0.74	0.80	0.77	0.87	0.63
176	XIN10197	0.64	0.62	0.79	0.80	0.71	0.78	0.62
177	XIN10199	0.67	0.66	0.69	0.63	0.69	0.78	0.74
178	XIN10203	0.77	0.88	0.76	0.59	0.84	0.72	0.84
179	XIN10205	0.66	0.72	0.74	0.70	0.67	0.75	0.82
180	XIN10207	0.69	0.69	0.83	0.65	0.64	0.69	0.89
181	XIN10214	0.65	0.71	0.69	0.88	0.90	0.81	0.57
182	XIN10220	0.71	0.85	0.71	0.64	0.68	0.72	0.85
183	XIN10222	0.82	0.85	0.83	0.68	0.71	0.58	0.85
184	XIN10228	0.68	0.66	0.85	0.65	0.64	0.66	0.87
185	XIN10230	0.69	0.69	0.52	0.90	0.97	0.81	0.50
186	XIN10284	0.69	0.75	0.74	0.79	0.69	0.74	0.86
187	XIN10334	0.75	0.90	0.80	0.62	0.74	0.59	0.85
188	XIN10378	0.65	0.59	0.65	0.92	0.92	0.85	0.50
189	XIN10380	0.71	0.72	0.64	0.96	0.95	0.88	0.67
190	XIN10558	0.60	0.81	0.92	0.69	0.57	0.63	0.87
191	XIN10559	0.61	0.80	0.81	0.70	0.54	0.85	0.81
192	XIN10642	0.85	0.78	0.84	0.85	0.83	0.81	0.84

表6 遗传距离（六）

序号	资源编号	序号/资源编号						
		36	37	38	39	40	41	42
		XIN03180	XIN03182	XIN03185	XIN03207	XIN03309	XIN03486	XIN03488
1	XIN00110	0.72	0.61	0.78	0.86	0.74	0.71	0.74
2	XIN00244	0.89	0.78	0.70	0.65	0.73	0.71	0.61
3	XIN00245	0.82	0.71	0.76	0.77	0.81	0.63	0.62
4	XIN00246	0.75	0.60	0.76	0.72	0.60	0.49	0.58
5	XIN00247	0.83	0.69	0.69	0.77	0.67	0.62	0.72
6	XIN00249	0.71	0.58	0.76	0.69	0.70	0.72	0.74
7	XIN00252	0.85	0.78	0.75	0.49	0.72	0.56	0.66
8	XIN00253	0.86	0.68	0.87	0.51	0.69	0.68	0.83
9	XIN00255	0.81	0.82	0.65	0.78	0.60	0.47	0.40
10	XIN00256	0.65	0.52	0.63	0.64	0.54	0.42	0.44
11	XIN00275	0.61	0.68	0.72	0.72	0.64	0.78	0.78
12	XIN00327	0.77	0.81	0.85	0.76	0.62	0.72	0.78
13	XIN00533	0.76	0.74	0.69	0.75	0.73	0.75	0.83
14	XIN00892	0.68	0.70	0.71	0.83	0.85	0.77	0.86
15	XIN00935	0.79	0.75	0.77	0.62	0.75	0.69	0.69
16	XIN01057	0.74	0.74	0.81	0.82	0.86	0.75	0.89
17	XIN01059	0.62	0.62	0.83	0.91	0.84	0.80	0.78
18	XIN01061	0.73	0.72	0.83	0.74	0.66	0.62	0.65
19	XIN01070	0.57	0.59	0.67	0.71	0.76	0.70	0.75
20	XIN01174	0.85	0.69	0.78	0.55	0.58	0.62	0.72
21	XIN01451	0.64	0.56	0.76	0.85	0.79	0.82	0.81
22	XIN01462	0.80	0.84	0.74	0.79	0.60	0.67	0.69
23	XIN01470	0.81	0.69	0.73	0.76	0.70	0.53	0.60

（续）

序号	资源编号	序号/资源编号						
		36	37	38	39	40	41	42
		XIN03180	XIN03182	XIN03185	XIN03207	XIN03309	XIN03486	XIN03488
24	XIN01797	0.80	0.83	0.74	0.64	0.62	0.62	0.65
25	XIN01888	0.78	0.69	0.81	0.79	0.76	0.81	0.78
26	XIN01889	0.71	0.62	0.76	0.86	0.71	0.78	0.76
27	XIN02035	0.67	0.64	0.71	0.77	0.81	0.76	0.87
28	XIN02196	0.55	0.65	0.73	0.81	0.76	0.76	0.79
29	XIN02360	0.61	0.11	0.79	0.76	0.77	0.67	0.74
30	XIN02362	0.69	0.58	0.75	0.77	0.83	0.77	0.75
31	XIN02395	0.69	0.74	0.69	0.74	0.74	0.72	0.78
32	XIN02522	0.85	0.66	0.78	0.60	0.56	0.59	0.64
33	XIN02916	0.88	0.77	0.80	0.65	0.61	0.80	0.79
34	XIN03117	0.79	0.75	0.79	0.34	0.80	0.74	0.76
35	XIN03178	0.62	0.67	0.80	0.86	0.87	0.80	0.89
36	XIN03180	0.00	0.54	0.78	0.85	0.81	0.83	0.85
37	XIN03182	0.54	0.00	0.76	0.80	0.79	0.72	0.74
38	XIN03185	0.78	0.76	0.00	0.78	0.63	0.72	0.66
39	XIN03207	0.85	0.80	0.78	0.00	0.69	0.67	0.66
40	XIN03309	0.81	0.79	0.63	0.69	0.00	0.68	0.65
41	XIN03486	0.83	0.72	0.72	0.67	0.68	0.00	0.52
42	XIN03488	0.85	0.74	0.66	0.66	0.65	0.52	0.00
43	XIN03689	0.89	0.69	0.83	0.54	0.70	0.64	0.79
44	XIN03717	0.82	0.67	0.79	0.59	0.79	0.61	0.63
45	XIN03733	0.70	0.80	0.74	0.67	0.67	0.74	0.76
46	XIN03841	0.59	0.53	0.67	0.77	0.76	0.73	0.76
47	XIN03843	0.58	0.75	0.75	0.81	0.75	0.81	0.87
48	XIN03845	0.70	0.58	0.76	0.89	0.95	0.86	0.87

（续）

序号	资源编号	序号/资源编号						
		36	37	38	39	40	41	42
		XIN03180	XIN03182	XIN03185	XIN03207	XIN03309	XIN03486	XIN03488
49	XIN03902	0.83	0.67	0.81	0.88	0.89	0.79	0.86
50	XIN03997	0.57	0.63	0.69	0.91	0.77	0.80	0.86
51	XIN04109	0.61	0.67	0.82	0.87	0.86	0.89	0.93
52	XIN04288	0.79	0.73	0.81	0.66	0.59	0.69	0.79
53	XIN04290	0.85	0.76	0.89	0.54	0.45	0.69	0.74
54	XIN04326	0.65	0.69	0.76	0.80	0.66	0.69	0.79
55	XIN04328	0.73	0.74	0.84	0.74	0.84	0.80	0.95
56	XIN04374	0.63	0.73	0.73	0.76	0.74	0.81	0.81
57	XIN04450	0.52	0.66	0.79	0.70	0.86	0.80	0.83
58	XIN04453	0.82	0.75	0.77	0.67	0.69	0.61	0.63
59	XIN04461	0.79	0.70	0.80	0.57	0.62	0.70	0.67
60	XIN04552	0.56	0.67	0.80	0.86	0.88	0.75	0.83
61	XIN04585	0.82	0.79	0.68	0.76	0.60	0.68	0.60
62	XIN04587	0.82	0.78	0.63	0.82	0.65	0.71	0.86
63	XIN04595	0.77	0.60	0.75	0.76	0.72	0.58	0.78
64	XIN04734	0.84	0.76	0.77	0.51	0.59	0.77	0.75
65	XIN04823	0.83	0.69	0.76	0.47	0.66	0.59	0.59
66	XIN04825	0.85	0.81	0.67	0.69	0.73	0.62	0.52
67	XIN04897	0.73	0.66	0.76	0.84	0.76	0.71	0.85
68	XIN05159	0.67	0.72	0.61	0.76	0.79	0.69	0.65
69	XIN05239	0.84	0.74	0.74	0.71	0.62	0.76	0.79
70	XIN05251	0.71	0.76	0.79	0.78	0.89	0.74	0.81
71	XIN05269	0.80	0.64	0.70	0.72	0.63	0.56	0.59
72	XIN05281	0.82	0.71	0.67	0.85	0.70	0.65	0.80
73	XIN05352	0.66	0.67	0.77	0.90	0.90	0.77	0.81

（续）

序号	资源编号	36	37	38	39	40	41	42
		XIN03180	XIN03182	XIN03185	XIN03207	XIN03309	XIN03486	XIN03488
74	XIN05379	0.74	0.78	0.73	0.78	0.65	0.69	0.80
75	XIN05425	0.89	0.81	0.82	0.54	0.68	0.70	0.77
76	XIN05427	0.77	0.69	0.77	0.52	0.64	0.73	0.77
77	XIN05440	0.83	0.68	0.77	0.75	0.63	0.71	0.64
78	XIN05441	0.88	0.74	0.77	0.75	0.58	0.47	0.61
79	XIN05461	0.69	0.68	0.69	0.84	0.56	0.71	0.60
80	XIN05462	0.75	0.68	0.62	0.86	0.59	0.46	0.66
81	XIN05645	0.74	0.66	0.82	0.76	0.80	0.85	0.88
82	XIN05647	0.71	0.59	0.81	0.86	0.86	0.81	0.87
83	XIN05649	0.71	0.62	0.84	0.83	0.92	0.86	0.87
84	XIN05650	0.85	0.83	0.79	0.69	0.71	0.67	0.67
85	XIN05651	0.91	0.88	0.76	0.64	0.62	0.71	0.76
86	XIN05652	0.89	0.77	0.77	0.53	0.63	0.71	0.61
87	XIN05701	0.80	0.73	0.68	0.80	0.59	0.67	0.59
88	XIN05702	0.82	0.74	0.62	0.82	0.60	0.66	0.83
89	XIN05726	0.68	0.70	0.77	0.83	0.79	0.81	0.76
90	XIN05731	0.72	0.61	0.77	0.60	0.70	0.64	0.60
91	XIN05733	0.71	0.68	0.79	0.68	0.71	0.68	0.66
92	XIN05862	0.69	0.50	0.84	0.74	0.83	0.67	0.73
93	XIN05891	0.80	0.68	0.74	0.67	0.67	0.58	0.65
94	XIN05926	0.69	0.72	0.73	0.85	0.70	0.83	0.72
95	XIN05952	0.65	0.58	0.76	0.86	0.82	0.83	0.84
96	XIN05972	0.68	0.60	0.89	0.79	0.86	0.83	0.89
97	XIN05995	0.74	0.68	0.69	0.73	0.78	0.85	0.83
98	XIN06057	0.59	0.71	0.85	0.73	0.80	0.83	0.81

（续）

序号	资源编号	序号/资源编号						
		36	37	38	39	40	41	42
		XIN03180	XIN03182	XIN03185	XIN03207	XIN03309	XIN03486	XIN03488
99	XIN06084	0.78	0.77	0.77	0.78	0.76	0.78	0.78
100	XIN06118	0.82	0.79	0.71	0.93	0.71	0.79	0.83
101	XIN06346	0.74	0.78	0.74	0.83	0.75	0.81	0.86
102	XIN06349	0.77	0.69	0.76	0.61	0.65	0.72	0.71
103	XIN06351	0.77	0.69	0.76	0.44	0.66	0.69	0.69
104	XIN06425	0.79	0.78	0.72	0.63	0.64	0.74	0.66
105	XIN06427	0.85	0.80	0.81	0.65	0.68	0.73	0.81
106	XIN06460	0.82	0.64	0.69	0.76	0.65	0.75	0.66
107	XIN06617	0.78	0.81	0.81	0.56	0.76	0.72	0.76
108	XIN06619	0.77	0.64	0.77	0.44	0.77	0.57	0.72
109	XIN06639	0.72	0.66	0.81	0.48	0.63	0.65	0.67
110	XIN07900	0.82	0.65	0.74	0.68	0.55	0.74	0.73
111	XIN07902	0.76	0.62	0.78	0.72	0.69	0.56	0.72
112	XIN07913	0.53	0.58	0.81	0.85	0.84	0.84	0.88
113	XIN07914	0.61	0.59	0.69	0.74	0.76	0.79	0.77
114	XIN07953	0.79	0.57	0.83	0.84	0.79	0.71	0.76
115	XIN08073	0.88	0.85	0.81	0.66	0.75	0.83	0.77
116	XIN08225	0.63	0.56	0.73	0.80	0.88	0.69	0.78
117	XIN08227	0.59	0.73	0.81	0.87	0.78	0.83	0.82
118	XIN08229	0.56	0.74	0.78	0.79	0.76	0.75	0.88
119	XIN08230	0.54	0.78	0.88	0.90	0.75	0.84	0.86
120	XIN08231	0.45	0.68	0.82	0.86	0.80	0.85	0.84
121	XIN08252	0.74	0.60	0.78	0.73	0.68	0.57	0.70
122	XIN08254	0.81	0.66	0.73	0.52	0.77	0.66	0.69
123	XIN08283	0.82	0.72	0.75	0.68	0.58	0.58	0.60

（续）

序号	资源编号	序号/资源编号						
		36	37	38	39	40	41	42
		XIN03180	XIN03182	XIN03185	XIN03207	XIN03309	XIN03486	XIN03488
124	XIN08327	0.60	0.63	0.76	0.86	0.78	0.83	0.84
125	XIN08670	0.85	0.79	0.70	0.70	0.79	0.74	0.77
126	XIN08699	0.81	0.82	0.78	0.67	0.76	0.79	0.76
127	XIN08701	0.78	0.73	0.78	0.69	0.76	0.80	0.72
128	XIN08718	0.73	0.67	0.73	0.36	0.51	0.72	0.66
129	XIN08743	0.75	0.74	0.74	0.64	0.70	0.72	0.65
130	XIN08754	0.88	0.87	0.75	0.52	0.82	0.74	0.77
131	XIN08786	0.67	0.63	0.81	0.83	0.85	0.74	0.83
132	XIN09052	0.76	0.59	0.78	0.72	0.69	0.59	0.75
133	XIN09099	0.58	0.75	0.86	0.74	0.75	0.87	0.88
134	XIN09101	0.49	0.78	0.74	0.86	0.61	0.76	0.85
135	XIN09103	0.79	0.71	0.82	0.61	0.60	0.69	0.83
136	XIN09105	0.91	0.80	0.84	0.68	0.63	0.73	0.79
137	XIN09107	0.80	0.69	0.81	0.59	0.70	0.65	0.86
138	XIN09291	0.77	0.66	0.85	0.89	0.88	0.78	0.85
139	XIN09415	0.89	0.71	0.70	0.55	0.61	0.61	0.64
140	XIN09478	0.31	0.60	0.83	0.84	0.91	0.85	0.85
141	XIN09479	0.92	0.81	0.81	0.70	0.78	0.85	0.76
142	XIN09481	0.96	0.80	0.86	0.67	0.79	0.85	0.71
143	XIN09482	0.85	0.74	0.78	0.61	0.72	0.76	0.81
144	XIN09616	0.86	0.65	0.71	0.51	0.57	0.65	0.80
145	XIN09619	0.82	0.74	0.85	0.61	0.65	0.75	0.72
146	XIN09621	0.82	0.79	0.75	0.65	0.54	0.68	0.73
147	XIN09624	0.72	0.71	0.78	0.64	0.65	0.78	0.77
148	XIN09670	0.75	0.72	0.72	0.83	0.88	0.82	0.72

（续）

序号	资源编号	序号/资源编号						
		36	37	38	39	40	41	42
		XIN03180	XIN03182	XIN03185	XIN03207	XIN03309	XIN03486	XIN03488
149	XIN09683	0.80	0.77	0.83	0.82	0.69	0.80	0.79
150	XIN09685	0.61	0.62	0.73	0.72	0.70	0.67	0.64
151	XIN09687	0.57	0.65	0.76	0.79	0.79	0.65	0.73
152	XIN09799	0.67	0.68	0.73	0.66	0.62	0.64	0.62
153	XIN09830	0.83	0.78	0.67	0.63	0.69	0.72	0.83
154	XIN09845	0.46	0.65	0.76	0.86	0.67	0.78	0.80
155	XIN09847	0.40	0.64	0.73	0.83	0.66	0.72	0.78
156	XIN09879	0.88	0.85	0.79	0.53	0.67	0.69	0.74
157	XIN09889	0.76	0.76	0.76	0.75	0.56	0.67	0.76
158	XIN09891	0.85	0.83	0.82	0.61	0.56	0.70	0.68
159	XIN09912	0.78	0.75	0.74	0.75	0.85	0.69	0.78
160	XIN10136	0.85	0.78	0.63	0.76	0.72	0.37	0.50
161	XIN10138	0.67	0.58	0.89	0.79	0.89	0.86	0.90
162	XIN10149	0.51	0.63	0.83	0.83	0.95	0.90	0.92
163	XIN10156	0.68	0.71	0.83	0.80	0.82	0.76	0.84
164	XIN10162	0.59	0.53	0.69	0.79	0.78	0.73	0.79
165	XIN10164	0.72	0.66	0.78	0.92	0.90	0.81	0.90
166	XIN10168	0.76	0.77	0.72	0.62	0.57	0.65	0.69
167	XIN10172	0.65	0.62	0.84	0.79	0.88	0.80	0.86
168	XIN10181	0.74	0.65	0.66	0.69	0.67	0.41	0.56
169	XIN10183	0.85	0.70	0.76	0.68	0.60	0.51	0.62
170	XIN10184	0.77	0.69	0.76	0.76	0.72	0.60	0.60
171	XIN10186	0.77	0.83	0.83	0.69	0.58	0.77	0.69
172	XIN10188	0.75	0.71	0.52	0.62	0.59	0.54	0.52
173	XIN10189	0.64	0.56	0.68	0.67	0.63	0.47	0.49

（续）

序号	资源编号	序号/资源编号						
		36	37	38	39	40	41	42
		XIN03180	XIN03182	XIN03185	XIN03207	XIN03309	XIN03486	XIN03488
174	XIN10191	0.80	0.84	0.63	0.74	0.70	0.55	0.47
175	XIN10196	0.59	0.54	0.84	0.83	0.87	0.88	0.85
176	XIN10197	0.57	0.69	0.86	0.74	0.76	0.86	0.84
177	XIN10199	0.70	0.72	0.48	0.73	0.51	0.56	0.63
178	XIN10203	0.88	0.78	0.74	0.73	0.69	0.56	0.49
179	XIN10205	0.82	0.69	0.65	0.69	0.68	0.63	0.69
180	XIN10207	0.77	0.70	0.87	0.67	0.71	0.64	0.79
181	XIN10214	0.46	0.62	0.91	0.84	0.95	0.91	0.84
182	XIN10220	0.85	0.76	0.76	0.59	0.74	0.56	0.66
183	XIN10222	0.91	0.87	0.81	0.71	0.81	0.84	0.81
184	XIN10228	0.79	0.69	0.89	0.70	0.74	0.62	0.81
185	XIN10230	0.41	0.72	0.79	0.82	0.84	0.78	0.86
186	XIN10284	0.79	0.76	0.68	0.74	0.78	0.78	0.76
187	XIN10334	0.94	0.81	0.78	0.66	0.66	0.78	0.72
188	XIN10378	0.68	0.65	0.71	0.88	0.86	0.81	0.84
189	XIN10380	0.71	0.71	0.78	0.87	0.93	0.83	0.84
190	XIN10558	0.79	0.64	0.83	0.60	0.69	0.72	0.84
191	XIN10559	0.78	0.65	0.74	0.81	0.78	0.78	0.72
192	XIN10642	0.79	0.84	0.76	0.79	0.80	0.81	0.78

表7 遗传距离（七）

序号	资源编号	序号/资源编号						
		43	44	45	46	47	48	49
		XIN03689	XIN03717	XIN03733	XIN03841	XIN03843	XIN03845	XIN03902
1	XIN00110	0.80	0.76	0.74	0.62	0.76	0.73	0.69
2	XIN00244	0.71	0.64	0.79	0.75	0.82	0.82	0.93
3	XIN00245	0.76	0.64	0.79	0.72	0.79	0.78	0.90
4	XIN00246	0.76	0.58	0.69	0.65	0.76	0.74	0.75
5	XIN00247	0.69	0.69	0.85	0.65	0.85	0.86	0.76
6	XIN00249	0.70	0.64	0.62	0.65	0.75	0.73	0.81
7	XIN00252	0.56	0.42	0.67	0.75	0.76	0.84	0.87
8	XIN00253	0.54	0.48	0.82	0.68	0.85	0.82	0.84
9	XIN00255	0.80	0.58	0.74	0.74	0.89	0.87	0.81
10	XIN00256	0.54	0.53	0.59	0.56	0.67	0.67	0.69
11	XIN00275	0.86	0.82	0.63	0.65	0.69	0.75	0.91
12	XIN00327	0.65	0.76	0.79	0.85	0.84	0.90	0.95
13	XIN00533	0.81	0.74	0.78	0.73	0.82	0.74	0.83
14	XIN00892	0.88	0.79	0.67	0.61	0.64	0.69	0.56
15	XIN00935	0.61	0.71	0.74	0.78	0.78	0.91	0.91
16	XIN01057	0.76	0.85	0.76	0.63	0.71	0.78	0.65
17	XIN01059	0.86	0.83	0.76	0.56	0.70	0.58	0.50
18	XIN01061	0.74	0.56	0.78	0.69	0.76	0.79	0.83
19	XIN01070	0.73	0.70	0.59	0.48	0.57	0.56	0.48
20	XIN01174	0.51	0.63	0.65	0.81	0.80	0.85	0.87
21	XIN01451	0.82	0.78	0.74	0.17	0.79	0.60	0.63
22	XIN01462	0.69	0.69	0.85	0.74	0.91	0.91	0.84
23	XIN01470	0.66	0.45	0.69	0.62	0.84	0.77	0.80

（续）

序号	资源编号	序号/资源编号						
		43	44	45	46	47	48	49
		XIN03689	XIN03717	XIN03733	XIN03841	XIN03843	XIN03845	XIN03902
24	XIN01797	0.66	0.69	0.82	0.79	0.85	0.88	0.90
25	XIN01888	0.81	0.74	0.77	0.66	0.69	0.73	0.77
26	XIN01889	0.86	0.85	0.68	0.75	0.68	0.76	0.90
27	XIN02035	0.78	0.69	0.66	0.42	0.61	0.64	0.58
28	XIN02196	0.86	0.80	0.68	0.63	0.16	0.76	0.83
29	XIN02360	0.62	0.63	0.75	0.57	0.77	0.61	0.66
30	XIN02362	0.82	0.67	0.70	0.33	0.67	0.66	0.74
31	XIN02395	0.76	0.76	0.74	0.59	0.76	0.72	0.65
32	XIN02522	0.55	0.61	0.64	0.79	0.81	0.86	0.88
33	XIN02916	0.68	0.79	0.76	0.75	0.70	0.87	0.91
34	XIN03117	0.49	0.56	0.73	0.77	0.85	0.87	0.86
35	XIN03178	0.84	0.78	0.75	0.53	0.76	0.70	0.61
36	XIN03180	0.89	0.82	0.70	0.59	0.58	0.70	0.83
37	XIN03182	0.69	0.67	0.80	0.53	0.75	0.58	0.67
38	XIN03185	0.83	0.79	0.74	0.67	0.75	0.76	0.81
39	XIN03207	0.54	0.59	0.67	0.77	0.81	0.89	0.88
40	XIN03309	0.70	0.79	0.67	0.76	0.75	0.95	0.89
41	XIN03486	0.64	0.61	0.74	0.73	0.81	0.86	0.79
42	XIN03488	0.79	0.63	0.76	0.76	0.87	0.87	0.86
43	XIN03689	0.00	0.59	0.74	0.79	0.88	0.91	0.81
44	XIN03717	0.59	0.00	0.76	0.63	0.82	0.72	0.71
45	XIN03733	0.74	0.76	0.00	0.64	0.66	0.75	0.77
46	XIN03841	0.79	0.63	0.64	0.00	0.63	0.54	0.56
47	XIN03843	0.88	0.82	0.66	0.63	0.00	0.78	0.85
48	XIN03845	0.91	0.72	0.75	0.54	0.78	0.00	0.52

（续）

序号	资源编号	序号/资源编号						
		43	44	45	46	47	48	49
		XIN03689	XIN03717	XIN03733	XIN03841	XIN03843	XIN03845	XIN03902
49	XIN03902	0.81	0.71	0.77	0.56	0.85	0.52	0.00
50	XIN03997	0.85	0.76	0.75	0.60	0.29	0.66	0.76
51	XIN04109	0.91	0.79	0.74	0.32	0.63	0.61	0.72
52	XIN04288	0.51	0.63	0.76	0.75	0.83	0.80	0.80
53	XIN04290	0.54	0.65	0.83	0.83	0.86	0.92	0.89
54	XIN04326	0.75	0.64	0.74	0.61	0.68	0.75	0.71
55	XIN04328	0.68	0.70	0.72	0.61	0.67	0.65	0.72
56	XIN04374	0.78	0.83	0.64	0.57	0.44	0.75	0.85
57	XIN04450	0.82	0.83	0.64	0.65	0.66	0.69	0.75
58	XIN04453	0.74	0.58	0.75	0.65	0.83	0.79	0.88
59	XIN04461	0.64	0.75	0.81	0.84	0.81	0.91	0.90
60	XIN04552	0.80	0.80	0.73	0.57	0.75	0.70	0.62
61	XIN04585	0.76	0.69	0.69	0.84	0.84	0.90	0.92
62	XIN04587	0.73	0.81	0.51	0.82	0.72	0.87	0.86
63	XIN04595	0.60	0.71	0.63	0.59	0.79	0.72	0.76
64	XIN04734	0.58	0.77	0.74	0.78	0.79	0.90	0.92
65	XIN04823	0.59	0.46	0.68	0.64	0.89	0.70	0.66
66	XIN04825	0.73	0.49	0.78	0.68	0.84	0.77	0.80
67	XIN04897	0.80	0.73	0.68	0.46	0.56	0.59	0.52
68	XIN05159	0.83	0.84	0.68	0.71	0.74	0.77	0.83
69	XIN05239	0.73	0.73	0.69	0.75	0.87	0.86	0.90
70	XIN05251	0.90	0.84	0.82	0.62	0.77	0.74	0.53
71	XIN05269	0.73	0.63	0.74	0.71	0.69	0.82	0.80
72	XIN05281	0.67	0.74	0.79	0.75	0.79	0.85	0.84
73	XIN05352	0.88	0.73	0.71	0.46	0.79	0.57	0.52

（续）

序号	资源编号	序号/资源编号						
		43	44	45	46	47	48	49
		XIN03689	XIN03717	XIN03733	XIN03841	XIN03843	XIN03845	XIN03902
74	XIN05379	0.73	0.69	0.75	0.63	0.69	0.80	0.77
75	XIN05425	0.60	0.78	0.72	0.72	0.81	0.88	0.84
76	XIN05427	0.44	0.63	0.66	0.68	0.74	0.78	0.76
77	XIN05440	0.51	0.68	0.81	0.79	0.84	0.85	0.80
78	XIN05441	0.63	0.65	0.75	0.74	0.87	0.90	0.80
79	XIN05461	0.75	0.74	0.73	0.73	0.81	0.80	0.84
80	XIN05462	0.74	0.76	0.71	0.71	0.82	0.81	0.84
81	XIN05645	0.69	0.68	0.70	0.46	0.74	0.62	0.75
82	XIN05647	0.85	0.68	0.70	0.40	0.68	0.63	0.63
83	XIN05649	0.82	0.68	0.73	0.43	0.65	0.66	0.63
84	XIN05650	0.61	0.61	0.85	0.80	0.78	0.80	0.86
85	XIN05651	0.56	0.67	0.79	0.85	0.82	0.91	0.84
86	XIN05652	0.46	0.58	0.74	0.80	0.85	0.90	0.82
87	XIN05701	0.76	0.66	0.73	0.83	0.87	0.87	0.90
88	XIN05702	0.72	0.78	0.52	0.79	0.68	0.88	0.87
89	XIN05726	0.90	0.70	0.81	0.56	0.72	0.68	0.73
90	XIN05731	0.72	0.64	0.77	0.73	0.58	0.77	0.86
91	XIN05733	0.81	0.66	0.76	0.73	0.58	0.75	0.90
92	XIN05862	0.79	0.76	0.68	0.64	0.58	0.59	0.73
93	XIN05891	0.64	0.62	0.65	0.73	0.83	0.81	0.85
94	XIN05926	0.87	0.77	0.57	0.65	0.76	0.82	0.90
95	XIN05952	0.82	0.79	0.76	0.21	0.79	0.63	0.60
96	XIN05972	0.76	0.67	0.67	0.59	0.74	0.63	0.56
97	XIN05995	0.72	0.80	0.71	0.70	0.90	0.67	0.78
98	XIN06057	0.82	0.76	0.64	0.62	0.67	0.67	0.70

（续）

序号	资源编号	序号/资源编号						
		43	44	45	46	47	48	49
		XIN03689	XIN03717	XIN03733	XIN03841	XIN03843	XIN03845	XIN03902
99	XIN06084	0.79	0.76	0.81	0.72	0.85	0.79	0.78
100	XIN06118	0.79	0.75	0.83	0.69	0.78	0.83	0.81
101	XIN06346	0.78	0.71	0.80	0.64	0.78	0.74	0.76
102	XIN06349	0.49	0.62	0.78	0.74	0.81	0.86	0.73
103	XIN06351	0.60	0.52	0.68	0.75	0.83	0.82	0.84
104	XIN06425	0.62	0.71	0.83	0.83	0.82	0.85	0.88
105	XIN06427	0.57	0.74	0.73	0.84	0.85	0.90	0.90
106	XIN06460	0.82	0.74	0.69	0.72	0.82	0.79	0.80
107	XIN06617	0.72	0.53	0.78	0.73	0.83	0.81	0.83
108	XIN06619	0.42	0.49	0.82	0.71	0.84	0.76	0.75
109	XIN06639	0.60	0.52	0.69	0.74	0.76	0.79	0.81
110	XIN07900	0.60	0.63	0.66	0.67	0.86	0.77	0.70
111	XIN07902	0.59	0.69	0.61	0.65	0.78	0.69	0.77
112	XIN07913	0.83	0.77	0.73	0.49	0.63	0.63	0.66
113	XIN07914	0.76	0.71	0.64	0.56	0.56	0.69	0.76
114	XIN07953	0.71	0.75	0.73	0.65	0.72	0.76	0.72
115	XIN08073	0.65	0.68	0.84	0.80	0.90	0.90	0.86
116	XIN08225	0.76	0.69	0.70	0.48	0.61	0.54	0.61
117	XIN08227	0.85	0.73	0.63	0.72	0.65	0.81	0.71
118	XIN08229	0.86	0.85	0.75	0.81	0.76	0.88	0.87
119	XIN08230	0.87	0.82	0.66	0.72	0.58	0.71	0.69
120	XIN08231	0.81	0.77	0.68	0.71	0.62	0.69	0.77
121	XIN08252	0.59	0.67	0.62	0.65	0.76	0.70	0.74
122	XIN08254	0.51	0.59	0.74	0.72	0.90	0.78	0.78
123	XIN08283	0.65	0.54	0.73	0.77	0.79	0.76	0.84

（续）

序号	资源编号	序号/资源编号						
		43	44	45	46	47	48	49
		XIN03689	XIN03717	XIN03733	XIN03841	XIN03843	XIN03845	XIN03902
124	XIN08327	0.82	0.79	0.71	0.24	0.76	0.61	0.65
125	XIN08670	0.72	0.72	0.89	0.69	0.81	0.85	0.81
126	XIN08699	0.62	0.68	0.83	0.74	0.88	0.85	0.80
127	XIN08701	0.77	0.65	0.75	0.72	0.77	0.84	0.83
128	XIN08718	0.43	0.67	0.65	0.71	0.83	0.83	0.85
129	XIN08743	0.62	0.69	0.83	0.78	0.78	0.84	0.82
130	XIN08754	0.72	0.68	0.85	0.78	0.82	0.93	0.94
131	XIN08786	0.76	0.84	0.78	0.52	0.68	0.59	0.61
132	XIN09052	0.59	0.69	0.61	0.63	0.78	0.72	0.77
133	XIN09099	0.86	0.80	0.59	0.59	0.60	0.67	0.74
134	XIN09101	0.92	0.83	0.73	0.63	0.43	0.77	0.82
135	XIN09103	0.56	0.68	0.67	0.74	0.76	0.84	0.86
136	XIN09105	0.63	0.65	0.71	0.78	0.83	0.88	0.84
137	XIN09107	0.46	0.49	0.76	0.71	0.77	0.85	0.75
138	XIN09291	0.83	0.74	0.82	0.54	0.83	0.58	0.13
139	XIN09415	0.59	0.67	0.79	0.68	0.79	0.88	0.84
140	XIN09478	0.85	0.81	0.75	0.56	0.70	0.66	0.64
141	XIN09479	0.60	0.69	0.83	0.81	0.89	0.93	0.88
142	XIN09481	0.64	0.73	0.87	0.82	0.90	0.94	0.90
143	XIN09482	0.62	0.68	0.81	0.79	0.76	0.85	0.88
144	XIN09616	0.49	0.59	0.82	0.81	0.79	0.88	0.87
145	XIN09619	0.62	0.74	0.76	0.80	0.88	0.91	0.89
146	XIN09621	0.50	0.62	0.77	0.78	0.79	0.89	0.87
147	XIN09624	0.72	0.63	0.69	0.72	0.81	0.70	0.80
148	XIN09670	0.81	0.78	0.79	0.60	0.81	0.73	0.58

（续）

序号	资源编号	序号/资源编号						
		43	44	45	46	47	48	49
		XIN03689	XIN03717	XIN03733	XIN03841	XIN03843	XIN03845	XIN03902
149	XIN09683	0.74	0.90	0.68	0.81	0.74	0.82	0.93
150	XIN09685	0.84	0.71	0.58	0.67	0.65	0.73	0.88
151	XIN09687	0.91	0.79	0.67	0.72	0.60	0.70	0.91
152	XIN09799	0.60	0.61	0.78	0.64	0.75	0.76	0.81
153	XIN09830	0.66	0.78	0.77	0.78	0.70	0.87	0.81
154	XIN09845	0.82	0.75	0.63	0.58	0.53	0.69	0.74
155	XIN09847	0.84	0.76	0.60	0.58	0.52	0.67	0.74
156	XIN09879	0.59	0.57	0.73	0.77	0.82	0.91	0.89
157	XIN09889	0.66	0.77	0.81	0.72	0.77	0.82	0.90
158	XIN09891	0.59	0.67	0.87	0.79	0.93	0.94	0.92
159	XIN09912	0.72	0.65	0.83	0.68	0.79	0.61	0.59
160	XIN10136	0.66	0.58	0.74	0.75	0.85	0.82	0.78
161	XIN10138	0.77	0.68	0.70	0.59	0.78	0.64	0.57
162	XIN10149	0.80	0.80	0.75	0.56	0.77	0.65	0.58
163	XIN10156	0.81	0.79	0.66	0.62	0.40	0.74	0.77
164	XIN10162	0.79	0.72	0.63	0.40	0.47	0.55	0.57
165	XIN10164	0.86	0.83	0.79	0.53	0.58	0.55	0.64
166	XIN10168	0.64	0.59	0.69	0.72	0.79	0.86	0.85
167	XIN10172	0.81	0.67	0.71	0.57	0.66	0.59	0.64
168	XIN10181	0.67	0.65	0.74	0.67	0.76	0.70	0.78
169	XIN10183	0.64	0.63	0.69	0.73	0.75	0.83	0.81
170	XIN10184	0.74	0.66	0.76	0.71	0.81	0.82	0.86
171	XIN10186	0.80	0.77	0.71	0.81	0.80	0.91	0.96
172	XIN10188	0.59	0.54	0.72	0.67	0.86	0.74	0.74
173	XIN10189	0.62	0.40	0.62	0.65	0.69	0.70	0.73

序号	资源编号	序号/资源编号						
		43	44	45	46	47	48	49
		XIN03689	XIN03717	XIN03733	XIN03841	XIN03843	XIN03845	XIN03902
174	XIN10191	0.71	0.52	0.79	0.74	0.90	0.83	0.88
175	XIN10196	0.79	0.78	0.76	0.58	0.46	0.63	0.69
176	XIN10197	0.84	0.75	0.60	0.59	0.64	0.66	0.71
177	XIN10199	0.71	0.74	0.43	0.61	0.67	0.72	0.73
178	XIN10203	0.62	0.51	0.76	0.77	0.82	0.81	0.80
179	XIN10205	0.65	0.77	0.65	0.66	0.79	0.78	0.79
180	XIN10207	0.65	0.70	0.79	0.69	0.79	0.91	0.90
181	XIN10214	0.88	0.81	0.74	0.56	0.66	0.62	0.61
182	XIN10220	0.71	0.47	0.84	0.67	0.88	0.79	0.80
183	XIN10222	0.63	0.74	0.85	0.83	0.91	0.94	0.90
184	XIN10228	0.65	0.65	0.81	0.69	0.76	0.88	0.87
185	XIN10230	0.85	0.75	0.70	0.63	0.69	0.68	0.72
186	XIN10284	0.72	0.72	0.73	0.62	0.78	0.68	0.72
187	XIN10334	0.60	0.60	0.85	0.86	0.88	0.97	0.90
188	XIN10378	0.85	0.76	0.80	0.49	0.78	0.53	0.41
189	XIN10380	0.85	0.76	0.78	0.53	0.76	0.66	0.48
190	XIN10558	0.64	0.53	0.76	0.76	0.83	0.87	0.91
191	XIN10559	0.72	0.78	0.76	0.76	0.78	0.90	0.86
192	XIN10642	0.90	0.81	0.81	0.70	0.81	0.75	0.75

表8　遗传距离（八）

序号	资源编号	序号/资源编号						
		50	51	52	53	54	55	56
		XIN03997	XIN04109	XIN04288	XIN04290	XIN04326	XIN04328	XIN04374
1	XIN00110	0.67	0.79	0.79	0.84	0.68	0.64	0.79
2	XIN00244	0.88	0.88	0.79	0.82	0.71	0.73	0.87
3	XIN00245	0.73	0.81	0.69	0.76	0.73	0.82	0.89
4	XIN00246	0.79	0.80	0.66	0.61	0.61	0.66	0.77
5	XIN00247	0.79	0.85	0.74	0.77	0.73	0.63	0.86
6	XIN00249	0.69	0.74	0.66	0.72	0.68	0.73	0.74
7	XIN00252	0.82	0.88	0.71	0.68	0.75	0.66	0.78
8	XIN00253	0.88	0.88	0.64	0.62	0.63	0.66	0.78
9	XIN00255	0.83	0.89	0.74	0.72	0.79	0.90	0.87
10	XIN00256	0.61	0.68	0.47	0.52	0.46	0.59	0.65
11	XIN00275	0.73	0.74	0.79	0.81	0.68	0.73	0.73
12	XIN00327	0.79	0.88	0.56	0.51	0.74	0.82	0.70
13	XIN00533	0.70	0.79	0.70	0.69	0.74	0.61	0.79
14	XIN00892	0.62	0.64	0.84	0.92	0.69	0.72	0.68
15	XIN00935	0.80	0.91	0.71	0.60	0.67	0.74	0.70
16	XIN01057	0.70	0.70	0.85	0.87	0.81	0.76	0.73
17	XIN01059	0.63	0.66	0.85	0.87	0.75	0.76	0.72
18	XIN01061	0.69	0.75	0.56	0.50	0.61	0.72	0.74
19	XIN01070	0.51	0.55	0.66	0.79	0.63	0.73	0.53
20	XIN01174	0.82	0.88	0.52	0.47	0.77	0.68	0.72
21	XIN01451	0.70	0.42	0.77	0.84	0.69	0.78	0.61
22	XIN01462	0.82	0.88	0.48	0.54	0.71	0.86	0.78
23	XIN01470	0.72	0.74	0.62	0.74	0.69	0.67	0.87

序号	资源编号	序号/资源编号						
		50	51	52	53	54	55	56
		XIN03997	XIN04109	XIN04288	XIN04290	XIN04326	XIN04328	XIN04374
24	XIN01797	0.82	0.82	0.56	0.49	0.84	0.82	0.84
25	XIN01888	0.66	0.71	0.71	0.78	0.74	0.74	0.71
26	XIN01889	0.67	0.82	0.70	0.74	0.74	0.82	0.75
27	XIN02035	0.58	0.51	0.79	0.85	0.69	0.61	0.64
28	XIN02196	0.35	0.65	0.78	0.81	0.67	0.73	0.42
29	XIN02360	0.65	0.70	0.71	0.73	0.64	0.66	0.74
30	XIN02362	0.74	0.59	0.79	0.88	0.69	0.76	0.64
31	XIN02395	0.74	0.79	0.79	0.84	0.76	0.76	0.64
32	XIN02522	0.84	0.86	0.49	0.46	0.71	0.75	0.76
33	XIN02916	0.72	0.86	0.60	0.54	0.56	0.67	0.68
34	XIN03117	0.90	0.82	0.53	0.64	0.81	0.78	0.80
35	XIN03178	0.78	0.69	0.76	0.83	0.74	0.79	0.62
36	XIN03180	0.57	0.61	0.79	0.85	0.65	0.73	0.63
37	XIN03182	0.63	0.67	0.73	0.76	0.69	0.74	0.73
38	XIN03185	0.69	0.82	0.81	0.89	0.76	0.84	0.73
39	XIN03207	0.91	0.87	0.66	0.54	0.80	0.74	0.76
40	XIN03309	0.77	0.86	0.59	0.45	0.66	0.84	0.74
41	XIN03486	0.80	0.89	0.69	0.69	0.69	0.80	0.81
42	XIN03488	0.86	0.93	0.79	0.74	0.79	0.95	0.81
43	XIN03689	0.85	0.91	0.51	0.54	0.75	0.68	0.78
44	XIN03717	0.76	0.79	0.63	0.65	0.64	0.70	0.83
45	XIN03733	0.75	0.74	0.76	0.83	0.74	0.72	0.64
46	XIN03841	0.60	0.32	0.75	0.83	0.61	0.61	0.57
47	XIN03843	0.29	0.63	0.83	0.86	0.68	0.67	0.44
48	XIN03845	0.66	0.61	0.80	0.92	0.75	0.65	0.75

（续）

序号	资源编号	序号/资源编号						
		50	51	52	53	54	55	56
		XIN03997	XIN04109	XIN04288	XIN04290	XIN04326	XIN04328	XIN04374
49	XIN03902	0.76	0.72	0.80	0.89	0.71	0.72	0.85
50	XIN03997	0.00	0.58	0.76	0.86	0.65	0.68	0.50
51	XIN04109	0.58	0.00	0.82	0.88	0.78	0.79	0.64
52	XIN04288	0.76	0.82	0.00	0.32	0.71	0.86	0.74
53	XIN04290	0.86	0.88	0.32	0.00	0.70	0.83	0.76
54	XIN04326	0.65	0.78	0.71	0.70	0.00	0.38	0.68
55	XIN04328	0.68	0.79	0.86	0.83	0.38	0.00	0.78
56	XIN04374	0.50	0.64	0.74	0.76	0.68	0.78	0.00
57	XIN04450	0.64	0.68	0.73	0.85	0.79	0.80	0.64
58	XIN04453	0.77	0.83	0.72	0.74	0.71	0.75	0.89
59	XIN04461	0.84	0.88	0.61	0.50	0.77	0.75	0.86
60	XIN04552	0.72	0.70	0.77	0.83	0.73	0.79	0.58
61	XIN04585	0.87	0.93	0.78	0.66	0.68	0.65	0.86
62	XIN04587	0.63	0.90	0.79	0.80	0.67	0.67	0.65
63	XIN04595	0.70	0.79	0.66	0.77	0.71	0.59	0.82
64	XIN04734	0.87	0.82	0.46	0.55	0.84	0.89	0.77
65	XIN04823	0.75	0.79	0.66	0.69	0.73	0.72	0.85
66	XIN04825	0.81	0.77	0.69	0.70	0.77	0.89	0.89
67	XIN04897	0.56	0.53	0.80	0.84	0.68	0.70	0.70
68	XIN05159	0.72	0.69	0.81	0.85	0.77	0.70	0.73
69	XIN05239	0.82	0.84	0.62	0.63	0.73	0.78	0.81
70	XIN05251	0.79	0.74	0.86	0.85	0.75	0.85	0.77
71	XIN05269	0.66	0.76	0.74	0.74	0.61	0.70	0.81
72	XIN05281	0.74	0.83	0.62	0.68	0.73	0.83	0.85
73	XIN05352	0.77	0.57	0.84	0.92	0.79	0.75	0.60

（续）

序号	资源编号	序号/资源编号						
		50	51	52	53	54	55	56
		XIN03997	XIN04109	XIN04288	XIN04290	XIN04326	XIN04328	XIN04374
74	XIN05379	0.60	0.75	0.66	0.70	0.23	0.39	0.71
75	XIN05425	0.88	0.83	0.59	0.60	0.71	0.80	0.79
76	XIN05427	0.79	0.78	0.59	0.52	0.65	0.61	0.70
77	XIN05440	0.75	0.82	0.49	0.43	0.69	0.80	0.69
78	XIN05441	0.76	0.90	0.59	0.58	0.70	0.82	0.82
79	XIN05461	0.69	0.79	0.68	0.64	0.71	0.71	0.78
80	XIN05462	0.68	0.82	0.62	0.71	0.61	0.73	0.75
81	XIN05645	0.66	0.61	0.66	0.79	0.73	0.62	0.59
82	XIN05647	0.55	0.56	0.76	0.84	0.69	0.64	0.54
83	XIN05649	0.61	0.59	0.85	0.90	0.74	0.64	0.62
84	XIN05650	0.73	0.82	0.58	0.62	0.81	0.77	0.86
85	XIN05651	0.82	0.88	0.63	0.60	0.85	0.77	0.78
86	XIN05652	0.92	0.93	0.44	0.34	0.80	0.78	0.70
87	XIN05701	0.81	0.91	0.78	0.66	0.65	0.66	0.83
88	XIN05702	0.61	0.88	0.79	0.77	0.62	0.61	0.63
89	XIN05726	0.66	0.59	0.77	0.84	0.74	0.83	0.68
90	XIN05731	0.69	0.84	0.77	0.76	0.66	0.68	0.71
91	XIN05733	0.64	0.78	0.82	0.77	0.63	0.70	0.68
92	XIN05862	0.60	0.61	0.89	0.88	0.78	0.76	0.62
93	XIN05891	0.74	0.80	0.74	0.66	0.74	0.76	0.79
94	XIN05926	0.76	0.75	0.85	0.86	0.77	0.88	0.65
95	XIN05952	0.70	0.39	0.79	0.85	0.71	0.77	0.63
96	XIN05972	0.66	0.71	0.71	0.76	0.66	0.67	0.67
97	XIN05995	0.80	0.74	0.64	0.81	0.86	0.81	0.83
98	XIN06057	0.67	0.70	0.85	0.80	0.59	0.60	0.52

（续）

序号	资源编号	序号/资源编号						
		50	51	52	53	54	55	56
		XIN03997	XIN04109	XIN04288	XIN04290	XIN04326	XIN04328	XIN04374
99	XIN06084	0.79	0.75	0.72	0.76	0.79	0.91	0.74
100	XIN06118	0.66	0.82	0.73	0.75	0.49	0.61	0.79
101	XIN06346	0.74	0.77	0.80	0.81	0.34	0.41	0.73
102	XIN06349	0.85	0.88	0.62	0.51	0.78	0.66	0.76
103	XIN06351	0.85	0.82	0.64	0.56	0.71	0.71	0.81
104	XIN06425	0.81	0.86	0.60	0.46	0.75	0.77	0.84
105	XIN06427	0.85	0.92	0.59	0.53	0.79	0.77	0.85
106	XIN06460	0.79	0.82	0.83	0.76	0.69	0.66	0.79
107	XIN06617	0.83	0.79	0.53	0.58	0.78	0.80	0.81
108	XIN06619	0.79	0.83	0.56	0.54	0.60	0.63	0.87
109	XIN06639	0.81	0.78	0.59	0.54	0.74	0.68	0.75
110	XIN07900	0.73	0.76	0.52	0.49	0.65	0.69	0.83
111	XIN07902	0.72	0.81	0.65	0.76	0.67	0.54	0.82
112	XIN07913	0.58	0.57	0.80	0.88	0.69	0.83	0.58
113	XIN07914	0.58	0.62	0.79	0.87	0.63	0.55	0.61
114	XIN07953	0.66	0.77	0.66	0.72	0.68	0.73	0.79
115	XIN08073	0.91	0.94	0.70	0.56	0.82	0.77	0.77
116	XIN08225	0.47	0.50	0.78	0.87	0.80	0.72	0.55
117	XIN08227	0.70	0.79	0.81	0.86	0.65	0.86	0.64
118	XIN08229	0.81	0.88	0.74	0.78	0.76	0.86	0.84
119	XIN08230	0.68	0.78	0.74	0.77	0.70	0.78	0.61
120	XIN08231	0.61	0.75	0.72	0.85	0.71	0.84	0.71
121	XIN08252	0.70	0.82	0.63	0.74	0.68	0.60	0.83
122	XIN08254	0.86	0.84	0.61	0.71	0.86	0.82	0.88
123	XIN08283	0.73	0.85	0.55	0.56	0.65	0.73	0.74

（续）

序号	资源编号	序号/资源编号						
		50	51	52	53	54	55	56
		XIN03997	XIN04109	XIN04288	XIN04290	XIN04326	XIN04328	XIN04374
124	XIN08327	0.71	0.42	0.80	0.85	0.71	0.76	0.62
125	XIN08670	0.76	0.84	0.73	0.77	0.79	0.72	0.73
126	XIN08699	0.91	0.90	0.66	0.55	0.81	0.73	0.79
127	XIN08701	0.74	0.84	0.69	0.67	0.70	0.67	0.74
128	XIN08718	0.81	0.79	0.48	0.40	0.65	0.68	0.73
129	XIN08743	0.85	0.88	0.71	0.63	0.79	0.66	0.79
130	XIN08754	0.89	0.88	0.73	0.64	0.84	0.78	0.80
131	XIN08786	0.61	0.57	0.81	0.87	0.74	0.82	0.73
132	XIN09052	0.72	0.81	0.65	0.76	0.70	0.54	0.82
133	XIN09099	0.70	0.63	0.87	0.81	0.66	0.54	0.59
134	XIN09101	0.50	0.59	0.81	0.84	0.71	0.86	0.63
135	XIN09103	0.76	0.88	0.56	0.59	0.71	0.63	0.83
136	XIN09105	0.82	0.85	0.52	0.54	0.71	0.68	0.75
137	XIN09107	0.76	0.82	0.58	0.63	0.64	0.58	0.72
138	XIN09291	0.75	0.76	0.85	0.89	0.76	0.77	0.82
139	XIN09415	0.81	0.84	0.72	0.64	0.64	0.66	0.66
140	XIN09478	0.72	0.62	0.78	0.86	0.80	0.86	0.71
141	XIN09479	0.90	0.92	0.74	0.62	0.85	0.76	0.79
142	XIN09481	0.92	0.94	0.78	0.64	0.83	0.76	0.80
143	XIN09482	0.80	0.86	0.71	0.60	0.75	0.68	0.82
144	XIN09616	0.76	0.88	0.51	0.51	0.65	0.73	0.75
145	XIN09619	0.84	0.88	0.51	0.48	0.75	0.77	0.80
146	XIN09621	0.74	0.80	0.53	0.43	0.70	0.69	0.70
147	XIN09624	0.71	0.71	0.63	0.64	0.71	0.70	0.80
148	XIN09670	0.74	0.65	0.83	0.87	0.77	0.89	0.70

（续）

序号	资源编号	序号/资源编号						
		50	51	52	53	54	55	56
		XIN03997	XIN04109	XIN04288	XIN04290	XIN04326	XIN04328	XIN04374
149	XIN09683	0.76	0.82	0.68	0.70	0.76	0.86	0.71
150	XIN09685	0.64	0.70	0.67	0.72	0.73	0.73	0.70
151	XIN09687	0.67	0.76	0.80	0.78	0.69	0.82	0.64
152	XIN09799	0.71	0.80	0.53	0.56	0.55	0.73	0.76
153	XIN09830	0.69	0.84	0.70	0.71	0.72	0.75	0.64
154	XIN09845	0.50	0.58	0.74	0.81	0.59	0.70	0.61
155	XIN09847	0.54	0.59	0.75	0.81	0.57	0.70	0.61
156	XIN09879	0.84	0.88	0.51	0.54	0.72	0.86	0.80
157	XIN09889	0.76	0.79	0.62	0.50	0.67	0.82	0.69
158	XIN09891	0.90	0.87	0.53	0.48	0.77	0.84	0.86
159	XIN09912	0.79	0.77	0.77	0.81	0.68	0.67	0.54
160	XIN10136	0.79	0.82	0.68	0.73	0.77	0.90	0.86
161	XIN10138	0.70	0.70	0.76	0.81	0.69	0.68	0.70
162	XIN10149	0.75	0.67	0.83	0.88	0.73	0.79	0.58
163	XIN10156	0.51	0.71	0.83	0.85	0.62	0.66	0.43
164	XIN10162	0.49	0.40	0.76	0.84	0.69	0.65	0.62
165	XIN10164	0.52	0.56	0.88	0.97	0.81	0.82	0.69
166	XIN10168	0.79	0.86	0.49	0.48	0.68	0.74	0.69
167	XIN10172	0.72	0.57	0.69	0.79	0.81	0.68	0.65
168	XIN10181	0.74	0.82	0.74	0.76	0.64	0.76	0.74
169	XIN10183	0.80	0.89	0.63	0.66	0.58	0.67	0.79
170	XIN10184	0.81	0.79	0.64	0.67	0.67	0.82	0.76
171	XIN10186	0.75	0.88	0.62	0.69	0.73	0.86	0.79
172	XIN10188	0.80	0.82	0.60	0.63	0.62	0.80	0.74
173	XIN10189	0.61	0.71	0.62	0.63	0.56	0.61	0.72

序号	资源编号	序号/资源编号						
		50	51	52	53	54	55	56
		XIN03997	XIN04109	XIN04288	XIN04290	XIN04326	XIN04328	XIN04374
174	XIN10191	0.81	0.87	0.72	0.69	0.79	0.86	0.85
175	XIN10196	0.53	0.55	0.85	0.81	0.75	0.75	0.52
176	XIN10197	0.69	0.64	0.84	0.79	0.59	0.57	0.51
177	XIN10199	0.70	0.75	0.66	0.71	0.62	0.74	0.71
178	XIN10203	0.73	0.82	0.57	0.59	0.82	0.86	0.83
179	XIN10205	0.77	0.85	0.74	0.76	0.76	0.63	0.75
180	XIN10207	0.81	0.81	0.72	0.68	0.67	0.64	0.78
181	XIN10214	0.68	0.57	0.84	0.88	0.75	0.71	0.68
182	XIN10220	0.79	0.77	0.56	0.59	0.76	0.82	0.87
183	XIN10222	0.92	0.94	0.76	0.69	0.90	0.77	0.86
184	XIN10228	0.79	0.79	0.70	0.66	0.66	0.64	0.77
185	XIN10230	0.73	0.67	0.86	0.91	0.75	0.73	0.63
186	XIN10284	0.67	0.79	0.71	0.80	0.67	0.52	0.66
187	XIN10334	0.86	0.94	0.64	0.49	0.83	0.75	0.75
188	XIN10378	0.77	0.70	0.88	0.90	0.78	0.85	0.71
189	XIN10380	0.70	0.67	0.93	0.96	0.76	0.70	0.69
190	XIN10558	0.80	0.88	0.77	0.66	0.65	0.57	0.74
191	XIN10559	0.71	0.82	0.79	0.75	0.66	0.65	0.70
192	XIN10642	0.76	0.81	0.79	0.82	0.77	0.69	0.78

表9　遗传距离（九）

序号	资源编号	序号/资源编号						
		57	58	59	60	61	62	63
		XIN04450	XIN04453	XIN04461	XIN04552	XIN04585	XIN04587	XIN04595
1	XIN00110	0.68	0.71	0.85	0.74	0.85	0.76	0.67
2	XIN00244	0.82	0.55	0.67	0.83	0.57	0.76	0.73
3	XIN00245	0.78	0.60	0.66	0.89	0.66	0.78	0.63
4	XIN00246	0.80	0.55	0.67	0.80	0.61	0.76	0.60
5	XIN00247	0.90	0.72	0.57	0.83	0.87	0.84	0.68
6	XIN00249	0.75	0.64	0.74	0.77	0.69	0.70	0.46
7	XIN00252	0.80	0.65	0.59	0.80	0.73	0.84	0.72
8	XIN00253	0.82	0.59	0.76	0.77	0.80	0.82	0.67
9	XIN00255	0.80	0.54	0.75	0.80	0.60	0.79	0.73
10	XIN00256	0.67	0.48	0.49	0.67	0.51	0.58	0.40
11	XIN00275	0.68	0.66	0.76	0.82	0.68	0.73	0.71
12	XIN00327	0.80	0.76	0.58	0.79	0.73	0.79	0.80
13	XIN00533	0.77	0.74	0.76	0.80	0.67	0.58	0.67
14	XIN00892	0.61	0.89	0.87	0.71	0.87	0.72	0.77
15	XIN00935	0.79	0.64	0.70	0.77	0.65	0.65	0.73
16	XIN01057	0.66	0.84	0.78	0.58	0.81	0.78	0.69
17	XIN01059	0.59	0.90	0.86	0.61	0.92	0.86	0.80
18	XIN01061	0.80	0.61	0.70	0.79	0.62	0.75	0.68
19	XIN01070	0.52	0.76	0.73	0.52	0.77	0.68	0.63
20	XIN01174	0.77	0.71	0.58	0.83	0.63	0.70	0.50
21	XIN01451	0.69	0.77	0.89	0.60	0.92	0.85	0.72
22	XIN01462	0.86	0.73	0.61	0.77	0.73	0.82	0.77
23	XIN01470	0.79	0.38	0.73	0.79	0.61	0.71	0.35

（续）

序号	资源编号	序号/资源编号						
		57	58	59	60	61	62	63
		XIN04450	XIN04453	XIN04461	XIN04552	XIN04585	XIN04587	XIN04595
24	XIN01797	0.74	0.66	0.64	0.85	0.58	0.73	0.63
25	XIN01888	0.72	0.72	0.77	0.75	0.82	0.76	0.71
26	XIN01889	0.70	0.85	0.79	0.80	0.76	0.70	0.73
27	XIN02035	0.64	0.76	0.81	0.58	0.82	0.76	0.63
28	XIN02196	0.64	0.90	0.82	0.73	0.85	0.76	0.80
29	XIN02360	0.66	0.75	0.70	0.66	0.80	0.70	0.61
30	XIN02362	0.69	0.73	0.90	0.70	0.87	0.90	0.73
31	XIN02395	0.75	0.84	0.80	0.54	0.81	0.76	0.73
32	XIN02522	0.77	0.67	0.57	0.81	0.57	0.69	0.56
33	XIN02916	0.83	0.77	0.71	0.81	0.73	0.71	0.73
34	XIN03117	0.70	0.80	0.57	0.89	0.82	0.85	0.74
35	XIN03178	0.62	0.82	0.86	0.14	0.86	0.88	0.79
36	XIN03180	0.52	0.82	0.79	0.56	0.82	0.82	0.77
37	XIN03182	0.66	0.75	0.70	0.67	0.79	0.78	0.60
38	XIN03185	0.79	0.77	0.80	0.80	0.68	0.63	0.75
39	XIN03207	0.70	0.67	0.57	0.86	0.76	0.82	0.76
40	XIN03309	0.86	0.69	0.62	0.88	0.60	0.65	0.72
41	XIN03486	0.80	0.61	0.70	0.75	0.68	0.71	0.58
42	XIN03488	0.83	0.63	0.67	0.83	0.60	0.86	0.78
43	XIN03689	0.82	0.74	0.64	0.80	0.76	0.73	0.60
44	XIN03717	0.83	0.58	0.75	0.80	0.69	0.81	0.71
45	XIN03733	0.64	0.75	0.81	0.73	0.69	0.51	0.63
46	XIN03841	0.65	0.65	0.84	0.57	0.84	0.82	0.59
47	XIN03843	0.66	0.83	0.81	0.75	0.84	0.72	0.79
48	XIN03845	0.69	0.79	0.91	0.70	0.90	0.87	0.72

（续）

序号	资源编号	序号/资源编号						
		57	58	59	60	61	62	63
		XIN04450	XIN04453	XIN04461	XIN04552	XIN04585	XIN04587	XIN04595
49	XIN03902	0.75	0.88	0.90	0.62	0.92	0.86	0.76
50	XIN03997	0.64	0.77	0.84	0.72	0.87	0.63	0.70
51	XIN04109	0.68	0.83	0.88	0.70	0.93	0.90	0.79
52	XIN04288	0.73	0.72	0.61	0.77	0.78	0.79	0.66
53	XIN04290	0.85	0.74	0.50	0.83	0.66	0.80	0.77
54	XIN04326	0.79	0.71	0.77	0.73	0.68	0.67	0.71
55	XIN04328	0.80	0.75	0.75	0.79	0.65	0.67	0.59
56	XIN04374	0.64	0.89	0.86	0.58	0.86	0.65	0.82
57	XIN04450	0.00	0.77	0.77	0.62	0.83	0.78	0.74
58	XIN04453	0.77	0.00	0.77	0.78	0.59	0.75	0.56
59	XIN04461	0.77	0.77	0.00	0.88	0.77	0.81	0.76
60	XIN04552	0.62	0.78	0.88	0.00	0.86	0.80	0.82
61	XIN04585	0.83	0.59	0.77	0.86	0.00	0.54	0.68
62	XIN04587	0.78	0.75	0.81	0.80	0.54	0.00	0.60
63	XIN04595	0.74	0.56	0.76	0.82	0.68	0.60	0.00
64	XIN04734	0.64	0.77	0.69	0.86	0.76	0.84	0.79
65	XIN04823	0.81	0.56	0.61	0.87	0.75	0.82	0.62
66	XIN04825	0.83	0.53	0.73	0.82	0.57	0.84	0.68
67	XIN04897	0.54	0.75	0.78	0.66	0.82	0.78	0.66
68	XIN05159	0.72	0.83	0.69	0.75	0.78	0.66	0.79
69	XIN05239	0.80	0.70	0.66	0.84	0.74	0.79	0.70
70	XIN05251	0.83	0.89	0.87	0.81	0.96	0.87	0.83
71	XIN05269	0.78	0.65	0.61	0.86	0.68	0.68	0.71
72	XIN05281	0.86	0.72	0.63	0.92	0.65	0.65	0.58
73	XIN05352	0.66	0.80	0.93	0.43	0.93	0.93	0.79

（续）

序号	资源编号	序号/资源编号						
		57	58	59	60	61	62	63
		XIN04450	XIN04453	XIN04461	XIN04552	XIN04585	XIN04587	XIN04595
74	XIN05379	0.75	0.69	0.77	0.73	0.71	0.60	0.76
75	XIN05425	0.93	0.80	0.65	0.83	0.78	0.75	0.72
76	XIN05427	0.76	0.69	0.67	0.74	0.67	0.66	0.57
77	XIN05440	0.78	0.72	0.55	0.75	0.62	0.72	0.70
78	XIN05441	0.83	0.56	0.57	0.75	0.71	0.74	0.63
79	XIN05461	0.75	0.60	0.70	0.83	0.64	0.76	0.63
80	XIN05462	0.76	0.71	0.76	0.68	0.63	0.64	0.60
81	XIN05645	0.65	0.65	0.85	0.68	0.88	0.75	0.65
82	XIN05647	0.68	0.71	0.88	0.59	0.89	0.79	0.60
83	XIN05649	0.68	0.74	0.88	0.64	0.86	0.82	0.67
84	XIN05650	0.85	0.52	0.61	0.83	0.74	0.82	0.69
85	XIN05651	0.82	0.55	0.61	0.94	0.70	0.73	0.70
86	XIN05652	0.89	0.79	0.70	0.83	0.61	0.79	0.77
87	XIN05701	0.86	0.59	0.78	0.81	0.04	0.49	0.67
88	XIN05702	0.83	0.73	0.78	0.84	0.51	0.01	0.55
89	XIN05726	0.69	0.77	0.80	0.69	0.83	0.83	0.81
90	XIN05731	0.68	0.68	0.68	0.78	0.73	0.74	0.79
91	XIN05733	0.71	0.70	0.76	0.73	0.74	0.74	0.75
92	XIN05862	0.72	0.70	0.78	0.57	0.82	0.75	0.64
93	XIN05891	0.80	0.62	0.77	0.88	0.69	0.60	0.36
94	XIN05926	0.73	0.79	0.89	0.76	0.77	0.67	0.77
95	XIN05952	0.68	0.77	0.91	0.59	0.93	0.86	0.73
96	XIN05972	0.63	0.81	0.78	0.49	0.87	0.78	0.73
97	XIN05995	0.73	0.80	0.68	0.75	0.84	0.71	0.66
98	XIN06057	0.68	0.86	0.85	0.58	0.84	0.77	0.81

（续）

序号	资源编号	序号/资源编号						
		57	58	59	60	61	62	63
		XIN04450	XIN04453	XIN04461	XIN04552	XIN04585	XIN04587	XIN04595
99	XIN06084	0.74	0.73	0.85	0.71	0.76	0.82	0.81
100	XIN06118	0.80	0.77	0.84	0.73	0.81	0.71	0.82
101	XIN06346	0.74	0.88	0.90	0.85	0.77	0.73	0.78
102	XIN06349	0.81	0.76	0.57	0.83	0.68	0.79	0.62
103	XIN06351	0.80	0.68	0.61	0.86	0.65	0.82	0.63
104	XIN06425	0.76	0.77	0.48	0.88	0.68	0.79	0.75
105	XIN06427	0.76	0.78	0.51	0.90	0.75	0.80	0.71
106	XIN06460	0.84	0.66	0.65	0.80	0.41	0.55	0.64
107	XIN06617	0.73	0.61	0.73	0.86	0.71	0.85	0.74
108	XIN06619	0.77	0.66	0.63	0.80	0.77	0.83	0.66
109	XIN06639	0.72	0.57	0.64	0.80	0.64	0.77	0.61
110	XIN07900	0.82	0.71	0.67	0.78	0.64	0.70	0.70
111	XIN07902	0.76	0.60	0.72	0.83	0.64	0.61	0.07
112	XIN07913	0.72	0.85	0.85	0.52	0.92	0.85	0.76
113	XIN07914	0.59	0.79	0.72	0.72	0.76	0.68	0.69
114	XIN07953	0.73	0.70	0.70	0.74	0.77	0.82	0.53
115	XIN08073	0.84	0.69	0.72	0.81	0.68	0.84	0.71
116	XIN08225	0.57	0.73	0.81	0.45	0.92	0.78	0.71
117	XIN08227	0.48	0.85	0.91	0.70	0.82	0.76	0.87
118	XIN08229	0.58	0.76	0.76	0.71	0.86	0.82	0.73
119	XIN08230	0.58	0.82	0.85	0.54	0.73	0.75	0.79
120	XIN08231	0.54	0.83	0.83	0.59	0.83	0.72	0.74
121	XIN08252	0.79	0.58	0.70	0.80	0.62	0.63	0.09
122	XIN08254	0.75	0.71	0.73	0.89	0.82	0.79	0.40
123	XIN08283	0.74	0.57	0.67	0.82	0.64	0.72	0.59

（续）

序号	资源编号	序号/资源编号						
		57	58	59	60	61	62	63
		XIN04450	XIN04453	XIN04461	XIN04552	XIN04585	XIN04587	XIN04595
124	XIN08327	0.69	0.80	0.90	0.60	0.93	0.87	0.76
125	XIN08670	0.78	0.73	0.85	0.75	0.77	0.84	0.76
126	XIN08699	0.80	0.75	0.64	0.80	0.72	0.84	0.73
127	XIN08701	0.75	0.68	0.78	0.89	0.68	0.71	0.67
128	XIN08718	0.78	0.60	0.61	0.77	0.61	0.73	0.61
129	XIN08743	0.79	0.88	0.56	0.79	0.74	0.79	0.72
130	XIN08754	0.78	0.62	0.77	0.86	0.70	0.84	0.76
131	XIN08786	0.62	0.80	0.82	0.62	0.88	0.80	0.60
132	XIN09052	0.77	0.57	0.72	0.83	0.67	0.61	0.03
133	XIN09099	0.69	0.84	0.82	0.58	0.78	0.78	0.78
134	XIN09101	0.58	0.78	0.83	0.75	0.90	0.82	0.79
135	XIN09103	0.83	0.55	0.60	0.86	0.68	0.71	0.38
136	XIN09105	0.80	0.73	0.76	0.80	0.63	0.73	0.63
137	XIN09107	0.82	0.74	0.70	0.80	0.77	0.76	0.60
138	XIN09291	0.77	0.93	0.88	0.59	0.90	0.88	0.80
139	XIN09415	0.84	0.80	0.53	0.75	0.89	0.81	0.69
140	XIN09478	0.55	0.95	0.87	0.46	0.93	0.93	0.83
141	XIN09479	0.85	0.78	0.76	0.82	0.67	0.81	0.71
142	XIN09481	0.87	0.76	0.77	0.81	0.70	0.90	0.82
143	XIN09482	0.75	0.62	0.61	0.80	0.66	0.75	0.69
144	XIN09616	0.83	0.68	0.58	0.79	0.82	0.64	0.73
145	XIN09619	0.80	0.70	0.58	0.86	0.66	0.75	0.64
146	XIN09621	0.80	0.56	0.50	0.82	0.60	0.64	0.68
147	XIN09624	0.78	0.67	0.73	0.80	0.66	0.79	0.61
148	XIN09670	0.81	0.92	0.93	0.69	0.89	0.84	0.85

（续）

序号	资源编号	序号/资源编号						
		57	58	59	60	61	62	63
		XIN04450	XIN04453	XIN04461	XIN04552	XIN04585	XIN04587	XIN04595
149	XIN09683	0.76	0.73	0.82	0.83	0.82	0.82	0.73
150	XIN09685	0.64	0.55	0.74	0.72	0.76	0.76	0.79
151	XIN09687	0.68	0.80	0.79	0.74	0.84	0.78	0.86
152	XIN09799	0.77	0.57	0.73	0.80	0.70	0.79	0.63
153	XIN09830	0.65	0.82	0.72	0.89	0.81	0.71	0.64
154	XIN09845	0.58	0.81	0.78	0.64	0.85	0.74	0.72
155	XIN09847	0.58	0.78	0.77	0.70	0.84	0.75	0.67
156	XIN09879	0.73	0.66	0.58	0.89	0.78	0.81	0.71
157	XIN09889	0.83	0.66	0.76	0.77	0.58	0.70	0.73
158	XIN09891	0.76	0.59	0.64	0.88	0.69	0.87	0.69
159	XIN09912	0.73	0.84	0.86	0.55	0.76	0.81	0.81
160	XIN10136	0.83	0.52	0.76	0.80	0.52	0.76	0.60
161	XIN10138	0.64	0.82	0.79	0.53	0.88	0.82	0.77
162	XIN10149	0.60	0.91	0.90	0.34	0.88	0.82	0.76
163	XIN10156	0.75	0.91	0.86	0.71	0.88	0.69	0.73
164	XIN10162	0.49	0.75	0.77	0.58	0.82	0.74	0.59
165	XIN10164	0.56	0.79	0.94	0.70	0.93	0.79	0.63
166	XIN10168	0.75	0.64	0.61	0.74	0.71	0.66	0.65
167	XIN10172	0.62	0.85	0.89	0.56	0.92	0.85	0.79
168	XIN10181	0.77	0.66	0.72	0.70	0.76	0.67	0.45
169	XIN10183	0.75	0.63	0.69	0.81	0.61	0.63	0.56
170	XIN10184	0.79	0.72	0.79	0.77	0.68	0.78	0.63
171	XIN10186	0.74	0.66	0.76	0.83	0.74	0.82	0.70
172	XIN10188	0.74	0.58	0.70	0.80	0.68	0.77	0.63
173	XIN10189	0.66	0.50	0.55	0.70	0.51	0.65	0.61

（续）

序号	资源编号	序号/资源编号						
		57	58	59	60	61	62	63
		XIN04450	XIN04453	XIN04461	XIN04552	XIN04585	XIN04587	XIN04595
174	XIN10191	0.77	0.59	0.70	0.85	0.60	0.81	0.69
175	XIN10196	0.63	0.89	0.84	0.53	0.87	0.84	0.75
176	XIN10197	0.67	0.84	0.83	0.57	0.82	0.74	0.79
177	XIN10199	0.73	0.68	0.77	0.73	0.58	0.45	0.60
178	XIN10203	0.81	0.58	0.57	0.84	0.71	0.75	0.56
179	XIN10205	0.75	0.64	0.70	0.83	0.65	0.56	0.25
180	XIN10207	0.81	0.60	0.78	0.89	0.55	0.69	0.55
181	XIN10214	0.63	0.82	0.84	0.59	0.95	0.92	0.75
182	XIN10220	0.83	0.52	0.76	0.89	0.75	0.84	0.73
183	XIN10222	0.82	0.77	0.76	0.86	0.74	0.85	0.70
184	XIN10228	0.84	0.60	0.81	0.89	0.55	0.69	0.55
185	XIN10230	0.68	0.87	0.93	0.45	0.83	0.86	0.82
186	XIN10284	0.79	0.80	0.86	0.85	0.78	0.68	0.74
187	XIN10334	0.89	0.79	0.64	0.80	0.65	0.79	0.80
188	XIN10378	0.69	0.88	0.94	0.48	0.93	0.90	0.86
189	XIN10380	0.77	0.86	0.93	0.60	0.96	0.91	0.79
190	XIN10558	0.78	0.75	0.70	0.86	0.72	0.65	0.74
191	XIN10559	0.75	0.72	0.70	0.80	0.65	0.62	0.68
192	XIN10642	0.86	0.90	0.88	0.78	0.86	0.74	0.80

表 10　遗传距离（十）

序号	资源编号	序号/资源编号						
		64	65	66	67	68	69	70
		XIN04734	XIN04823	XIN04825	XIN04897	XIN05159	XIN05239	XIN05251
1	XIN00110	0.84	0.69	0.71	0.70	0.82	0.74	0.81
2	XIN00244	0.74	0.69	0.65	0.88	0.76	0.79	0.93
3	XIN00245	0.75	0.61	0.49	0.75	0.81	0.75	0.84
4	XIN00246	0.80	0.47	0.49	0.71	0.76	0.69	0.87
5	XIN00247	0.85	0.56	0.78	0.80	0.84	0.78	0.85
6	XIN00249	0.77	0.48	0.60	0.70	0.76	0.59	0.83
7	XIN00252	0.77	0.52	0.60	0.76	0.80	0.56	0.93
8	XIN00253	0.77	0.66	0.73	0.82	0.83	0.63	0.90
9	XIN00255	0.77	0.59	0.45	0.82	0.77	0.76	0.83
10	XIN00256	0.66	0.46	0.48	0.62	0.63	0.60	0.79
11	XIN00275	0.74	0.76	0.83	0.79	0.74	0.63	0.83
12	XIN00327	0.70	0.76	0.76	0.84	0.88	0.75	0.96
13	XIN00533	0.71	0.73	0.77	0.71	0.64	0.60	0.84
14	XIN00892	0.87	0.72	0.81	0.63	0.68	0.82	0.59
15	XIN00935	0.68	0.77	0.73	0.80	0.73	0.79	0.86
16	XIN01057	0.82	0.75	0.78	0.30	0.78	0.79	0.85
17	XIN01059	0.85	0.82	0.83	0.54	0.70	0.89	0.62
18	XIN01061	0.72	0.61	0.63	0.76	0.79	0.81	0.84
19	XIN01070	0.72	0.61	0.76	0.44	0.66	0.71	0.66
20	XIN01174	0.64	0.55	0.73	0.69	0.83	0.65	0.96
21	XIN01451	0.80	0.71	0.76	0.58	0.74	0.79	0.74
22	XIN01462	0.71	0.66	0.61	0.82	0.82	0.65	0.85
23	XIN01470	0.78	0.51	0.42	0.68	0.76	0.68	0.91

序号	资源编号	序号/资源编号						
		64	65	66	67	68	69	70
		XIN04734	XIN04823	XIN04825	XIN04897	XIN05159	XIN05239	XIN05251
24	XIN01797	0.66	0.59	0.63	0.78	0.85	0.74	0.91
25	XIN01888	0.69	0.77	0.76	0.63	0.74	0.83	0.84
26	XIN01889	0.73	0.90	0.79	0.76	0.64	0.81	0.88
27	XIN02035	0.79	0.61	0.80	0.34	0.76	0.73	0.71
28	XIN02196	0.74	0.90	0.82	0.61	0.68	0.85	0.76
29	XIN02360	0.69	0.64	0.78	0.61	0.67	0.71	0.78
30	XIN02362	0.72	0.73	0.75	0.59	0.74	0.83	0.81
31	XIN02395	0.93	0.72	0.71	0.73	0.79	0.77	0.79
32	XIN02522	0.63	0.65	0.66	0.73	0.78	0.62	0.96
33	XIN02916	0.59	0.73	0.78	0.78	0.77	0.79	0.87
34	XIN03117	0.33	0.58	0.72	0.86	0.76	0.72	0.81
35	XIN03178	0.86	0.89	0.80	0.64	0.79	0.82	0.79
36	XIN03180	0.84	0.83	0.85	0.73	0.67	0.84	0.71
37	XIN03182	0.76	0.69	0.81	0.66	0.72	0.74	0.76
38	XIN03185	0.77	0.76	0.67	0.76	0.61	0.74	0.79
39	XIN03207	0.51	0.47	0.69	0.84	0.76	0.71	0.78
40	XIN03309	0.59	0.66	0.73	0.76	0.79	0.62	0.89
41	XIN03486	0.77	0.59	0.62	0.71	0.69	0.76	0.74
42	XIN03488	0.75	0.59	0.52	0.85	0.65	0.79	0.81
43	XIN03689	0.58	0.59	0.73	0.80	0.83	0.73	0.90
44	XIN03717	0.77	0.46	0.49	0.73	0.84	0.73	0.84
45	XIN03733	0.74	0.68	0.78	0.68	0.68	0.69	0.82
46	XIN03841	0.78	0.64	0.68	0.46	0.71	0.75	0.62
47	XIN03843	0.79	0.89	0.84	0.56	0.74	0.87	0.77
48	XIN03845	0.90	0.70	0.77	0.59	0.77	0.86	0.74

（续）

序号	资源编号	序号/资源编号						
		64	65	66	67	68	69	70
		XIN04734	XIN04823	XIN04825	XIN04897	XIN05159	XIN05239	XIN05251
49	XIN03902	0.92	0.66	0.80	0.52	0.83	0.90	0.53
50	XIN03997	0.87	0.75	0.81	0.56	0.72	0.82	0.79
51	XIN04109	0.82	0.79	0.77	0.53	0.69	0.84	0.74
52	XIN04288	0.46	0.66	0.69	0.80	0.81	0.62	0.86
53	XIN04290	0.55	0.69	0.70	0.84	0.85	0.63	0.85
54	XIN04326	0.84	0.73	0.77	0.68	0.77	0.73	0.75
55	XIN04328	0.89	0.72	0.89	0.70	0.70	0.78	0.85
56	XIN04374	0.77	0.85	0.89	0.70	0.73	0.81	0.77
57	XIN04450	0.64	0.81	0.83	0.54	0.72	0.80	0.83
58	XIN04453	0.77	0.56	0.53	0.75	0.83	0.70	0.89
59	XIN04461	0.69	0.61	0.73	0.78	0.69	0.66	0.87
60	XIN04552	0.86	0.87	0.82	0.66	0.75	0.84	0.81
61	XIN04585	0.76	0.75	0.57	0.82	0.78	0.74	0.96
62	XIN04587	0.84	0.82	0.84	0.78	0.66	0.79	0.87
63	XIN04595	0.79	0.62	0.68	0.66	0.79	0.70	0.83
64	XIN04734	0.00	0.70	0.75	0.79	0.79	0.69	0.84
65	XIN04823	0.70	0.00	0.54	0.69	0.75	0.64	0.78
66	XIN04825	0.75	0.54	0.00	0.75	0.81	0.76	0.84
67	XIN04897	0.79	0.69	0.75	0.00	0.71	0.72	0.80
68	XIN05159	0.79	0.75	0.81	0.71	0.00	0.77	0.81
69	XIN05239	0.69	0.64	0.76	0.72	0.77	0.00	0.89
70	XIN05251	0.84	0.78	0.84	0.80	0.81	0.89	0.00
71	XIN05269	0.77	0.65	0.75	0.69	0.65	0.72	0.83
72	XIN05281	0.78	0.70	0.71	0.69	0.75	0.61	0.87
73	XIN05352	0.93	0.77	0.76	0.61	0.78	0.86	0.70

序号	资源编号	序号/资源编号						
		64	65	66	67	68	69	70
		XIN04734	XIN04823	XIN04825	XIN04897	XIN05159	XIN05239	XIN05251
74	XIN05379	0.81	0.73	0.80	0.74	0.69	0.70	0.81
75	XIN05425	0.62	0.70	0.74	0.83	0.75	0.81	0.78
76	XIN05427	0.60	0.64	0.68	0.77	0.71	0.74	0.85
77	XIN05440	0.68	0.65	0.64	0.79	0.80	0.63	0.95
78	XIN05441	0.74	0.58	0.63	0.74	0.84	0.63	0.90
79	XIN05461	0.71	0.69	0.68	0.77	0.74	0.77	0.89
80	XIN05462	0.75	0.79	0.68	0.78	0.64	0.74	0.91
81	XIN05645	0.68	0.61	0.77	0.48	0.73	0.68	0.80
82	XIN05647	0.85	0.66	0.80	0.54	0.76	0.80	0.76
83	XIN05649	0.81	0.69	0.83	0.49	0.74	0.83	0.79
84	XIN05650	0.81	0.59	0.56	0.79	0.87	0.76	0.93
85	XIN05651	0.68	0.48	0.63	0.76	0.88	0.75	0.90
86	XIN05652	0.50	0.62	0.67	0.86	0.83	0.67	0.83
87	XIN05701	0.77	0.75	0.60	0.86	0.77	0.79	0.93
88	XIN05702	0.84	0.78	0.84	0.75	0.61	0.78	0.85
89	XIN05726	0.73	0.71	0.73	0.62	0.77	0.73	0.72
90	XIN05731	0.70	0.70	0.63	0.74	0.71	0.90	0.84
91	XIN05733	0.75	0.67	0.65	0.75	0.73	0.90	0.91
92	XIN05862	0.83	0.80	0.76	0.68	0.65	0.76	0.78
93	XIN05891	0.74	0.52	0.62	0.74	0.76	0.65	0.83
94	XIN05926	0.81	0.79	0.79	0.79	0.73	0.82	0.86
95	XIN05952	0.82	0.76	0.77	0.58	0.76	0.79	0.76
96	XIN05972	0.76	0.65	0.82	0.45	0.81	0.76	0.75
97	XIN05995	0.71	0.61	0.74	0.74	0.81	0.69	0.88
98	XIN06057	0.81	0.76	0.85	0.59	0.74	0.86	0.75

（续）

序号	资源编号	序号/资源编号						
		64	65	66	67	68	69	70
		XIN04734	XIN04823	XIN04825	XIN04897	XIN05159	XIN05239	XIN05251
99	XIN06084	0.64	0.78	0.74	0.74	0.85	0.74	0.84
100	XIN06118	0.81	0.76	0.85	0.73	0.76	0.77	0.84
101	XIN06346	0.80	0.77	0.88	0.73	0.86	0.82	0.80
102	XIN06349	0.61	0.67	0.68	0.81	0.80	0.69	0.76
103	XIN06351	0.66	0.55	0.68	0.75	0.80	0.60	0.85
104	XIN06425	0.57	0.71	0.68	0.76	0.71	0.70	0.86
105	XIN06427	0.55	0.71	0.70	0.81	0.77	0.68	0.87
106	XIN06460	0.82	0.67	0.65	0.77	0.77	0.73	0.89
107	XIN06617	0.50	0.63	0.60	0.76	0.82	0.72	0.84
108	XIN06619	0.68	0.54	0.64	0.73	0.76	0.68	0.76
109	XIN06639	0.65	0.50	0.46	0.78	0.74	0.76	0.88
110	XIN07900	0.58	0.54	0.70	0.73	0.76	0.66	0.80
111	XIN07902	0.76	0.53	0.61	0.68	0.77	0.67	0.84
112	XIN07913	0.82	0.77	0.84	0.59	0.68	0.79	0.71
113	XIN07914	0.71	0.76	0.76	0.56	0.56	0.70	0.80
114	XIN07953	0.74	0.72	0.70	0.63	0.76	0.77	0.89
115	XIN08073	0.69	0.66	0.62	0.86	0.90	0.73	0.90
116	XIN08225	0.83	0.66	0.79	0.44	0.66	0.82	0.72
117	XIN08227	0.87	0.90	0.85	0.64	0.88	0.88	0.83
118	XIN08229	0.80	0.90	0.80	0.83	0.82	0.83	0.89
119	XIN08230	0.85	0.91	0.86	0.73	0.86	0.91	0.78
120	XIN08231	0.86	0.81	0.70	0.70	0.80	0.82	0.94
121	XIN08252	0.74	0.54	0.63	0.67	0.78	0.70	0.84
122	XIN08254	0.54	0.55	0.58	0.78	0.82	0.76	0.79
123	XIN08283	0.71	0.57	0.63	0.76	0.67	0.74	0.96

序号	资源编号	序号/资源编号						
		64	65	66	67	68	69	70
		XIN04734	XIN04823	XIN04825	XIN04897	XIN05159	XIN05239	XIN05251
124	XIN08327	0.81	0.72	0.76	0.59	0.75	0.81	0.75
125	XIN08670	0.70	0.74	0.76	0.73	0.88	0.82	0.86
126	XIN08699	0.70	0.65	0.62	0.84	0.84	0.73	0.87
127	XIN08701	0.69	0.71	0.71	0.74	0.68	0.69	0.86
128	XIN08718	0.40	0.56	0.61	0.79	0.69	0.58	0.85
129	XIN08743	0.74	0.72	0.65	0.84	0.77	0.81	0.81
130	XIN08754	0.65	0.75	0.63	0.88	0.87	0.67	0.82
131	XIN08786	0.82	0.74	0.76	0.33	0.79	0.84	0.80
132	XIN09052	0.76	0.53	0.64	0.66	0.77	0.64	0.84
133	XIN09099	0.79	0.75	0.80	0.56	0.77	0.80	0.82
134	XIN09101	0.76	0.86	0.81	0.60	0.81	0.84	0.69
135	XIN09103	0.71	0.47	0.69	0.74	0.84	0.62	0.90
136	XIN09105	0.64	0.69	0.71	0.78	0.89	0.76	0.94
137	XIN09107	0.71	0.62	0.68	0.72	0.80	0.85	0.85
138	XIN09291	0.94	0.72	0.85	0.56	0.85	0.92	0.54
139	XIN09415	0.75	0.61	0.78	0.76	0.70	0.62	0.87
140	XIN09478	0.86	0.83	0.85	0.64	0.75	0.89	0.71
141	XIN09479	0.68	0.70	0.64	0.87	0.89	0.75	0.92
142	XIN09481	0.64	0.70	0.70	0.87	0.91	0.74	0.93
143	XIN09482	0.74	0.68	0.68	0.76	0.83	0.62	0.90
144	XIN09616	0.70	0.59	0.79	0.82	0.79	0.67	0.85
145	XIN09619	0.57	0.61	0.66	0.81	0.81	0.61	0.93
146	XIN09621	0.65	0.63	0.60	0.75	0.75	0.59	0.88
147	XIN09624	0.64	0.59	0.57	0.81	0.81	0.73	0.87
148	XIN09670	0.80	0.77	0.77	0.77	0.83	0.86	0.30

（续）

序号	资源编号	序号/资源编号						
		64	65	66	67	68	69	70
		XIN04734	XIN04823	XIN04825	XIN04897	XIN05159	XIN05239	XIN05251
149	XIN09683	0.72	0.76	0.82	0.82	0.83	0.79	0.96
150	XIN09685	0.64	0.70	0.73	0.80	0.63	0.75	0.75
151	XIN09687	0.79	0.89	0.79	0.86	0.65	0.78	0.79
152	XIN09799	0.53	0.66	0.64	0.74	0.74	0.76	0.79
153	XIN09830	0.69	0.76	0.88	0.71	0.76	0.71	0.87
154	XIN09845	0.71	0.79	0.74	0.61	0.64	0.74	0.67
155	XIN09847	0.75	0.78	0.73	0.64	0.65	0.76	0.66
156	XIN09879	0.46	0.61	0.59	0.81	0.81	0.67	0.87
157	XIN09889	0.66	0.83	0.67	0.85	0.86	0.79	0.91
158	XIN09891	0.57	0.65	0.62	0.81	0.88	0.66	0.93
159	XIN09912	0.79	0.70	0.79	0.67	0.81	0.81	0.79
160	XIN10136	0.78	0.66	0.58	0.75	0.80	0.82	0.88
161	XIN10138	0.79	0.66	0.83	0.46	0.82	0.81	0.77
162	XIN10149	0.83	0.80	0.88	0.57	0.79	0.88	0.73
163	XIN10156	0.79	0.87	0.85	0.64	0.68	0.88	0.80
164	XIN10162	0.71	0.66	0.69	0.36	0.62	0.74	0.65
165	XIN10164	0.82	0.76	0.85	0.36	0.74	0.86	0.82
166	XIN10168	0.60	0.60	0.70	0.76	0.72	0.63	0.80
167	XIN10172	0.74	0.75	0.82	0.69	0.77	0.81	0.72
168	XIN10181	0.78	0.59	0.63	0.71	0.73	0.74	0.78
169	XIN10183	0.71	0.68	0.65	0.73	0.79	0.66	0.87
170	XIN10184	0.71	0.68	0.54	0.76	0.82	0.67	0.89
171	XIN10186	0.66	0.69	0.71	0.79	0.82	0.63	0.94
172	XIN10188	0.63	0.47	0.54	0.76	0.73	0.73	0.77
173	XIN10189	0.73	0.43	0.46	0.65	0.63	0.62	0.82

序号	资源编号	序号/资源编号						
		64	65	66	67	68	69	70
		XIN04734	XIN04823	XIN04825	XIN04897	XIN05159	XIN05239	XIN05251
174	XIN10191	0.75	0.58	0.35	0.76	0.78	0.68	0.82
175	XIN10196	0.80	0.89	0.87	0.56	0.71	0.87	0.74
176	XIN10197	0.80	0.77	0.84	0.64	0.74	0.84	0.76
177	XIN10199	0.71	0.66	0.67	0.69	0.63	0.72	0.76
178	XIN10203	0.80	0.47	0.59	0.79	0.81	0.78	0.90
179	XIN10205	0.73	0.56	0.65	0.71	0.69	0.61	0.84
180	XIN10207	0.69	0.79	0.63	0.77	0.80	0.78	0.87
181	XIN10214	0.89	0.79	0.89	0.68	0.71	0.86	0.65
182	XIN10220	0.74	0.51	0.47	0.80	0.87	0.76	0.79
183	XIN10222	0.66	0.72	0.67	0.88	0.86	0.78	0.91
184	XIN10228	0.73	0.79	0.63	0.74	0.83	0.79	0.85
185	XIN10230	0.84	0.74	0.77	0.63	0.73	0.80	0.74
186	XIN10284	0.79	0.67	0.78	0.77	0.74	0.74	0.73
187	XIN10334	0.64	0.72	0.67	0.88	0.88	0.71	0.94
188	XIN10378	0.88	0.68	0.81	0.55	0.81	0.90	0.68
189	XIN10380	0.90	0.72	0.81	0.63	0.84	0.92	0.57
190	XIN10558	0.78	0.73	0.79	0.81	0.68	0.76	0.89
191	XIN10559	0.83	0.80	0.74	0.66	0.62	0.74	0.93
192	XIN10642	0.82	0.81	0.89	0.90	0.71	0.79	0.63

表 11　遗传距离（十一）

序号	资源编号	序号/资源编号						
		71	72	73	74	75	76	77
		XIN05269	XIN05281	XIN05352	XIN05379	XIN05425	XIN05427	XIN05440
1	XIN00110	0.77	0.82	0.69	0.73	0.92	0.81	0.77
2	XIN00244	0.63	0.86	0.88	0.73	0.69	0.62	0.81
3	XIN00245	0.67	0.67	0.87	0.75	0.68	0.64	0.68
4	XIN00246	0.50	0.71	0.77	0.70	0.76	0.65	0.50
5	XIN00247	0.55	0.65	0.75	0.71	0.78	0.66	0.70
6	XIN00249	0.72	0.68	0.81	0.74	0.68	0.57	0.69
7	XIN00252	0.63	0.72	0.82	0.75	0.82	0.58	0.70
8	XIN00253	0.61	0.79	0.79	0.67	0.73	0.54	0.81
9	XIN00255	0.64	0.77	0.76	0.80	0.81	0.77	0.67
10	XIN00256	0.43	0.56	0.71	0.54	0.60	0.55	0.38
11	XIN00275	0.60	0.70	0.80	0.73	0.73	0.69	0.74
12	XIN00327	0.79	0.79	0.89	0.74	0.68	0.62	0.44
13	XIN00533	0.71	0.61	0.87	0.68	0.77	0.59	0.62
14	XIN00892	0.72	0.82	0.60	0.68	0.81	0.81	0.92
15	XIN00935	0.67	0.79	0.91	0.71	0.73	0.63	0.54
16	XIN01057	0.79	0.78	0.70	0.87	0.82	0.74	0.83
17	XIN01059	0.82	0.92	0.62	0.77	0.85	0.81	0.86
18	XIN01061	0.59	0.71	0.78	0.68	0.76	0.75	0.54
19	XIN01070	0.67	0.76	0.49	0.64	0.69	0.64	0.78
20	XIN01174	0.72	0.63	0.88	0.76	0.73	0.49	0.68
21	XIN01451	0.80	0.83	0.52	0.70	0.80	0.71	0.84
22	XIN01462	0.71	0.65	0.79	0.76	0.66	0.72	0.45
23	XIN01470	0.68	0.61	0.74	0.73	0.76	0.60	0.68

（续）

序号	资源编号	序号/资源编号						
		71	72	73	74	75	76	77
		XIN05269	XIN05281	XIN05352	XIN05379	XIN05425	XIN05427	XIN05440
24	XIN01797	0.71	0.58	0.91	0.80	0.71	0.52	0.49
25	XIN01888	0.76	0.78	0.81	0.74	0.65	0.65	0.71
26	XIN01889	0.71	0.71	0.85	0.70	0.79	0.65	0.77
27	XIN02035	0.66	0.72	0.63	0.72	0.77	0.69	0.86
28	XIN02196	0.72	0.73	0.76	0.73	0.82	0.70	0.80
29	XIN02360	0.60	0.70	0.69	0.73	0.80	0.66	0.63
30	XIN02362	0.74	0.87	0.66	0.71	0.73	0.68	0.78
31	XIN02395	0.79	0.74	0.59	0.78	0.81	0.65	0.77
32	XIN02522	0.69	0.65	0.82	0.74	0.73	0.61	0.60
33	XIN02916	0.69	0.77	0.94	0.54	0.57	0.55	0.66
34	XIN03117	0.74	0.74	0.87	0.81	0.67	0.58	0.69
35	XIN03178	0.89	0.86	0.44	0.79	0.84	0.74	0.83
36	XIN03180	0.80	0.82	0.66	0.74	0.89	0.77	0.83
37	XIN03182	0.64	0.71	0.67	0.78	0.81	0.69	0.68
38	XIN03185	0.70	0.67	0.77	0.73	0.82	0.77	0.77
39	XIN03207	0.72	0.85	0.90	0.78	0.54	0.52	0.75
40	XIN03309	0.63	0.70	0.90	0.65	0.68	0.64	0.63
41	XIN03486	0.56	0.65	0.77	0.69	0.70	0.73	0.71
42	XIN03488	0.59	0.80	0.81	0.80	0.77	0.77	0.64
43	XIN03689	0.73	0.67	0.88	0.73	0.60	0.44	0.51
44	XIN03717	0.63	0.74	0.73	0.69	0.78	0.63	0.68
45	XIN03733	0.74	0.79	0.71	0.75	0.72	0.66	0.81
46	XIN03841	0.71	0.75	0.46	0.63	0.72	0.68	0.79
47	XIN03843	0.69	0.79	0.79	0.69	0.81	0.74	0.84
48	XIN03845	0.82	0.85	0.57	0.80	0.88	0.78	0.85

（续）

序号	资源编号	序号/资源编号						
		71	72	73	74	75	76	77
		XIN05269	XIN05281	XIN05352	XIN05379	XIN05425	XIN05427	XIN05440
49	XIN03902	0.80	0.84	0.52	0.77	0.84	0.76	0.80
50	XIN03997	0.66	0.74	0.77	0.60	0.88	0.79	0.75
51	XIN04109	0.76	0.83	0.57	0.75	0.83	0.78	0.82
52	XIN04288	0.74	0.62	0.84	0.66	0.59	0.59	0.49
53	XIN04290	0.74	0.68	0.92	0.70	0.60	0.52	0.43
54	XIN04326	0.61	0.73	0.79	0.23	0.71	0.65	0.69
55	XIN04328	0.70	0.83	0.75	0.39	0.80	0.61	0.80
56	XIN04374	0.81	0.85	0.60	0.71	0.79	0.70	0.69
57	XIN04450	0.78	0.86	0.66	0.75	0.93	0.76	0.78
58	XIN04453	0.65	0.72	0.80	0.69	0.80	0.69	0.72
59	XIN04461	0.61	0.63	0.93	0.77	0.65	0.67	0.55
60	XIN04552	0.86	0.92	0.43	0.73	0.83	0.74	0.75
61	XIN04585	0.68	0.65	0.93	0.71	0.78	0.67	0.62
62	XIN04587	0.68	0.65	0.93	0.60	0.75	0.66	0.72
63	XIN04595	0.71	0.58	0.79	0.76	0.72	0.57	0.70
64	XIN04734	0.77	0.78	0.93	0.81	0.62	0.60	0.68
65	XIN04823	0.65	0.70	0.77	0.73	0.70	0.64	0.65
66	XIN04825	0.75	0.71	0.76	0.80	0.74	0.68	0.64
67	XIN04897	0.69	0.69	0.61	0.74	0.83	0.77	0.79
68	XIN05159	0.65	0.75	0.78	0.69	0.75	0.71	0.80
69	XIN05239	0.72	0.61	0.86	0.70	0.81	0.74	0.63
70	XIN05251	0.83	0.87	0.70	0.81	0.78	0.85	0.95
71	XIN05269	0.00	0.63	0.83	0.62	0.72	0.73	0.67
72	XIN05281	0.63	0.00	0.88	0.68	0.75	0.63	0.52
73	XIN05352	0.83	0.88	0.00	0.87	0.91	0.81	0.87

（续）

序号	资源编号	序号/资源编号						
		71	72	73	74	75	76	77
		XIN05269	XIN05281	XIN05352	XIN05379	XIN05425	XIN05427	XIN05440
74	XIN05379	0.62	0.68	0.87	0.00	0.71	0.63	0.70
75	XIN05425	0.72	0.75	0.91	0.71	0.00	0.35	0.64
76	XIN05427	0.73	0.63	0.81	0.63	0.35	0.00	0.64
77	XIN05440	0.67	0.52	0.87	0.70	0.64	0.64	0.00
78	XIN05441	0.68	0.72	0.78	0.74	0.74	0.69	0.46
79	XIN05461	0.61	0.70	0.84	0.79	0.69	0.60	0.56
80	XIN05462	0.65	0.73	0.85	0.58	0.79	0.72	0.66
81	XIN05645	0.77	0.77	0.74	0.70	0.70	0.64	0.80
82	XIN05647	0.74	0.86	0.59	0.73	0.84	0.73	0.82
83	XIN05649	0.71	0.83	0.62	0.79	0.82	0.72	0.86
84	XIN05650	0.71	0.68	0.81	0.76	0.85	0.66	0.66
85	XIN05651	0.68	0.63	0.90	0.80	0.71	0.67	0.59
86	XIN05652	0.74	0.68	0.83	0.82	0.62	0.52	0.48
87	XIN05701	0.63	0.66	0.90	0.67	0.77	0.68	0.59
88	XIN05702	0.63	0.61	0.91	0.58	0.72	0.63	0.70
89	XIN05726	0.78	0.83	0.67	0.84	0.84	0.80	0.73
90	XIN05731	0.56	0.73	0.78	0.73	0.75	0.62	0.69
91	XIN05733	0.55	0.80	0.76	0.70	0.79	0.67	0.73
92	XIN05862	0.60	0.85	0.50	0.83	0.82	0.73	0.82
93	XIN05891	0.68	0.67	0.89	0.80	0.73	0.61	0.63
94	XIN05926	0.71	0.90	0.72	0.86	0.84	0.80	0.79
95	XIN05952	0.82	0.85	0.54	0.70	0.81	0.72	0.85
96	XIN05972	0.76	0.82	0.62	0.72	0.78	0.74	0.77
97	XIN05995	0.74	0.76	0.81	0.79	0.68	0.60	0.64
98	XIN06057	0.73	0.85	0.63	0.65	0.81	0.69	0.77

（续）

序号	资源编号	序号/资源编号						
		71	72	73	74	75	76	77
		XIN05269	XIN05281	XIN05352	XIN05379	XIN05425	XIN05427	XIN05440
99	XIN06084	0.76	0.77	0.78	0.80	0.82	0.72	0.72
100	XIN06118	0.69	0.78	0.84	0.37	0.78	0.75	0.77
101	XIN06346	0.67	0.81	0.89	0.41	0.78	0.65	0.75
102	XIN06349	0.71	0.72	0.81	0.82	0.73	0.56	0.46
103	XIN06351	0.66	0.65	0.85	0.73	0.79	0.59	0.68
104	XIN06425	0.67	0.66	0.94	0.76	0.84	0.71	0.42
105	XIN06427	0.77	0.73	0.93	0.80	0.77	0.67	0.63
106	XIN06460	0.65	0.77	0.83	0.74	0.71	0.72	0.60
107	XIN06617	0.74	0.66	0.81	0.82	0.80	0.66	0.65
108	XIN06619	0.60	0.70	0.88	0.65	0.63	0.59	0.60
109	XIN06639	0.66	0.74	0.85	0.79	0.69	0.52	0.62
110	XIN07900	0.69	0.64	0.81	0.59	0.60	0.58	0.58
111	XIN07902	0.64	0.61	0.81	0.71	0.72	0.58	0.62
112	XIN07913	0.79	0.82	0.60	0.76	0.78	0.68	0.69
113	XIN07914	0.70	0.76	0.68	0.67	0.77	0.68	0.69
114	XIN07953	0.67	0.68	0.81	0.76	0.73	0.62	0.63
115	XIN08073	0.87	0.69	0.84	0.85	0.83	0.52	0.49
116	XIN08225	0.65	0.75	0.41	0.77	0.84	0.75	0.71
117	XIN08227	0.71	0.88	0.69	0.73	0.89	0.77	0.81
118	XIN08229	0.74	0.79	0.77	0.82	0.82	0.67	0.83
119	XIN08230	0.80	0.84	0.62	0.75	0.84	0.74	0.80
120	XIN08231	0.80	0.83	0.75	0.78	0.84	0.72	0.70
121	XIN08252	0.61	0.60	0.81	0.72	0.69	0.62	0.61
122	XIN08254	0.82	0.71	0.81	0.88	0.72	0.60	0.65
123	XIN08283	0.58	0.61	0.85	0.61	0.71	0.54	0.53

（续）

序号	资源编号	序号/资源编号						
		71	72	73	74	75	76	77
		XIN05269	XIN05281	XIN05352	XIN05379	XIN05425	XIN05427	XIN05440
124	XIN08327	0.81	0.87	0.54	0.71	0.80	0.71	0.86
125	XIN08670	0.77	0.82	0.79	0.84	0.82	0.74	0.68
126	XIN08699	0.74	0.65	0.81	0.81	0.69	0.51	0.51
127	XIN08701	0.69	0.79	0.86	0.68	0.75	0.74	0.75
128	XIN08718	0.65	0.68	0.90	0.63	0.51	0.43	0.56
129	XIN08743	0.64	0.65	0.81	0.79	0.68	0.54	0.56
130	XIN08754	0.79	0.77	0.88	0.86	0.72	0.58	0.59
131	XIN08786	0.84	0.86	0.59	0.80	0.82	0.72	0.84
132	XIN09052	0.66	0.58	0.81	0.74	0.72	0.60	0.62
133	XIN09099	0.84	0.80	0.66	0.70	0.80	0.67	0.79
134	XIN09101	0.70	0.84	0.76	0.74	0.85	0.76	0.89
135	XIN09103	0.69	0.66	0.90	0.69	0.69	0.61	0.67
136	XIN09105	0.71	0.77	0.91	0.73	0.69	0.59	0.55
137	XIN09107	0.68	0.70	0.82	0.70	0.66	0.44	0.70
138	XIN09291	0.84	0.88	0.55	0.82	0.85	0.78	0.84
139	XIN09415	0.56	0.72	0.76	0.64	0.60	0.58	0.60
140	XIN09478	0.82	0.90	0.52	0.90	0.90	0.81	0.77
141	XIN09479	0.83	0.70	0.86	0.86	0.84	0.51	0.54
142	XIN09481	0.81	0.77	0.87	0.82	0.83	0.60	0.51
143	XIN09482	0.67	0.67	0.86	0.77	0.79	0.55	0.52
144	XIN09616	0.58	0.57	0.88	0.60	0.68	0.56	0.55
145	XIN09619	0.74	0.69	0.96	0.71	0.66	0.57	0.45
146	XIN09621	0.58	0.53	0.86	0.68	0.68	0.58	0.33
147	XIN09624	0.67	0.72	0.81	0.75	0.73	0.60	0.71
148	XIN09670	0.77	0.89	0.62	0.80	0.84	0.87	0.83

（续）

序号	资源编号	序号/资源编号						
		71	72	73	74	75	76	77
		XIN05269	XIN05281	XIN05352	XIN05379	XIN05425	XIN05427	XIN05440
149	XIN09683	0.71	0.85	0.91	0.76	0.76	0.70	0.74
150	XIN09685	0.59	0.77	0.77	0.73	0.69	0.62	0.81
151	XIN09687	0.64	0.88	0.79	0.72	0.79	0.72	0.76
152	XIN09799	0.63	0.71	0.86	0.58	0.66	0.59	0.71
153	XIN09830	0.58	0.67	0.88	0.79	0.75	0.63	0.63
154	XIN09845	0.60	0.79	0.70	0.62	0.69	0.62	0.78
155	XIN09847	0.62	0.75	0.71	0.62	0.70	0.62	0.79
156	XIN09879	0.83	0.75	0.90	0.74	0.69	0.70	0.53
157	XIN09889	0.74	0.73	0.85	0.70	0.66	0.59	0.57
158	XIN09891	0.72	0.74	0.93	0.74	0.77	0.57	0.55
159	XIN09912	0.70	0.82	0.49	0.74	0.81	0.65	0.71
160	XIN10136	0.58	0.57	0.76	0.76	0.76	0.70	0.57
161	XIN10138	0.77	0.83	0.63	0.76	0.79	0.75	0.77
162	XIN10149	0.87	0.91	0.48	0.84	0.87	0.74	0.81
163	XIN10156	0.77	0.88	0.77	0.68	0.77	0.69	0.82
164	XIN10162	0.66	0.65	0.48	0.68	0.81	0.71	0.76
165	XIN10164	0.81	0.80	0.69	0.79	0.89	0.77	0.88
166	XIN10168	0.70	0.63	0.80	0.64	0.68	0.54	0.66
167	XIN10172	0.76	0.85	0.39	0.83	0.92	0.79	0.82
168	XIN10181	0.65	0.65	0.78	0.68	0.77	0.63	0.72
169	XIN10183	0.51	0.68	0.83	0.65	0.68	0.59	0.63
170	XIN10184	0.68	0.75	0.79	0.75	0.76	0.62	0.56
171	XIN10186	0.72	0.82	0.82	0.77	0.79	0.72	0.80
172	XIN10188	0.61	0.67	0.74	0.74	0.64	0.60	0.63
173	XIN10189	0.29	0.60	0.72	0.59	0.73	0.65	0.50

序号	资源编号	序号/资源编号						
		71	72	73	74	75	76	77
		XIN05269	XIN05281	XIN05352	XIN05379	XIN05425	XIN05427	XIN05440
174	XIN10191	0.75	0.69	0.81	0.78	0.85	0.71	0.73
175	XIN10196	0.82	0.80	0.58	0.84	0.92	0.69	0.77
176	XIN10197	0.77	0.84	0.64	0.63	0.80	0.67	0.76
177	XIN10199	0.64	0.71	0.73	0.64	0.70	0.73	0.62
178	XIN10203	0.66	0.62	0.79	0.82	0.80	0.69	0.45
179	XIN10205	0.74	0.66	0.83	0.76	0.65	0.62	0.57
180	XIN10207	0.68	0.75	0.88	0.75	0.65	0.57	0.67
181	XIN10214	0.82	0.89	0.58	0.79	0.91	0.78	0.82
182	XIN10220	0.67	0.74	0.79	0.78	0.76	0.69	0.70
183	XIN10222	0.85	0.73	0.88	0.88	0.82	0.54	0.61
184	XIN10228	0.65	0.75	0.88	0.75	0.66	0.56	0.68
185	XIN10230	0.82	0.83	0.51	0.86	0.89	0.76	0.84
186	XIN10284	0.69	0.75	0.77	0.65	0.84	0.76	0.71
187	XIN10334	0.72	0.65	0.85	0.82	0.82	0.54	0.41
188	XIN10378	0.86	0.93	0.39	0.90	0.88	0.83	0.86
189	XIN10380	0.83	0.90	0.50	0.82	0.88	0.83	0.87
190	XIN10558	0.66	0.82	0.87	0.62	0.70	0.58	0.74
191	XIN10559	0.67	0.66	0.90	0.62	0.77	0.69	0.60
192	XIN10642	0.79	0.86	0.81	0.73	0.78	0.78	0.86

表 12　遗传距离（十二）

序号	资源编号	序号/资源编号						
		78	79	80	81	82	83	84
		XIN05441	XIN05461	XIN05462	XIN05645	XIN05647	XIN05649	XIN05650
1	XIN00110	0.67	0.75	0.66	0.79	0.71	0.76	0.79
2	XIN00244	0.76	0.75	0.71	0.82	0.82	0.79	0.72
3	XIN00245	0.78	0.62	0.73	0.73	0.79	0.79	0.65
4	XIN00246	0.54	0.56	0.55	0.77	0.72	0.72	0.68
5	XIN00247	0.65	0.69	0.76	0.81	0.80	0.81	0.69
6	XIN00249	0.67	0.70	0.64	0.66	0.66	0.69	0.72
7	XIN00252	0.51	0.72	0.76	0.79	0.76	0.79	0.55
8	XIN00253	0.68	0.81	0.71	0.69	0.74	0.74	0.62
9	XIN00255	0.61	0.50	0.62	0.90	0.86	0.92	0.58
10	XIN00256	0.43	0.41	0.41	0.68	0.61	0.68	0.50
11	XIN00275	0.80	0.54	0.71	0.74	0.71	0.65	0.78
12	XIN00327	0.63	0.61	0.72	0.77	0.82	0.91	0.72
13	XIN00533	0.82	0.69	0.72	0.71	0.86	0.86	0.79
14	XIN00892	0.90	0.89	0.82	0.72	0.64	0.61	0.87
15	XIN00935	0.71	0.57	0.64	0.77	0.77	0.77	0.74
16	XIN01057	0.78	0.87	0.79	0.61	0.71	0.62	0.82
17	XIN01059	0.86	0.81	0.76	0.72	0.64	0.61	0.91
18	XIN01061	0.68	0.58	0.71	0.77	0.74	0.77	0.59
19	XIN01070	0.70	0.77	0.67	0.55	0.51	0.48	0.76
20	XIN01174	0.55	0.73	0.71	0.73	0.74	0.77	0.53
21	XIN01451	0.79	0.79	0.74	0.52	0.47	0.50	0.84
22	XIN01462	0.49	0.61	0.71	0.72	0.83	0.89	0.63
23	XIN01470	0.52	0.59	0.60	0.63	0.64	0.67	0.52

（续）

序号	资源编号	序号/资源编号						
		78	79	80	81	82	83	84
		XIN05441	XIN05461	XIN05462	XIN05645	XIN05647	XIN05649	XIN05650
24	XIN01797	0.64	0.60	0.71	0.78	0.91	0.89	0.62
25	XIN01888	0.78	0.72	0.76	0.62	0.66	0.69	0.81
26	XIN01889	0.82	0.75	0.71	0.77	0.76	0.82	0.84
27	XIN02035	0.72	0.81	0.76	0.40	0.28	0.25	0.79
28	XIN02196	0.88	0.74	0.77	0.75	0.66	0.66	0.87
29	XIN02360	0.69	0.67	0.61	0.62	0.63	0.64	0.81
30	XIN02362	0.84	0.74	0.76	0.62	0.54	0.51	0.91
31	XIN02395	0.74	0.84	0.74	0.88	0.74	0.76	0.75
32	XIN02522	0.56	0.72	0.60	0.81	0.82	0.82	0.66
33	XIN02916	0.77	0.66	0.73	0.57	0.73	0.77	0.76
34	XIN03117	0.78	0.81	0.79	0.77	0.79	0.74	0.69
35	XIN03178	0.74	0.87	0.77	0.72	0.63	0.66	0.84
36	XIN03180	0.88	0.69	0.75	0.74	0.71	0.71	0.85
37	XIN03182	0.74	0.68	0.68	0.66	0.59	0.62	0.83
38	XIN03185	0.77	0.69	0.62	0.82	0.81	0.84	0.79
39	XIN03207	0.75	0.84	0.86	0.76	0.86	0.83	0.69
40	XIN03309	0.58	0.56	0.59	0.80	0.86	0.92	0.71
41	XIN03486	0.47	0.71	0.46	0.85	0.81	0.86	0.67
42	XIN03488	0.61	0.60	0.66	0.88	0.87	0.87	0.67
43	XIN03689	0.63	0.75	0.74	0.69	0.85	0.82	0.61
44	XIN03717	0.65	0.74	0.76	0.68	0.68	0.68	0.61
45	XIN03733	0.75	0.73	0.71	0.70	0.70	0.73	0.85
46	XIN03841	0.74	0.73	0.71	0.46	0.40	0.43	0.80
47	XIN03843	0.87	0.81	0.82	0.74	0.68	0.65	0.78
48	XIN03845	0.90	0.80	0.81	0.62	0.63	0.66	0.80

（续）

序号	资源编号	序号/资源编号						
		78	79	80	81	82	83	84
		XIN05441	XIN05461	XIN05462	XIN05645	XIN05647	XIN05649	XIN05650
49	XIN03902	0.80	0.84	0.84	0.75	0.63	0.63	0.86
50	XIN03997	0.76	0.69	0.68	0.66	0.55	0.61	0.73
51	XIN04109	0.90	0.79	0.82	0.61	0.56	0.59	0.82
52	XIN04288	0.59	0.68	0.62	0.66	0.76	0.85	0.58
53	XIN04290	0.58	0.64	0.71	0.79	0.84	0.90	0.62
54	XIN04326	0.70	0.71	0.61	0.73	0.69	0.74	0.81
55	XIN04328	0.82	0.71	0.73	0.62	0.64	0.64	0.77
56	XIN04374	0.82	0.78	0.75	0.59	0.54	0.62	0.86
57	XIN04450	0.83	0.75	0.76	0.65	0.68	0.68	0.85
58	XIN04453	0.56	0.60	0.71	0.65	0.71	0.74	0.52
59	XIN04461	0.57	0.70	0.76	0.85	0.88	0.88	0.61
60	XIN04552	0.75	0.83	0.68	0.68	0.59	0.64	0.83
61	XIN04585	0.71	0.64	0.63	0.88	0.89	0.86	0.74
62	XIN04587	0.74	0.76	0.64	0.75	0.79	0.82	0.82
63	XIN04595	0.63	0.63	0.60	0.65	0.60	0.67	0.69
64	XIN04734	0.74	0.71	0.75	0.68	0.85	0.81	0.81
65	XIN04823	0.58	0.69	0.79	0.61	0.66	0.69	0.59
66	XIN04825	0.63	0.68	0.68	0.77	0.80	0.83	0.56
67	XIN04897	0.74	0.77	0.78	0.48	0.54	0.49	0.79
68	XIN05159	0.84	0.74	0.64	0.73	0.76	0.74	0.87
69	XIN05239	0.63	0.77	0.74	0.68	0.80	0.83	0.76
70	XIN05251	0.90	0.89	0.91	0.80	0.76	0.79	0.93
71	XIN05269	0.68	0.61	0.65	0.77	0.74	0.71	0.71
72	XIN05281	0.72	0.70	0.73	0.77	0.86	0.83	0.68
73	XIN05352	0.78	0.84	0.85	0.74	0.59	0.62	0.81

（续）

序号	资源编号	序号/资源编号						
		78	79	80	81	82	83	84
		XIN05441	XIN05461	XIN05462	XIN05645	XIN05647	XIN05649	XIN05650
74	XIN05379	0.74	0.79	0.58	0.70	0.73	0.79	0.76
75	XIN05425	0.74	0.69	0.79	0.70	0.84	0.82	0.85
76	XIN05427	0.69	0.60	0.72	0.64	0.73	0.72	0.66
77	XIN05440	0.46	0.56	0.66	0.80	0.82	0.86	0.66
78	XIN05441	0.00	0.61	0.57	0.80	0.77	0.80	0.56
79	XIN05461	0.61	0.00	0.60	0.80	0.73	0.81	0.72
80	XIN05462	0.57	0.60	0.00	0.78	0.71	0.77	0.75
81	XIN05645	0.80	0.80	0.78	0.00	0.38	0.41	0.79
82	XIN05647	0.77	0.73	0.71	0.38	0.00	0.17	0.82
83	XIN05649	0.80	0.81	0.77	0.41	0.17	0.00	0.88
84	XIN05650	0.56	0.72	0.75	0.79	0.82	0.88	0.00
85	XIN05651	0.67	0.65	0.79	0.73	0.85	0.82	0.48
86	XIN05652	0.64	0.69	0.77	0.73	0.87	0.84	0.68
87	XIN05701	0.69	0.61	0.56	0.83	0.83	0.82	0.73
88	XIN05702	0.69	0.73	0.62	0.74	0.78	0.82	0.81
89	XIN05726	0.75	0.76	0.71	0.72	0.65	0.65	0.90
90	XIN05731	0.73	0.68	0.68	0.71	0.74	0.73	0.69
91	XIN05733	0.79	0.70	0.67	0.72	0.73	0.73	0.69
92	XIN05862	0.83	0.68	0.76	0.80	0.64	0.71	0.73
93	XIN05891	0.58	0.63	0.66	0.73	0.66	0.71	0.71
94	XIN05926	0.79	0.64	0.76	0.81	0.80	0.83	0.88
95	XIN05952	0.82	0.82	0.76	0.50	0.47	0.50	0.85
96	XIN05972	0.79	0.84	0.79	0.53	0.56	0.56	0.78
97	XIN05995	0.78	0.73	0.69	0.70	0.71	0.71	0.80
98	XIN06057	0.87	0.87	0.85	0.63	0.59	0.60	0.89

（续）

序号	资源编号	序号/资源编号						
		78	79	80	81	82	83	84
		XIN05441	XIN05461	XIN05462	XIN05645	XIN05647	XIN05649	XIN05650
99	XIN06084	0.79	0.73	0.77	0.78	0.81	0.79	0.81
100	XIN06118	0.79	0.81	0.76	0.70	0.78	0.84	0.76
101	XIN06346	0.84	0.82	0.75	0.69	0.75	0.72	0.88
102	XIN06349	0.63	0.71	0.77	0.74	0.81	0.81	0.77
103	XIN06351	0.67	0.77	0.71	0.77	0.80	0.80	0.70
104	XIN06425	0.68	0.66	0.68	0.83	0.86	0.86	0.69
105	XIN06427	0.70	0.68	0.73	0.83	0.85	0.91	0.75
106	XIN06460	0.68	0.66	0.68	0.76	0.68	0.74	0.75
107	XIN06617	0.68	0.69	0.75	0.74	0.82	0.82	0.65
108	XIN06619	0.73	0.68	0.74	0.72	0.80	0.86	0.60
109	XIN06639	0.65	0.63	0.71	0.70	0.79	0.76	0.62
110	XIN07900	0.70	0.67	0.68	0.64	0.76	0.80	0.68
111	XIN07902	0.60	0.64	0.57	0.63	0.67	0.73	0.67
112	XIN07913	0.80	0.73	0.70	0.65	0.54	0.60	0.90
113	XIN07914	0.82	0.72	0.68	0.60	0.60	0.53	0.86
114	XIN07953	0.68	0.64	0.71	0.59	0.61	0.61	0.78
115	XIN08073	0.72	0.76	0.82	0.77	0.81	0.81	0.74
116	XIN08225	0.69	0.72	0.71	0.52	0.24	0.24	0.73
117	XIN08227	0.83	0.75	0.78	0.77	0.74	0.74	0.88
118	XIN08229	0.82	0.72	0.76	0.87	0.82	0.88	0.82
119	XIN08230	0.86	0.76	0.86	0.81	0.77	0.80	0.85
120	XIN08231	0.75	0.73	0.74	0.71	0.73	0.73	0.79
121	XIN08252	0.57	0.58	0.58	0.67	0.68	0.74	0.68
122	XIN08254	0.68	0.74	0.76	0.66	0.80	0.80	0.72
123	XIN08283	0.58	0.65	0.59	0.73	0.76	0.76	0.58

序号	资源编号	序号/资源编号						
		78	79	80	81	82	83	84
		XIN05441	XIN05461	XIN05462	XIN05645	XIN05647	XIN05649	XIN05650
124	XIN08327	0.81	0.82	0.75	0.55	0.52	0.55	0.85
125	XIN08670	0.67	0.72	0.81	0.79	0.86	0.83	0.71
126	XIN08699	0.72	0.71	0.78	0.77	0.79	0.79	0.67
127	XIN08701	0.70	0.69	0.71	0.68	0.69	0.67	0.78
128	XIN08718	0.59	0.64	0.61	0.61	0.77	0.69	0.63
129	XIN08743	0.76	0.62	0.77	0.81	0.87	0.87	0.71
130	XIN08754	0.75	0.74	0.81	0.74	0.89	0.86	0.71
131	XIN08786	0.74	0.80	0.76	0.65	0.67	0.64	0.78
132	XIN09052	0.60	0.64	0.60	0.60	0.64	0.70	0.69
133	XIN09099	0.85	0.87	0.86	0.62	0.63	0.59	0.87
134	XIN09101	0.79	0.68	0.72	0.73	0.71	0.71	0.75
135	XIN09103	0.60	0.69	0.68	0.63	0.71	0.71	0.53
136	XIN09105	0.63	0.69	0.63	0.70	0.80	0.83	0.73
137	XIN09107	0.65	0.73	0.69	0.64	0.71	0.71	0.67
138	XIN09291	0.82	0.83	0.86	0.81	0.63	0.63	0.88
139	XIN09415	0.61	0.73	0.68	0.75	0.76	0.79	0.67
140	XIN09478	0.79	0.80	0.83	0.73	0.70	0.67	0.83
141	XIN09479	0.70	0.74	0.78	0.72	0.79	0.78	0.75
142	XIN09481	0.70	0.77	0.79	0.72	0.82	0.79	0.79
143	XIN09482	0.70	0.70	0.81	0.73	0.75	0.76	0.56
144	XIN09616	0.68	0.76	0.76	0.76	0.82	0.88	0.46
145	XIN09619	0.49	0.65	0.68	0.75	0.85	0.85	0.69
146	XIN09621	0.52	0.57	0.63	0.66	0.78	0.78	0.49
147	XIN09624	0.72	0.64	0.65	0.77	0.72	0.75	0.51
148	XIN09670	0.81	0.81	0.81	0.74	0.75	0.78	0.93

（续）

序号	资源编号	序号/资源编号						
		78	79	80	81	82	83	84
		XIN05441	XIN05461	XIN05462	XIN05645	XIN05647	XIN05649	XIN05650
149	XIN09683	0.79	0.66	0.80	0.78	0.86	0.91	0.72
150	XIN09685	0.77	0.52	0.63	0.68	0.74	0.77	0.74
151	XIN09687	0.85	0.65	0.66	0.81	0.74	0.76	0.86
152	XIN09799	0.73	0.64	0.68	0.65	0.78	0.78	0.65
153	XIN09830	0.66	0.61	0.79	0.82	0.79	0.84	0.71
154	XIN09845	0.76	0.66	0.65	0.62	0.61	0.59	0.82
155	XIN09847	0.76	0.63	0.67	0.69	0.64	0.64	0.81
156	XIN09879	0.54	0.74	0.74	0.81	0.82	0.85	0.72
157	XIN09889	0.64	0.59	0.63	0.81	0.86	0.89	0.70
158	XIN09891	0.66	0.63	0.68	0.79	0.93	0.88	0.69
159	XIN09912	0.74	0.81	0.79	0.77	0.66	0.64	0.75
160	XIN10136	0.55	0.64	0.60	0.89	0.80	0.80	0.67
161	XIN10138	0.83	0.85	0.81	0.55	0.59	0.56	0.82
162	XIN10149	0.87	0.90	0.83	0.66	0.59	0.61	0.89
163	XIN10156	0.87	0.86	0.78	0.67	0.58	0.61	0.86
164	XIN10162	0.77	0.72	0.76	0.60	0.49	0.44	0.74
165	XIN10164	0.85	0.81	0.83	0.61	0.60	0.54	0.83
166	XIN10168	0.56	0.67	0.66	0.76	0.81	0.81	0.67
167	XIN10172	0.83	0.86	0.81	0.70	0.64	0.69	0.77
168	XIN10181	0.60	0.67	0.49	0.75	0.71	0.77	0.63
169	XIN10183	0.54	0.61	0.61	0.80	0.81	0.84	0.60
170	XIN10184	0.51	0.66	0.51	0.76	0.79	0.79	0.60
171	XIN10186	0.67	0.64	0.74	0.83	0.80	0.80	0.70
172	XIN10188	0.57	0.64	0.68	0.72	0.79	0.75	0.60
173	XIN10189	0.54	0.53	0.56	0.70	0.66	0.66	0.56

（续）

序号	资源编号	序号/资源编号						
		78	79	80	81	82	83	84
		XIN05441	XIN05461	XIN05462	XIN05645	XIN05647	XIN05649	XIN05650
174	XIN10191	0.66	0.61	0.71	0.85	0.87	0.91	0.58
175	XIN10196	0.88	0.77	0.77	0.65	0.69	0.66	0.82
176	XIN10197	0.87	0.85	0.84	0.62	0.59	0.59	0.88
177	XIN10199	0.60	0.65	0.54	0.75	0.78	0.81	0.69
178	XIN10203	0.49	0.56	0.74	0.88	0.76	0.82	0.38
179	XIN10205	0.65	0.64	0.69	0.64	0.66	0.75	0.74
180	XIN10207	0.78	0.65	0.68	0.69	0.73	0.76	0.76
181	XIN10214	0.89	0.81	0.85	0.73	0.68	0.65	0.87
182	XIN10220	0.60	0.68	0.82	0.75	0.82	0.85	0.50
183	XIN10222	0.73	0.79	0.83	0.77	0.86	0.80	0.77
184	XIN10228	0.78	0.68	0.71	0.70	0.68	0.71	0.74
185	XIN10230	0.77	0.81	0.85	0.76	0.75	0.72	0.84
186	XIN10284	0.75	0.76	0.69	0.63	0.72	0.69	0.75
187	XIN10334	0.60	0.66	0.74	0.77	0.83	0.83	0.76
188	XIN10378	0.81	0.85	0.82	0.77	0.65	0.65	0.88
189	XIN10380	0.85	0.86	0.84	0.71	0.62	0.65	0.90
190	XIN10558	0.75	0.74	0.71	0.76	0.74	0.75	0.82
191	XIN10559	0.72	0.66	0.64	0.70	0.76	0.79	0.79
192	XIN10642	0.89	0.83	0.82	0.82	0.82	0.79	0.87

表 13　遗传距离（十三）

序号	资源编号	序号/资源编号						
		85	86	87	88	89	90	91
		XIN05651	XIN05652	XIN05701	XIN05702	XIN05726	XIN05731	XIN05733
1	XIN00110	0.88	0.86	0.85	0.75	0.65	0.77	0.75
2	XIN00244	0.79	0.77	0.59	0.72	0.87	0.59	0.60
3	XIN00245	0.64	0.76	0.67	0.76	0.73	0.66	0.74
4	XIN00246	0.66	0.70	0.62	0.72	0.79	0.55	0.54
5	XIN00247	0.70	0.77	0.86	0.81	0.88	0.70	0.71
6	XIN00249	0.69	0.72	0.72	0.67	0.70	0.77	0.71
7	XIN00252	0.70	0.66	0.80	0.81	0.83	0.60	0.66
8	XIN00253	0.68	0.67	0.77	0.78	0.77	0.60	0.63
9	XIN00255	0.65	0.74	0.59	0.77	0.85	0.71	0.71
10	XIN00256	0.63	0.59	0.52	0.53	0.66	0.49	0.48
11	XIN00275	0.81	0.83	0.67	0.68	0.80	0.69	0.71
12	XIN00327	0.68	0.70	0.70	0.75	0.87	0.75	0.75
13	XIN00533	0.74	0.67	0.67	0.57	0.77	0.81	0.81
14	XIN00892	0.82	0.89	0.89	0.71	0.70	0.77	0.83
15	XIN00935	0.66	0.58	0.62	0.64	0.81	0.68	0.72
16	XIN01057	0.85	0.84	0.86	0.74	0.73	0.81	0.82
17	XIN01059	0.96	0.89	0.89	0.83	0.66	0.80	0.83
18	XIN01061	0.64	0.64	0.61	0.72	0.83	0.73	0.61
19	XIN01070	0.78	0.77	0.80	0.68	0.58	0.74	0.75
20	XIN01174	0.53	0.49	0.65	0.67	0.87	0.66	0.71
21	XIN01451	0.93	0.86	0.90	0.86	0.66	0.81	0.79
22	XIN01462	0.65	0.58	0.71	0.78	0.77	0.79	0.87
23	XIN01470	0.63	0.70	0.61	0.71	0.68	0.72	0.67

（续）

序号	资源编号	序号/资源编号						
		85	86	87	88	89	90	91
		XIN05651	XIN05652	XIN05701	XIN05702	XIN05726	XIN05731	XIN05733
24	XIN01797	0.50	0.49	0.61	0.70	0.77	0.73	0.79
25	XIN01888	0.83	0.80	0.83	0.76	0.83	0.67	0.66
26	XIN01889	0.94	0.80	0.79	0.65	0.93	0.62	0.62
27	XIN02035	0.74	0.80	0.85	0.78	0.64	0.71	0.71
28	XIN02196	0.91	0.77	0.88	0.72	0.71	0.52	0.56
29	XIN02360	0.83	0.71	0.73	0.69	0.68	0.59	0.65
30	XIN02362	0.88	0.77	0.87	0.88	0.69	0.62	0.61
31	XIN02395	0.85	0.70	0.81	0.78	0.80	0.81	0.82
32	XIN02522	0.55	0.50	0.60	0.68	0.78	0.65	0.70
33	XIN02916	0.72	0.68	0.70	0.66	0.82	0.65	0.66
34	XIN03117	0.67	0.50	0.83	0.83	0.75	0.72	0.78
35	XIN03178	0.96	0.80	0.88	0.88	0.73	0.87	0.81
36	XIN03180	0.91	0.89	0.80	0.82	0.68	0.72	0.71
37	XIN03182	0.88	0.77	0.73	0.74	0.70	0.61	0.68
38	XIN03185	0.76	0.77	0.68	0.62	0.77	0.77	0.79
39	XIN03207	0.64	0.53	0.80	0.82	0.83	0.60	0.68
40	XIN03309	0.62	0.63	0.59	0.60	0.79	0.70	0.71
41	XIN03486	0.71	0.71	0.67	0.66	0.81	0.64	0.68
42	XIN03488	0.76	0.61	0.59	0.83	0.76	0.60	0.66
43	XIN03689	0.56	0.46	0.76	0.72	0.90	0.72	0.81
44	XIN03717	0.67	0.58	0.66	0.78	0.70	0.64	0.66
45	XIN03733	0.79	0.74	0.73	0.52	0.81	0.77	0.76
46	XIN03841	0.85	0.80	0.83	0.79	0.56	0.73	0.73
47	XIN03843	0.82	0.85	0.87	0.68	0.72	0.58	0.58
48	XIN03845	0.91	0.90	0.87	0.88	0.68	0.77	0.75

（续）

序号	资源编号	序号/资源编号						
		85	86	87	88	89	90	91
		XIN05651	XIN05652	XIN05701	XIN05702	XIN05726	XIN05731	XIN05733
49	XIN03902	0.84	0.82	0.90	0.87	0.73	0.86	0.90
50	XIN03997	0.82	0.92	0.81	0.61	0.66	0.69	0.64
51	XIN04109	0.88	0.93	0.91	0.88	0.59	0.84	0.78
52	XIN04288	0.63	0.44	0.78	0.79	0.77	0.77	0.82
53	XIN04290	0.60	0.34	0.66	0.77	0.84	0.76	0.77
54	XIN04326	0.85	0.80	0.65	0.62	0.74	0.66	0.63
55	XIN04328	0.77	0.78	0.66	0.61	0.83	0.68	0.70
56	XIN04374	0.78	0.70	0.83	0.63	0.68	0.71	0.68
57	XIN04450	0.82	0.89	0.86	0.83	0.69	0.68	0.71
58	XIN04453	0.55	0.79	0.59	0.73	0.77	0.68	0.70
59	XIN04461	0.61	0.70	0.78	0.78	0.80	0.68	0.76
60	XIN04552	0.94	0.83	0.81	0.84	0.69	0.78	0.73
61	XIN04585	0.70	0.61	0.04	0.51	0.83	0.73	0.74
62	XIN04587	0.73	0.79	0.49	0.01	0.83	0.74	0.74
63	XIN04595	0.70	0.77	0.67	0.55	0.81	0.79	0.75
64	XIN04734	0.68	0.50	0.77	0.84	0.73	0.70	0.75
65	XIN04823	0.48	0.62	0.75	0.78	0.71	0.70	0.67
66	XIN04825	0.63	0.67	0.60	0.84	0.73	0.63	0.65
67	XIN04897	0.76	0.86	0.86	0.75	0.62	0.74	0.75
68	XIN05159	0.88	0.83	0.77	0.61	0.77	0.71	0.73
69	XIN05239	0.75	0.67	0.79	0.78	0.73	0.90	0.90
70	XIN05251	0.90	0.83	0.93	0.85	0.72	0.84	0.91
71	XIN05269	0.68	0.74	0.63	0.63	0.78	0.56	0.55
72	XIN05281	0.63	0.68	0.66	0.61	0.83	0.73	0.80
73	XIN05352	0.90	0.83	0.90	0.91	0.67	0.78	0.76

序号	资源编号	序号/资源编号						
		85	86	87	88	89	90	91
		XIN05651	XIN05652	XIN05701	XIN05702	XIN05726	XIN05731	XIN05733
74	XIN05379	0.80	0.82	0.67	0.58	0.84	0.73	0.70
75	XIN05425	0.71	0.62	0.77	0.72	0.84	0.75	0.79
76	XIN05427	0.67	0.52	0.68	0.63	0.80	0.62	0.67
77	XIN05440	0.59	0.48	0.59	0.70	0.73	0.69	0.73
78	XIN05441	0.67	0.64	0.69	0.69	0.75	0.73	0.79
79	XIN05461	0.65	0.69	0.61	0.73	0.76	0.68	0.70
80	XIN05462	0.79	0.77	0.56	0.62	0.71	0.68	0.67
81	XIN05645	0.73	0.73	0.83	0.74	0.72	0.71	0.72
82	XIN05647	0.85	0.87	0.83	0.78	0.65	0.74	0.73
83	XIN05649	0.82	0.84	0.82	0.82	0.65	0.73	0.73
84	XIN05650	0.48	0.68	0.73	0.81	0.90	0.69	0.69
85	XIN05651	0.00	0.55	0.71	0.73	0.84	0.75	0.78
86	XIN05652	0.55	0.00	0.60	0.76	0.76	0.72	0.78
87	XIN05701	0.71	0.60	0.00	0.45	0.77	0.70	0.71
88	XIN05702	0.73	0.76	0.45	0.00	0.84	0.69	0.70
89	XIN05726	0.84	0.76	0.77	0.84	0.00	0.82	0.80
90	XIN05731	0.75	0.72	0.70	0.69	0.82	0.00	0.13
91	XIN05733	0.78	0.78	0.71	0.70	0.80	0.13	0.00
92	XIN05862	0.89	0.88	0.78	0.73	0.73	0.56	0.48
93	XIN05891	0.68	0.68	0.66	0.56	0.78	0.73	0.73
94	XIN05926	0.84	0.75	0.76	0.66	0.73	0.78	0.71
95	XIN05952	0.94	0.87	0.91	0.87	0.68	0.83	0.81
96	XIN05972	0.79	0.77	0.83	0.78	0.63	0.73	0.73
97	XIN05995	0.76	0.71	0.83	0.69	0.70	0.79	0.82
98	XIN06057	0.85	0.78	0.81	0.74	0.68	0.63	0.63

（续）

序号	资源编号	序号/资源编号						
		85	86	87	88	89	90	91
		XIN05651	XIN05652	XIN05701	XIN05702	XIN05726	XIN05731	XIN05733
99	XIN06084	0.72	0.66	0.74	0.81	0.70	0.82	0.81
100	XIN06118	0.80	0.86	0.77	0.67	0.91	0.84	0.76
101	XIN06346	0.86	0.84	0.73	0.71	0.84	0.73	0.70
102	XIN06349	0.65	0.39	0.67	0.77	0.81	0.73	0.77
103	XIN06351	0.59	0.46	0.68	0.78	0.74	0.65	0.73
104	XIN06425	0.65	0.45	0.67	0.78	0.82	0.69	0.66
105	XIN06427	0.68	0.53	0.76	0.76	0.84	0.76	0.77
106	XIN06460	0.75	0.75	0.37	0.47	0.77	0.71	0.69
107	XIN06617	0.63	0.52	0.70	0.83	0.72	0.67	0.74
108	XIN06619	0.69	0.55	0.78	0.80	0.76	0.67	0.71
109	XIN06639	0.59	0.60	0.67	0.73	0.82	0.48	0.54
110	XIN07900	0.70	0.50	0.57	0.65	0.71	0.78	0.80
111	XIN07902	0.68	0.70	0.64	0.57	0.79	0.71	0.67
112	XIN07913	0.93	0.88	0.87	0.82	0.65	0.72	0.72
113	XIN07914	0.83	0.77	0.76	0.67	0.70	0.56	0.54
114	XIN07953	0.79	0.77	0.76	0.78	0.84	0.59	0.66
115	XIN08073	0.61	0.39	0.67	0.83	0.84	0.70	0.75
116	XIN08225	0.82	0.81	0.86	0.78	0.60	0.65	0.67
117	XIN08227	0.82	0.87	0.79	0.75	0.71	0.66	0.65
118	XIN08229	0.91	0.92	0.85	0.82	0.87	0.64	0.61
119	XIN08230	0.82	0.78	0.73	0.76	0.73	0.79	0.75
120	XIN08231	0.93	0.87	0.79	0.73	0.77	0.62	0.59
121	XIN08252	0.70	0.70	0.61	0.58	0.80	0.70	0.68
122	XIN08254	0.71	0.56	0.79	0.78	0.82	0.71	0.71
123	XIN08283	0.67	0.64	0.61	0.68	0.80	0.52	0.53

（续）

序号	资源编号	序号/资源编号						
		85	86	87	88	89	90	91
		XIN05651	XIN05652	XIN05701	XIN05702	XIN05726	XIN05731	XIN05733
124	XIN08327	0.93	0.86	0.90	0.87	0.66	0.83	0.81
125	XIN08670	0.70	0.69	0.77	0.83	0.78	0.81	0.81
126	XIN08699	0.52	0.40	0.72	0.83	0.73	0.80	0.79
127	XIN08701	0.62	0.68	0.67	0.68	0.82	0.71	0.74
128	XIN08718	0.58	0.40	0.61	0.68	0.80	0.64	0.69
129	XIN08743	0.71	0.49	0.74	0.75	0.80	0.65	0.71
130	XIN08754	0.65	0.44	0.71	0.84	0.78	0.74	0.77
131	XIN08786	0.93	0.89	0.88	0.79	0.71	0.80	0.78
132	XIN09052	0.68	0.70	0.67	0.57	0.79	0.73	0.70
133	XIN09099	0.82	0.81	0.82	0.74	0.73	0.68	0.67
134	XIN09101	0.83	0.91	0.87	0.79	0.68	0.59	0.52
135	XIN09103	0.39	0.64	0.69	0.67	0.89	0.75	0.69
136	XIN09105	0.62	0.52	0.62	0.68	0.80	0.74	0.71
137	XIN09107	0.62	0.58	0.74	0.72	0.80	0.59	0.67
138	XIN09291	0.91	0.81	0.88	0.88	0.73	0.85	0.89
139	XIN09415	0.70	0.70	0.86	0.78	0.73	0.59	0.61
140	XIN09478	0.96	0.83	0.92	0.94	0.66	0.72	0.76
141	XIN09479	0.65	0.39	0.65	0.80	0.81	0.70	0.74
142	XIN09481	0.69	0.43	0.67	0.88	0.83	0.67	0.71
143	XIN09482	0.67	0.55	0.66	0.74	0.77	0.62	0.65
144	XIN09616	0.50	0.58	0.79	0.60	0.87	0.56	0.60
145	XIN09619	0.61	0.52	0.66	0.72	0.83	0.81	0.86
146	XIN09621	0.35	0.49	0.55	0.61	0.72	0.66	0.73
147	XIN09624	0.68	0.65	0.63	0.78	0.77	0.78	0.75
148	XIN09670	0.90	0.76	0.84	0.81	0.62	0.83	0.87

（续）

序号	资源编号	序号/资源编号						
		85	86	87	88	89	90	91
		XIN05651	XIN05652	XIN05701	XIN05702	XIN05726	XIN05731	XIN05733
149	XIN09683	0.76	0.73	0.85	0.78	0.93	0.79	0.67
150	XIN09685	0.78	0.72	0.73	0.72	0.75	0.55	0.60
151	XIN09687	0.96	0.89	0.81	0.75	0.83	0.56	0.54
152	XIN09799	0.74	0.55	0.70	0.75	0.77	0.72	0.76
153	XIN09830	0.75	0.68	0.82	0.68	0.87	0.63	0.66
154	XIN09845	0.88	0.85	0.81	0.70	0.62	0.50	0.43
155	XIN09847	0.83	0.83	0.83	0.71	0.66	0.55	0.48
156	XIN09879	0.64	0.55	0.78	0.78	0.70	0.72	0.74
157	XIN09889	0.71	0.64	0.58	0.65	0.80	0.77	0.76
158	XIN09891	0.52	0.55	0.72	0.85	0.77	0.79	0.80
159	XIN09912	0.79	0.64	0.73	0.81	0.70	0.71	0.66
160	XIN10136	0.65	0.64	0.48	0.72	0.77	0.76	0.79
161	XIN10138	0.79	0.78	0.83	0.82	0.62	0.73	0.76
162	XIN10149	0.95	0.79	0.84	0.84	0.60	0.81	0.80
163	XIN10156	0.85	0.78	0.86	0.66	0.73	0.64	0.66
164	XIN10162	0.79	0.82	0.82	0.72	0.52	0.68	0.69
165	XIN10164	0.88	0.96	0.91	0.83	0.66	0.85	0.84
166	XIN10168	0.60	0.52	0.70	0.64	0.73	0.78	0.79
167	XIN10172	0.88	0.83	0.92	0.84	0.77	0.65	0.64
168	XIN10181	0.75	0.73	0.73	0.67	0.73	0.51	0.53
169	XIN10183	0.74	0.67	0.61	0.58	0.79	0.47	0.50
170	XIN10184	0.76	0.61	0.67	0.75	0.73	0.59	0.59
171	XIN10186	0.68	0.73	0.76	0.78	0.77	0.73	0.66
172	XIN10188	0.51	0.54	0.65	0.76	0.73	0.69	0.69
173	XIN10189	0.59	0.66	0.49	0.61	0.73	0.52	0.51

（续）

序号	资源编号	序号/资源编号						
		85	86	87	88	89	90	91
		XIN05651	XIN05652	XIN05701	XIN05702	XIN05726	XIN05731	XIN05733
174	XIN10191	0.61	0.69	0.60	0.80	0.75	0.79	0.76
175	XIN10196	0.94	0.84	0.84	0.81	0.73	0.58	0.64
176	XIN10197	0.83	0.77	0.80	0.69	0.70	0.64	0.65
177	XIN10199	0.69	0.70	0.55	0.43	0.77	0.70	0.74
178	XIN10203	0.55	0.68	0.70	0.73	0.86	0.69	0.70
179	XIN10205	0.70	0.67	0.64	0.53	0.80	0.76	0.74
180	XIN10207	0.73	0.70	0.56	0.64	0.83	0.64	0.70
181	XIN10214	0.90	0.86	0.95	0.91	0.70	0.81	0.79
182	XIN10220	0.61	0.64	0.72	0.83	0.80	0.69	0.72
183	XIN10222	0.65	0.46	0.74	0.83	0.87	0.77	0.76
184	XIN10228	0.73	0.66	0.55	0.64	0.80	0.66	0.72
185	XIN10230	0.87	0.83	0.85	0.87	0.65	0.73	0.72
186	XIN10284	0.74	0.73	0.73	0.67	0.72	0.73	0.79
187	XIN10334	0.62	0.25	0.62	0.75	0.80	0.70	0.73
188	XIN10378	0.88	0.80	0.91	0.91	0.59	0.87	0.88
189	XIN10380	0.93	0.83	0.90	0.89	0.56	0.77	0.78
190	XIN10558	0.74	0.77	0.69	0.59	0.86	0.72	0.74
191	XIN10559	0.77	0.70	0.63	0.56	0.77	0.73	0.79
192	XIN10642	0.96	0.85	0.87	0.74	0.77	0.86	0.82

表 14　遗传距离（十四）

序号	资源编号	序号/资源编号						
		92	93	94	95	96	97	98
		XIN05862	XIN05891	XIN05926	XIN05952	XIN05972	XIN05995	XIN06057
1	XIN00110	0.76	0.68	0.73	0.65	0.72	0.76	0.68
2	XIN00244	0.71	0.70	0.79	0.82	0.91	0.78	0.88
3	XIN00245	0.75	0.67	0.71	0.85	0.79	0.71	0.85
4	XIN00246	0.69	0.54	0.67	0.75	0.78	0.77	0.73
5	XIN00247	0.77	0.72	0.79	0.74	0.85	0.75	0.83
6	XIN00249	0.68	0.48	0.76	0.74	0.71	0.62	0.74
7	XIN00252	0.72	0.53	0.80	0.82	0.81	0.73	0.79
8	XIN00253	0.66	0.68	0.83	0.74	0.74	0.76	0.73
9	XIN00255	0.68	0.74	0.74	0.85	0.89	0.89	0.87
10	XIN00256	0.56	0.43	0.60	0.68	0.63	0.53	0.70
11	XIN00275	0.63	0.74	0.73	0.76	0.79	0.77	0.82
12	XIN00327	0.83	0.77	0.88	0.91	0.80	0.82	0.75
13	XIN00533	0.76	0.67	0.80	0.82	0.79	0.71	0.79
14	XIN00892	0.73	0.80	0.82	0.68	0.59	0.79	0.58
15	XIN00935	0.78	0.70	0.74	0.86	0.76	0.79	0.69
16	XIN01057	0.73	0.76	0.86	0.70	0.44	0.74	0.59
17	XIN01059	0.66	0.82	0.82	0.60	0.56	0.79	0.67
18	XIN01061	0.68	0.62	0.72	0.79	0.76	0.83	0.77
19	XIN01070	0.60	0.73	0.74	0.52	0.41	0.63	0.58
20	XIN01174	0.76	0.49	0.88	0.88	0.74	0.77	0.75
21	XIN01451	0.70	0.82	0.69	0.04	0.69	0.70	0.63
22	XIN01462	0.93	0.75	0.76	0.79	0.78	0.79	0.86
23	XIN01470	0.76	0.46	0.74	0.71	0.76	0.76	0.80

（续）

序号	资源编号	序号/资源编号						
		92	93	94	95	96	97	98
		XIN05862	XIN05891	XIN05926	XIN05952	XIN05972	XIN05995	XIN06057
24	XIN01797	0.93	0.62	0.88	0.88	0.90	0.65	0.77
25	XIN01888	0.72	0.79	0.69	0.70	0.74	0.80	0.73
26	XIN01889	0.74	0.80	0.70	0.85	0.76	0.74	0.80
27	XIN02035	0.68	0.67	0.80	0.51	0.45	0.67	0.58
28	XIN02196	0.58	0.81	0.72	0.74	0.74	0.87	0.63
29	XIN02360	0.53	0.65	0.71	0.64	0.56	0.69	0.65
30	XIN02362	0.70	0.75	0.65	0.43	0.67	0.70	0.64
31	XIN02395	0.68	0.80	0.72	0.67	0.70	0.74	0.79
32	XIN02522	0.73	0.52	0.78	0.89	0.77	0.71	0.80
33	XIN02916	0.83	0.61	0.88	0.78	0.71	0.73	0.73
34	XIN03117	0.85	0.65	0.85	0.82	0.78	0.64	0.79
35	XIN03178	0.63	0.88	0.78	0.59	0.56	0.75	0.63
36	XIN03180	0.69	0.80	0.69	0.65	0.68	0.74	0.59
37	XIN03182	0.50	0.68	0.72	0.58	0.60	0.68	0.71
38	XIN03185	0.84	0.74	0.73	0.76	0.89	0.69	0.85
39	XIN03207	0.74	0.67	0.85	0.86	0.79	0.73	0.73
40	XIN03309	0.83	0.67	0.70	0.82	0.86	0.78	0.80
41	XIN03486	0.67	0.58	0.83	0.83	0.83	0.85	0.83
42	XIN03488	0.73	0.65	0.72	0.84	0.89	0.83	0.81
43	XIN03689	0.79	0.64	0.87	0.82	0.76	0.72	0.82
44	XIN03717	0.76	0.62	0.77	0.79	0.67	0.80	0.76
45	XIN03733	0.68	0.65	0.57	0.76	0.67	0.71	0.64
46	XIN03841	0.64	0.73	0.65	0.21	0.59	0.70	0.62
47	XIN03843	0.58	0.83	0.76	0.79	0.74	0.90	0.67
48	XIN03845	0.59	0.81	0.82	0.63	0.63	0.67	0.67

（续）

序号	资源编号	序号/资源编号						
		92	93	94	95	96	97	98
		XIN05862	XIN05891	XIN05926	XIN05952	XIN05972	XIN05995	XIN06057
49	XIN03902	0.73	0.85	0.90	0.60	0.56	0.78	0.70
50	XIN03997	0.60	0.74	0.76	0.70	0.66	0.80	0.67
51	XIN04109	0.61	0.80	0.75	0.39	0.71	0.74	0.70
52	XIN04288	0.89	0.74	0.85	0.79	0.71	0.64	0.85
53	XIN04290	0.88	0.66	0.86	0.85	0.76	0.81	0.80
54	XIN04326	0.78	0.74	0.77	0.71	0.66	0.86	0.59
55	XIN04328	0.76	0.76	0.88	0.77	0.67	0.81	0.60
56	XIN04374	0.62	0.79	0.65	0.63	0.67	0.83	0.52
57	XIN04450	0.72	0.80	0.73	0.68	0.63	0.73	0.68
58	XIN04453	0.70	0.62	0.79	0.77	0.81	0.80	0.86
59	XIN04461	0.78	0.77	0.89	0.91	0.78	0.68	0.85
60	XIN04552	0.57	0.88	0.76	0.59	0.49	0.75	0.58
61	XIN04585	0.82	0.69	0.77	0.93	0.87	0.84	0.84
62	XIN04587	0.75	0.60	0.67	0.86	0.78	0.71	0.77
63	XIN04595	0.64	0.36	0.77	0.73	0.73	0.66	0.81
64	XIN04734	0.83	0.74	0.81	0.82	0.76	0.71	0.81
65	XIN04823	0.80	0.52	0.79	0.76	0.65	0.61	0.76
66	XIN04825	0.76	0.62	0.79	0.77	0.82	0.74	0.85
67	XIN04897	0.68	0.74	0.79	0.58	0.45	0.74	0.59
68	XIN05159	0.65	0.76	0.73	0.76	0.81	0.81	0.74
69	XIN05239	0.76	0.65	0.82	0.79	0.76	0.69	0.86
70	XIN05251	0.78	0.83	0.86	0.76	0.75	0.88	0.75
71	XIN05269	0.60	0.68	0.71	0.82	0.76	0.74	0.73
72	XIN05281	0.85	0.67	0.90	0.85	0.82	0.76	0.85
73	XIN05352	0.50	0.89	0.72	0.54	0.62	0.81	0.63

（续）

序号	资源编号	序号/资源编号						
		92	93	94	95	96	97	98
		XIN05862	XIN05891	XIN05926	XIN05952	XIN05972	XIN05995	XIN06057
74	XIN05379	0.83	0.80	0.86	0.70	0.72	0.79	0.65
75	XIN05425	0.82	0.73	0.84	0.81	0.78	0.68	0.81
76	XIN05427	0.73	0.61	0.80	0.72	0.74	0.60	0.69
77	XIN05440	0.82	0.63	0.79	0.85	0.77	0.64	0.77
78	XIN05441	0.83	0.58	0.79	0.82	0.79	0.78	0.87
79	XIN05461	0.68	0.63	0.64	0.82	0.84	0.73	0.87
80	XIN05462	0.76	0.66	0.76	0.76	0.79	0.69	0.85
81	XIN05645	0.80	0.73	0.81	0.50	0.53	0.70	0.63
82	XIN05647	0.64	0.66	0.80	0.47	0.56	0.71	0.59
83	XIN05649	0.71	0.71	0.83	0.50	0.56	0.71	0.60
84	XIN05650	0.73	0.71	0.88	0.85	0.78	0.80	0.89
85	XIN05651	0.89	0.68	0.84	0.94	0.79	0.76	0.85
86	XIN05652	0.88	0.68	0.75	0.87	0.77	0.71	0.78
87	XIN05701	0.78	0.66	0.76	0.91	0.83	0.83	0.81
88	XIN05702	0.73	0.56	0.66	0.87	0.78	0.69	0.74
89	XIN05726	0.73	0.78	0.73	0.68	0.63	0.70	0.68
90	XIN05731	0.56	0.73	0.78	0.83	0.73	0.79	0.63
91	XIN05733	0.48	0.73	0.71	0.81	0.73	0.82	0.63
92	XIN05862	0.00	0.81	0.70	0.71	0.71	0.86	0.65
93	XIN05891	0.81	0.00	0.78	0.83	0.79	0.65	0.76
94	XIN05926	0.70	0.78	0.00	0.71	0.79	0.76	0.73
95	XIN05952	0.71	0.83	0.71	0.00	0.70	0.72	0.60
96	XIN05972	0.71	0.79	0.79	0.70	0.00	0.77	0.60
97	XIN05995	0.86	0.65	0.76	0.72	0.77	0.00	0.82
98	XIN06057	0.65	0.76	0.73	0.60	0.60	0.82	0.00

（续）

序号	资源编号	序号/资源编号						
		92	93	94	95	96	97	98
		XIN05862	XIN05891	XIN05926	XIN05952	XIN05972	XIN05995	XIN06057
99	XIN06084	0.80	0.82	0.63	0.71	0.74	0.73	0.83
100	XIN06118	0.81	0.86	0.81	0.79	0.70	0.76	0.83
101	XIN06346	0.92	0.78	0.87	0.71	0.76	0.81	0.62
102	XIN06349	0.86	0.65	0.78	0.82	0.76	0.77	0.80
103	XIN06351	0.79	0.57	0.81	0.82	0.79	0.69	0.75
104	XIN06425	0.88	0.67	0.84	0.86	0.77	0.74	0.86
105	XIN06427	0.81	0.63	0.87	0.93	0.76	0.66	0.88
106	XIN06460	0.62	0.64	0.78	0.83	0.72	0.66	0.82
107	XIN06617	0.88	0.76	0.81	0.88	0.74	0.71	0.79
108	XIN06619	0.78	0.60	0.86	0.80	0.71	0.71	0.81
109	XIN06639	0.69	0.57	0.69	0.78	0.79	0.73	0.72
110	XIN07900	0.78	0.68	0.79	0.77	0.64	0.67	0.81
111	XIN07902	0.68	0.40	0.76	0.78	0.69	0.61	0.80
112	XIN07913	0.54	0.84	0.82	0.59	0.65	0.66	0.66
113	XIN07914	0.64	0.74	0.67	0.61	0.65	0.68	0.62
114	XIN07953	0.71	0.73	0.85	0.74	0.67	0.78	0.76
115	XIN08073	0.94	0.61	0.90	0.89	0.78	0.78	0.80
116	XIN08225	0.49	0.74	0.80	0.48	0.62	0.63	0.56
117	XIN08227	0.71	0.83	0.74	0.82	0.70	0.88	0.64
118	XIN08229	0.71	0.77	0.81	0.88	0.83	0.78	0.85
119	XIN08230	0.69	0.84	0.72	0.80	0.68	0.87	0.69
120	XIN08231	0.62	0.82	0.73	0.76	0.69	0.79	0.65
121	XIN08252	0.66	0.42	0.77	0.76	0.67	0.62	0.80
122	XIN08254	0.75	0.49	0.89	0.79	0.81	0.73	0.83
123	XIN08283	0.73	0.56	0.87	0.88	0.76	0.80	0.75

序号	资源编号	序号/资源编号						
		92	93	94	95	96	97	98
		XIN05862	XIN05891	XIN05926	XIN05952	XIN05972	XIN05995	XIN06057
124	XIN08327	0.71	0.86	0.71	0.07	0.69	0.74	0.62
125	XIN08670	0.84	0.81	0.68	0.82	0.86	0.75	0.90
126	XIN08699	0.91	0.68	0.84	0.85	0.76	0.68	0.82
127	XIN08701	0.87	0.65	0.78	0.84	0.68	0.83	0.81
128	XIN08718	0.84	0.48	0.78	0.73	0.71	0.54	0.71
129	XIN08743	0.77	0.69	0.81	0.87	0.83	0.69	0.78
130	XIN08754	0.87	0.66	0.89	0.93	0.86	0.78	0.85
131	XIN08786	0.55	0.79	0.80	0.54	0.67	0.72	0.67
132	XIN09052	0.68	0.37	0.76	0.75	0.69	0.61	0.80
133	XIN09099	0.68	0.80	0.77	0.58	0.67	0.82	0.08
134	XIN09101	0.64	0.71	0.80	0.73	0.74	0.86	0.72
135	XIN09103	0.75	0.52	0.83	0.82	0.70	0.72	0.80
136	XIN09105	0.86	0.66	0.85	0.91	0.68	0.75	0.83
137	XIN09107	0.86	0.63	0.83	0.76	0.68	0.77	0.67
138	XIN09291	0.68	0.84	0.92	0.65	0.63	0.83	0.70
139	XIN09415	0.66	0.67	0.76	0.76	0.77	0.73	0.75
140	XIN09478	0.68	0.91	0.72	0.60	0.51	0.78	0.63
141	XIN09479	0.90	0.59	0.93	0.89	0.80	0.77	0.80
142	XIN09481	0.90	0.71	0.96	0.88	0.81	0.82	0.78
143	XIN09482	0.68	0.66	0.89	0.86	0.74	0.70	0.80
144	XIN09616	0.69	0.74	0.87	0.85	0.74	0.72	0.79
145	XIN09619	0.89	0.63	0.83	0.85	0.81	0.72	0.83
146	XIN09621	0.78	0.60	0.80	0.82	0.76	0.73	0.80
147	XIN09624	0.70	0.63	0.74	0.79	0.72	0.70	0.77
148	XIN09670	0.71	0.82	0.83	0.68	0.68	0.85	0.71

（续）

序号	资源编号	序号/资源编号						
		92	93	94	95	96	97	98
		XIN05862	XIN05891	XIN05926	XIN05952	XIN05972	XIN05995	XIN06057
149	XIN09683	0.69	0.75	0.65	0.79	0.88	0.73	0.77
150	XIN09685	0.57	0.70	0.60	0.72	0.80	0.77	0.67
151	XIN09687	0.51	0.83	0.72	0.76	0.80	0.80	0.67
152	XIN09799	0.89	0.60	0.76	0.74	0.72	0.72	0.74
153	XIN09830	0.72	0.69	0.66	0.88	0.84	0.78	0.86
154	XIN09845	0.54	0.72	0.73	0.67	0.62	0.66	0.64
155	XIN09847	0.58	0.67	0.72	0.68	0.67	0.66	0.68
156	XIN09879	0.88	0.63	0.83	0.85	0.76	0.74	0.83
157	XIN09889	0.79	0.68	0.76	0.76	0.85	0.75	0.77
158	XIN09891	0.93	0.72	0.81	0.79	0.87	0.69	0.81
159	XIN09912	0.58	0.83	0.70	0.77	0.63	0.74	0.59
160	XIN10136	0.83	0.60	0.79	0.85	0.88	0.77	0.86
161	XIN10138	0.74	0.83	0.80	0.71	0.07	0.78	0.61
162	XIN10149	0.62	0.85	0.76	0.58	0.44	0.72	0.50
163	XIN10156	0.64	0.76	0.76	0.67	0.69	0.88	0.43
164	XIN10162	0.51	0.67	0.74	0.51	0.51	0.68	0.58
165	XIN10164	0.68	0.74	0.78	0.59	0.71	0.83	0.73
166	XIN10168	0.87	0.60	0.83	0.80	0.77	0.72	0.77
167	XIN10172	0.53	0.82	0.79	0.63	0.65	0.79	0.69
168	XIN10181	0.66	0.47	0.76	0.76	0.71	0.65	0.77
169	XIN10183	0.63	0.57	0.76	0.84	0.72	0.71	0.80
170	XIN10184	0.79	0.53	0.69	0.79	0.73	0.59	0.73
171	XIN10186	0.73	0.69	0.68	0.88	0.82	0.71	0.81
172	XIN10188	0.87	0.51	0.69	0.75	0.81	0.72	0.80
173	XIN10189	0.58	0.51	0.65	0.76	0.67	0.69	0.66

序号	资源编号	序号/资源编号						
		92	93	94	95	96	97	98
		XIN05862	XIN05891	XIN05926	XIN05952	XIN05972	XIN05995	XIN06057
174	XIN10191	0.78	0.57	0.78	0.83	0.84	0.87	0.86
175	XIN10196	0.46	0.88	0.80	0.66	0.62	0.85	0.68
176	XIN10197	0.65	0.77	0.72	0.57	0.63	0.83	0.05
177	XIN10199	0.74	0.60	0.55	0.74	0.73	0.71	0.77
178	XIN10203	0.72	0.57	0.84	0.90	0.84	0.80	0.91
179	XIN10205	0.69	0.41	0.74	0.74	0.77	0.65	0.82
180	XIN10207	0.82	0.55	0.84	0.79	0.80	0.71	0.78
181	XIN10214	0.70	0.85	0.79	0.66	0.56	0.72	0.70
182	XIN10220	0.76	0.65	0.85	0.82	0.78	0.86	0.85
183	XIN10222	0.94	0.59	0.96	0.91	0.85	0.79	0.89
184	XIN10228	0.82	0.53	0.83	0.76	0.79	0.73	0.73
185	XIN10230	0.62	0.85	0.69	0.70	0.58	0.85	0.59
186	XIN10284	0.90	0.73	0.80	0.73	0.67	0.72	0.64
187	XIN10334	0.88	0.75	0.88	0.94	0.82	0.83	0.83
188	XIN10378	0.66	0.89	0.76	0.55	0.54	0.79	0.66
189	XIN10380	0.63	0.86	0.84	0.61	0.63	0.84	0.64
190	XIN10558	0.77	0.64	0.84	0.88	0.80	0.85	0.76
191	XIN10559	0.78	0.76	0.74	0.82	0.73	0.73	0.79
192	XIN10642	0.75	0.84	0.88	0.78	0.85	0.74	0.80

表 15　遗传距离（十五）

序号	资源编号	序号/资源编号						
		99	100	101	102	103	104	105
		XIN06084	XIN06118	XIN06346	XIN06349	XIN06351	XIN06425	XIN06427
1	XIN00110	0.78	0.83	0.81	0.77	0.83	0.83	0.79
2	XIN00244	0.71	0.84	0.78	0.79	0.69	0.69	0.75
3	XIN00245	0.79	0.76	0.86	0.82	0.68	0.79	0.78
4	XIN00246	0.72	0.75	0.75	0.67	0.66	0.68	0.69
5	XIN00247	0.81	0.70	0.76	0.71	0.69	0.73	0.77
6	XIN00249	0.78	0.74	0.68	0.72	0.59	0.76	0.79
7	XIN00252	0.76	0.82	0.81	0.64	0.43	0.68	0.68
8	XIN00253	0.74	0.79	0.72	0.69	0.51	0.75	0.69
9	XIN00255	0.83	0.79	0.84	0.72	0.81	0.76	0.82
10	XIN00256	0.68	0.56	0.64	0.60	0.56	0.53	0.51
11	XIN00275	0.78	0.82	0.72	0.80	0.76	0.79	0.78
12	XIN00327	0.81	0.80	0.77	0.65	0.81	0.69	0.73
13	XIN00533	0.60	0.74	0.74	0.67	0.60	0.61	0.69
14	XIN00892	0.82	0.73	0.73	0.79	0.85	0.94	0.89
15	XIN00935	0.68	0.76	0.77	0.63	0.71	0.59	0.70
16	XIN01057	0.79	0.89	0.84	0.80	0.80	0.78	0.83
17	XIN01059	0.77	0.76	0.74	0.83	0.88	0.83	0.81
18	XIN01061	0.72	0.63	0.76	0.76	0.76	0.62	0.67
19	XIN01070	0.69	0.71	0.68	0.74	0.72	0.79	0.80
20	XIN01174	0.85	0.87	0.84	0.60	0.33	0.59	0.57
21	XIN01451	0.70	0.79	0.73	0.82	0.81	0.86	0.90
22	XIN01462	0.69	0.76	0.81	0.68	0.78	0.66	0.75
23	XIN01470	0.74	0.78	0.80	0.69	0.64	0.73	0.75

（续）

序号	资源编号	序号/资源编号						
		99	100	101	102	103	104	105
		XIN06084	XIN06118	XIN06346	XIN06349	XIN06351	XIN06425	XIN06427
24	XIN01797	0.71	0.88	0.84	0.63	0.56	0.62	0.63
25	XIN01888	0.77	0.82	0.88	0.60	0.77	0.75	0.77
26	XIN01889	0.81	0.74	0.87	0.67	0.77	0.71	0.75
27	XIN02035	0.76	0.78	0.69	0.74	0.73	0.82	0.86
28	XIN02196	0.76	0.81	0.79	0.75	0.81	0.78	0.82
29	XIN02360	0.74	0.78	0.76	0.68	0.66	0.73	0.75
30	XIN02362	0.75	0.80	0.70	0.79	0.76	0.83	0.85
31	XIN02395	0.76	0.85	0.84	0.76	0.80	0.86	0.80
32	XIN02522	0.79	0.84	0.85	0.66	0.34	0.59	0.59
33	XIN02916	0.80	0.58	0.66	0.81	0.63	0.71	0.69
34	XIN03117	0.62	0.90	0.84	0.51	0.48	0.51	0.55
35	XIN03178	0.69	0.78	0.89	0.82	0.88	0.88	0.87
36	XIN03180	0.78	0.82	0.74	0.77	0.77	0.79	0.85
37	XIN03182	0.77	0.79	0.78	0.69	0.69	0.78	0.80
38	XIN03185	0.77	0.71	0.74	0.76	0.76	0.72	0.81
39	XIN03207	0.78	0.93	0.83	0.61	0.44	0.63	0.65
40	XIN03309	0.76	0.71	0.75	0.65	0.66	0.64	0.68
41	XIN03486	0.78	0.79	0.81	0.72	0.69	0.74	0.73
42	XIN03488	0.78	0.83	0.86	0.71	0.69	0.66	0.81
43	XIN03689	0.79	0.79	0.78	0.49	0.60	0.62	0.57
44	XIN03717	0.76	0.75	0.71	0.62	0.52	0.71	0.74
45	XIN03733	0.81	0.83	0.80	0.78	0.68	0.83	0.73
46	XIN03841	0.72	0.69	0.64	0.74	0.75	0.83	0.84
47	XIN03843	0.85	0.78	0.78	0.81	0.83	0.82	0.85
48	XIN03845	0.79	0.83	0.74	0.86	0.82	0.85	0.90

（续）

序号	资源编号	序号/资源编号						
		99	100	101	102	103	104	105
		XIN06084	XIN06118	XIN06346	XIN06349	XIN06351	XIN06425	XIN06427
49	XIN03902	0.78	0.81	0.76	0.73	0.84	0.88	0.90
50	XIN03997	0.79	0.66	0.74	0.85	0.85	0.81	0.85
51	XIN04109	0.75	0.82	0.77	0.88	0.82	0.86	0.92
52	XIN04288	0.72	0.73	0.80	0.62	0.64	0.60	0.59
53	XIN04290	0.76	0.75	0.81	0.51	0.56	0.46	0.53
54	XIN04326	0.79	0.49	0.34	0.78	0.71	0.75	0.79
55	XIN04328	0.91	0.61	0.41	0.66	0.71	0.77	0.77
56	XIN04374	0.74	0.79	0.73	0.76	0.81	0.84	0.85
57	XIN04450	0.74	0.80	0.74	0.81	0.80	0.76	0.76
58	XIN04453	0.73	0.77	0.88	0.76	0.68	0.77	0.78
59	XIN04461	0.85	0.84	0.90	0.57	0.61	0.48	0.51
60	XIN04552	0.71	0.73	0.85	0.83	0.86	0.88	0.90
61	XIN04585	0.76	0.81	0.77	0.68	0.65	0.68	0.75
62	XIN04587	0.82	0.71	0.73	0.79	0.82	0.79	0.80
63	XIN04595	0.81	0.82	0.78	0.62	0.63	0.75	0.71
64	XIN04734	0.64	0.81	0.80	0.61	0.66	0.57	0.55
65	XIN04823	0.78	0.76	0.77	0.67	0.55	0.71	0.71
66	XIN04825	0.74	0.85	0.88	0.68	0.68	0.68	0.70
67	XIN04897	0.74	0.73	0.73	0.81	0.75	0.76	0.81
68	XIN05159	0.85	0.76	0.86	0.80	0.80	0.71	0.77
69	XIN05239	0.74	0.77	0.82	0.69	0.60	0.70	0.68
70	XIN05251	0.84	0.84	0.80	0.76	0.85	0.86	0.87
71	XIN05269	0.76	0.69	0.67	0.71	0.66	0.67	0.77
72	XIN05281	0.77	0.78	0.81	0.72	0.65	0.66	0.73
73	XIN05352	0.78	0.84	0.89	0.81	0.85	0.94	0.93

（续）

序号	资源编号	序号/资源编号						
		99	100	101	102	103	104	105
		XIN06084	XIN06118	XIN06346	XIN06349	XIN06351	XIN06425	XIN06427
74	XIN05379	0.80	0.37	0.41	0.82	0.73	0.76	0.80
75	XIN05425	0.82	0.78	0.78	0.73	0.79	0.84	0.77
76	XIN05427	0.72	0.75	0.65	0.56	0.59	0.71	0.67
77	XIN05440	0.72	0.77	0.75	0.46	0.68	0.42	0.63
78	XIN05441	0.79	0.79	0.84	0.63	0.67	0.68	0.70
79	XIN05461	0.73	0.81	0.82	0.71	0.77	0.66	0.68
80	XIN05462	0.77	0.76	0.75	0.77	0.71	0.68	0.73
81	XIN05645	0.78	0.70	0.69	0.74	0.77	0.83	0.83
82	XIN05647	0.81	0.78	0.75	0.81	0.80	0.86	0.85
83	XIN05649	0.79	0.84	0.72	0.81	0.80	0.86	0.91
84	XIN05650	0.81	0.76	0.88	0.77	0.70	0.69	0.75
85	XIN05651	0.72	0.80	0.86	0.65	0.59	0.65	0.68
86	XIN05652	0.66	0.86	0.84	0.39	0.46	0.45	0.53
87	XIN05701	0.74	0.77	0.73	0.67	0.68	0.67	0.76
88	XIN05702	0.81	0.67	0.71	0.77	0.78	0.78	0.76
89	XIN05726	0.70	0.91	0.84	0.81	0.74	0.82	0.84
90	XIN05731	0.82	0.84	0.73	0.73	0.65	0.69	0.76
91	XIN05733	0.81	0.76	0.70	0.77	0.73	0.66	0.77
92	XIN05862	0.80	0.81	0.92	0.86	0.79	0.88	0.81
93	XIN05891	0.82	0.86	0.78	0.65	0.57	0.67	0.63
94	XIN05926	0.63	0.81	0.87	0.78	0.81	0.84	0.87
95	XIN05952	0.71	0.79	0.71	0.82	0.82	0.86	0.93
96	XIN05972	0.74	0.70	0.76	0.76	0.79	0.77	0.76
97	XIN05995	0.73	0.76	0.81	0.77	0.69	0.74	0.66
98	XIN06057	0.83	0.83	0.62	0.80	0.75	0.86	0.88

（续）

序号	资源编号	序号/资源编号						
		99	100	101	102	103	104	105
		XIN06084	XIN06118	XIN06346	XIN06349	XIN06351	XIN06425	XIN06427
99	XIN06084	0.00	0.79	0.85	0.71	0.69	0.70	0.76
100	XIN06118	0.79	0.00	0.49	0.87	0.87	0.82	0.85
101	XIN06346	0.85	0.49	0.00	0.83	0.81	0.79	0.91
102	XIN06349	0.71	0.87	0.83	0.00	0.50	0.43	0.53
103	XIN06351	0.69	0.87	0.81	0.50	0.00	0.49	0.60
104	XIN06425	0.70	0.82	0.79	0.43	0.49	0.00	0.46
105	XIN06427	0.76	0.85	0.91	0.53	0.60	0.46	0.00
106	XIN06460	0.80	0.74	0.72	0.74	0.80	0.75	0.73
107	XIN06617	0.67	0.85	0.85	0.58	0.48	0.60	0.67
108	XIN06619	0.75	0.77	0.68	0.54	0.46	0.54	0.58
109	XIN06639	0.73	0.83	0.77	0.64	0.49	0.62	0.65
110	XIN07900	0.75	0.63	0.76	0.62	0.62	0.63	0.63
111	XIN07902	0.81	0.80	0.77	0.58	0.60	0.69	0.65
112	XIN07913	0.79	0.79	0.79	0.86	0.84	0.80	0.85
113	XIN07914	0.72	0.81	0.65	0.69	0.76	0.73	0.72
114	XIN07953	0.80	0.76	0.79	0.66	0.74	0.68	0.71
115	XIN08073	0.69	0.89	0.85	0.42	0.58	0.49	0.53
116	XIN08225	0.75	0.85	0.80	0.84	0.80	0.88	0.90
117	XIN08227	0.76	0.81	0.71	0.81	0.89	0.91	0.86
118	XIN08229	0.80	0.86	0.79	0.77	0.88	0.75	0.74
119	XIN08230	0.70	0.78	0.85	0.79	0.85	0.85	0.83
120	XIN08231	0.82	0.83	0.82	0.76	0.87	0.83	0.81
121	XIN08252	0.78	0.79	0.78	0.61	0.60	0.67	0.65
122	XIN08254	0.75	0.94	0.83	0.49	0.56	0.57	0.63
123	XIN08283	0.86	0.78	0.70	0.74	0.60	0.66	0.71

（续）

序号	资源编号	序号/资源编号						
		99	100	101	102	103	104	105
		XIN06084	XIN06118	XIN06346	XIN06349	XIN06351	XIN06425	XIN06427
124	XIN08327	0.72	0.79	0.72	0.83	0.83	0.86	0.88
125	XIN08670	0.51	0.76	0.81	0.75	0.73	0.74	0.80
126	XIN08699	0.70	0.85	0.84	0.46	0.66	0.54	0.54
127	XIN08701	0.68	0.70	0.74	0.69	0.64	0.69	0.71
128	XIN08718	0.57	0.76	0.70	0.50	0.44	0.50	0.53
129	XIN08743	0.76	0.84	0.81	0.49	0.55	0.50	0.59
130	XIN08754	0.68	0.93	0.83	0.48	0.58	0.54	0.64
131	XIN08786	0.80	0.83	0.78	0.82	0.82	0.84	0.84
132	XIN09052	0.81	0.81	0.80	0.58	0.60	0.69	0.65
133	XIN09099	0.85	0.86	0.66	0.81	0.76	0.84	0.86
134	XIN09101	0.84	0.83	0.71	0.83	0.84	0.78	0.84
135	XIN09103	0.81	0.76	0.82	0.59	0.55	0.61	0.57
136	XIN09105	0.82	0.74	0.73	0.58	0.58	0.58	0.66
137	XIN09107	0.76	0.81	0.70	0.47	0.56	0.66	0.66
138	XIN09291	0.79	0.85	0.79	0.74	0.86	0.90	0.88
139	XIN09415	0.75	0.73	0.76	0.61	0.59	0.66	0.65
140	XIN09478	0.75	0.84	0.86	0.79	0.85	0.80	0.88
141	XIN09479	0.71	0.89	0.83	0.48	0.57	0.51	0.54
142	XIN09481	0.71	0.86	0.82	0.53	0.59	0.52	0.61
143	XIN09482	0.73	0.82	0.82	0.56	0.59	0.51	0.52
144	XIN09616	0.77	0.71	0.72	0.66	0.57	0.59	0.66
145	XIN09619	0.76	0.82	0.83	0.53	0.58	0.53	0.65
146	XIN09621	0.68	0.76	0.78	0.49	0.53	0.48	0.60
147	XIN09624	0.77	0.81	0.82	0.72	0.63	0.72	0.65
148	XIN09670	0.80	0.81	0.77	0.79	0.82	0.82	0.91

（续）

序号	资源编号	序号/资源编号						
		99	100	101	102	103	104	105
		XIN06084	XIN06118	XIN06346	XIN06349	XIN06351	XIN06425	XIN06427
149	XIN09683	0.72	0.76	0.81	0.85	0.78	0.78	0.81
150	XIN09685	0.78	0.79	0.73	0.80	0.70	0.83	0.90
151	XIN09687	0.80	0.82	0.75	0.82	0.88	0.83	0.83
152	XIN09799	0.72	0.67	0.72	0.65	0.58	0.60	0.63
153	XIN09830	0.56	0.77	0.76	0.70	0.62	0.70	0.70
154	XIN09845	0.81	0.67	0.61	0.78	0.78	0.78	0.79
155	XIN09847	0.77	0.74	0.64	0.74	0.75	0.75	0.73
156	XIN09879	0.69	0.85	0.89	0.58	0.58	0.47	0.48
157	XIN09889	0.71	0.78	0.81	0.71	0.72	0.72	0.71
158	XIN09891	0.64	0.83	0.83	0.54	0.51	0.56	0.62
159	XIN09912	0.71	0.75	0.64	0.74	0.78	0.83	0.83
160	XIN10136	0.71	0.77	0.81	0.68	0.61	0.69	0.75
161	XIN10138	0.74	0.75	0.78	0.77	0.80	0.78	0.76
162	XIN10149	0.74	0.80	0.76	0.78	0.84	0.82	0.89
163	XIN10156	0.78	0.71	0.68	0.74	0.84	0.82	0.80
164	XIN10162	0.74	0.75	0.71	0.76	0.74	0.78	0.77
165	XIN10164	0.78	0.78	0.84	0.86	0.86	0.92	0.93
166	XIN10168	0.77	0.78	0.81	0.57	0.42	0.56	0.64
167	XIN10172	0.79	0.83	0.77	0.75	0.75	0.81	0.88
168	XIN10181	0.82	0.80	0.76	0.71	0.60	0.74	0.63
169	XIN10183	0.78	0.72	0.71	0.72	0.63	0.73	0.62
170	XIN10184	0.76	0.80	0.74	0.69	0.57	0.69	0.70
171	XIN10186	0.71	0.80	0.83	0.83	0.64	0.78	0.71
172	XIN10188	0.65	0.71	0.66	0.64	0.63	0.72	0.66
173	XIN10189	0.69	0.63	0.64	0.59	0.53	0.59	0.60

（续）

序号	资源编号	序号/资源编号						
		99	100	101	102	103	104	105
		XIN06084	XIN06118	XIN06346	XIN06349	XIN06351	XIN06425	XIN06427
174	XIN10191	0.74	0.78	0.86	0.68	0.67	0.56	0.61
175	XIN10196	0.82	0.79	0.86	0.76	0.79	0.79	0.81
176	XIN10197	0.83	0.81	0.61	0.78	0.76	0.85	0.86
177	XIN10199	0.68	0.65	0.69	0.72	0.72	0.70	0.74
178	XIN10203	0.85	0.78	0.89	0.70	0.74	0.67	0.76
179	XIN10205	0.78	0.79	0.84	0.59	0.73	0.68	0.63
180	XIN10207	0.75	0.81	0.71	0.65	0.62	0.70	0.68
181	XIN10214	0.77	0.79	0.84	0.76	0.81	0.74	0.88
182	XIN10220	0.80	0.81	0.81	0.74	0.66	0.79	0.74
183	XIN10222	0.75	0.90	0.86	0.49	0.61	0.49	0.53
184	XIN10228	0.73	0.82	0.72	0.63	0.63	0.74	0.68
185	XIN10230	0.74	0.86	0.79	0.76	0.83	0.88	0.90
186	XIN10284	0.78	0.74	0.61	0.75	0.74	0.81	0.85
187	XIN10334	0.71	0.87	0.81	0.33	0.50	0.38	0.59
188	XIN10378	0.70	0.82	0.81	0.83	0.86	0.86	0.91
189	XIN10380	0.84	0.83	0.76	0.78	0.85	0.92	0.89
190	XIN10558	0.85	0.75	0.64	0.69	0.59	0.71	0.73
191	XIN10559	0.80	0.65	0.76	0.73	0.67	0.69	0.79
192	XIN10642	0.88	0.73	0.65	0.84	0.82	0.83	0.90

表 16 遗传距离（十六）

序号	资源编号	序号/资源编号						
		106	107	108	109	110	111	112
		XIN06460	XIN06617	XIN06619	XIN06639	XIN07900	XIN07902	XIN07913
1	XIN00110	0.81	0.78	0.80	0.76	0.79	0.65	0.80
2	XIN00244	0.65	0.84	0.64	0.57	0.78	0.69	0.86
3	XIN00245	0.78	0.71	0.64	0.60	0.70	0.62	0.83
4	XIN00246	0.70	0.67	0.66	0.40	0.76	0.52	0.70
5	XIN00247	0.71	0.81	0.74	0.65	0.71	0.69	0.87
6	XIN00249	0.65	0.71	0.69	0.60	0.68	0.47	0.67
7	XIN00252	0.75	0.61	0.51	0.51	0.75	0.67	0.86
8	XIN00253	0.76	0.64	0.52	0.61	0.73	0.70	0.83
9	XIN00255	0.68	0.67	0.74	0.67	0.73	0.74	0.85
10	XIN00256	0.50	0.58	0.46	0.44	0.54	0.37	0.66
11	XIN00275	0.69	0.74	0.70	0.73	0.76	0.67	0.64
12	XIN00327	0.73	0.78	0.71	0.78	0.60	0.78	0.77
13	XIN00533	0.71	0.63	0.63	0.67	0.60	0.67	0.72
14	XIN00892	0.82	0.84	0.81	0.86	0.83	0.78	0.68
15	XIN00935	0.68	0.57	0.62	0.68	0.80	0.70	0.78
16	XIN01057	0.79	0.82	0.74	0.77	0.77	0.70	0.68
17	XIN01059	0.80	0.92	0.81	0.85	0.68	0.81	0.62
18	XIN01061	0.63	0.62	0.64	0.60	0.65	0.71	0.82
19	XIN01070	0.69	0.74	0.67	0.73	0.68	0.66	0.47
20	XIN01174	0.77	0.62	0.66	0.54	0.62	0.53	0.87
21	XIN01451	0.79	0.86	0.79	0.77	0.74	0.78	0.57
22	XIN01462	0.70	0.65	0.69	0.74	0.60	0.76	0.84
23	XIN01470	0.73	0.65	0.61	0.50	0.71	0.39	0.79

序号	资源编号	序号/资源编号						
		106	107	108	109	110	111	112
		XIN06460	XIN06617	XIN06619	XIN06639	XIN07900	XIN07902	XIN07913
24	XIN01797	0.76	0.51	0.61	0.54	0.65	0.61	0.87
25	XIN01888	0.86	0.74	0.73	0.70	0.71	0.76	0.69
26	XIN01889	0.82	0.69	0.77	0.76	0.70	0.71	0.77
27	XIN02035	0.73	0.79	0.78	0.78	0.76	0.69	0.65
28	XIN02196	0.86	0.78	0.84	0.68	0.84	0.78	0.59
29	XIN02360	0.63	0.76	0.57	0.61	0.65	0.55	0.56
30	XIN02362	0.75	0.81	0.72	0.72	0.77	0.75	0.63
31	XIN02395	0.78	0.83	0.74	0.76	0.71	0.72	0.70
32	XIN02522	0.69	0.60	0.69	0.52	0.64	0.55	0.87
33	XIN02916	0.57	0.71	0.70	0.61	0.65	0.69	0.83
34	XIN03117	0.81	0.44	0.50	0.63	0.63	0.73	0.89
35	XIN03178	0.84	0.81	0.82	0.83	0.82	0.81	0.62
36	XIN03180	0.82	0.78	0.77	0.72	0.82	0.76	0.53
37	XIN03182	0.64	0.81	0.64	0.66	0.65	0.62	0.58
38	XIN03185	0.69	0.81	0.77	0.81	0.74	0.78	0.81
39	XIN03207	0.76	0.56	0.44	0.48	0.68	0.72	0.85
40	XIN03309	0.65	0.76	0.77	0.63	0.55	0.69	0.84
41	XIN03486	0.75	0.72	0.57	0.65	0.74	0.56	0.84
42	XIN03488	0.66	0.76	0.72	0.67	0.73	0.72	0.88
43	XIN03689	0.82	0.72	0.42	0.60	0.60	0.59	0.83
44	XIN03717	0.74	0.53	0.49	0.52	0.63	0.69	0.77
45	XIN03733	0.69	0.78	0.82	0.69	0.66	0.61	0.73
46	XIN03841	0.72	0.73	0.71	0.74	0.67	0.65	0.49
47	XIN03843	0.82	0.83	0.84	0.76	0.86	0.78	0.63
48	XIN03845	0.79	0.81	0.76	0.79	0.77	0.69	0.63

（续）

序号	资源编号	序号/资源编号						
		106	107	108	109	110	111	112
		XIN06460	XIN06617	XIN06619	XIN06639	XIN07900	XIN07902	XIN07913
49	XIN03902	0.80	0.83	0.75	0.81	0.70	0.77	0.66
50	XIN03997	0.79	0.83	0.79	0.81	0.73	0.72	0.58
51	XIN04109	0.82	0.79	0.83	0.78	0.76	0.81	0.57
52	XIN04288	0.83	0.53	0.56	0.59	0.52	0.65	0.80
53	XIN04290	0.76	0.58	0.54	0.54	0.49	0.76	0.88
54	XIN04326	0.69	0.78	0.60	0.74	0.65	0.67	0.69
55	XIN04328	0.66	0.80	0.63	0.68	0.69	0.54	0.83
56	XIN04374	0.79	0.81	0.87	0.75	0.83	0.82	0.58
57	XIN04450	0.84	0.73	0.77	0.72	0.82	0.76	0.72
58	XIN04453	0.66	0.61	0.66	0.57	0.71	0.60	0.85
59	XIN04461	0.65	0.73	0.63	0.64	0.67	0.72	0.85
60	XIN04552	0.80	0.86	0.80	0.80	0.78	0.83	0.52
61	XIN04585	0.41	0.71	0.77	0.64	0.64	0.64	0.92
62	XIN04587	0.55	0.85	0.83	0.77	0.70	0.61	0.85
63	XIN04595	0.64	0.74	0.66	0.61	0.70	0.07	0.76
64	XIN04734	0.82	0.50	0.68	0.65	0.58	0.76	0.82
65	XIN04823	0.67	0.63	0.54	0.50	0.54	0.53	0.77
66	XIN04825	0.65	0.60	0.64	0.46	0.70	0.61	0.84
67	XIN04897	0.77	0.76	0.73	0.78	0.73	0.68	0.59
68	XIN05159	0.77	0.82	0.76	0.74	0.76	0.77	0.68
69	XIN05239	0.73	0.72	0.68	0.76	0.66	0.67	0.79
70	XIN05251	0.89	0.84	0.76	0.88	0.80	0.84	0.71
71	XIN05269	0.65	0.74	0.60	0.66	0.69	0.64	0.79
72	XIN05281	0.77	0.66	0.70	0.74	0.64	0.61	0.82
73	XIN05352	0.83	0.81	0.88	0.85	0.81	0.81	0.60

序号	资源编号	序号/资源编号						
		106	107	108	109	110	111	112
		XIN06460	XIN06617	XIN06619	XIN06639	XIN07900	XIN07902	XIN07913
74	XIN05379	0.74	0.82	0.65	0.79	0.59	0.71	0.76
75	XIN05425	0.71	0.80	0.63	0.69	0.60	0.72	0.78
76	XIN05427	0.72	0.66	0.59	0.52	0.58	0.58	0.68
77	XIN05440	0.60	0.65	0.60	0.62	0.58	0.62	0.69
78	XIN05441	0.68	0.68	0.73	0.65	0.70	0.60	0.80
79	XIN05461	0.66	0.69	0.68	0.63	0.67	0.64	0.73
80	XIN05462	0.68	0.75	0.74	0.71	0.68	0.57	0.70
81	XIN05645	0.76	0.74	0.72	0.70	0.64	0.63	0.65
82	XIN05647	0.68	0.82	0.80	0.79	0.76	0.67	0.54
83	XIN05649	0.74	0.82	0.86	0.76	0.80	0.73	0.60
84	XIN05650	0.75	0.65	0.60	0.62	0.68	0.67	0.90
85	XIN05651	0.75	0.63	0.69	0.59	0.70	0.68	0.93
86	XIN05652	0.75	0.52	0.55	0.60	0.50	0.70	0.88
87	XIN05701	0.37	0.70	0.78	0.67	0.57	0.64	0.87
88	XIN05702	0.47	0.83	0.80	0.73	0.65	0.57	0.82
89	XIN05726	0.77	0.72	0.76	0.82	0.71	0.79	0.65
90	XIN05731	0.71	0.67	0.67	0.48	0.78	0.71	0.72
91	XIN05733	0.69	0.74	0.71	0.54	0.80	0.67	0.72
92	XIN05862	0.62	0.88	0.78	0.69	0.78	0.68	0.54
93	XIN05891	0.64	0.76	0.60	0.57	0.68	0.40	0.84
94	XIN05926	0.78	0.81	0.86	0.69	0.79	0.76	0.82
95	XIN05952	0.83	0.88	0.80	0.78	0.77	0.78	0.59
96	XIN05972	0.72	0.74	0.71	0.79	0.64	0.69	0.65
97	XIN05995	0.66	0.71	0.71	0.73	0.67	0.61	0.66
98	XIN06057	0.82	0.79	0.81	0.72	0.81	0.80	0.66

（续）

序号	资源编号	序号/资源编号						
		106	107	108	109	110	111	112
		XIN06460	XIN06617	XIN06619	XIN06639	XIN07900	XIN07902	XIN07913
99	XIN06084	0.80	0.67	0.75	0.73	0.75	0.81	0.79
100	XIN06118	0.74	0.85	0.77	0.83	0.63	0.80	0.79
101	XIN06346	0.72	0.85	0.68	0.77	0.76	0.77	0.79
102	XIN06349	0.74	0.58	0.54	0.64	0.62	0.58	0.86
103	XIN06351	0.80	0.48	0.46	0.49	0.62	0.60	0.84
104	XIN06425	0.75	0.60	0.54	0.62	0.63	0.69	0.80
105	XIN06427	0.73	0.67	0.58	0.65	0.63	0.65	0.85
106	XIN06460	0.00	0.88	0.86	0.74	0.56	0.61	0.78
107	XIN06617	0.88	0.00	0.56	0.56	0.67	0.72	0.83
108	XIN06619	0.86	0.56	0.00	0.55	0.60	0.56	0.74
109	XIN06639	0.74	0.56	0.55	0.00	0.68	0.56	0.77
110	XIN07900	0.56	0.67	0.60	0.68	0.00	0.68	0.76
111	XIN07902	0.61	0.72	0.56	0.56	0.68	0.00	0.76
112	XIN07913	0.78	0.83	0.74	0.77	0.76	0.76	0.00
113	XIN07914	0.65	0.78	0.70	0.64	0.74	0.62	0.59
114	XIN07953	0.74	0.68	0.74	0.59	0.61	0.60	0.64
115	XIN08073	0.76	0.53	0.66	0.67	0.65	0.66	0.90
116	XIN08225	0.75	0.76	0.76	0.78	0.73	0.75	0.51
117	XIN08227	0.76	0.83	0.86	0.82	0.81	0.82	0.70
118	XIN08229	0.74	0.79	0.81	0.62	0.84	0.72	0.73
119	XIN08230	0.78	0.84	0.88	0.79	0.80	0.78	0.66
120	XIN08231	0.76	0.85	0.79	0.68	0.79	0.71	0.54
121	XIN08252	0.56	0.72	0.60	0.56	0.65	0.08	0.73
122	XIN08254	0.80	0.66	0.51	0.65	0.66	0.41	0.80
123	XIN08283	0.76	0.69	0.63	0.49	0.62	0.54	0.77

（续）

序号	资源编号	序号/资源编号						
		106	107	108	109	110	111	112
		XIN06460	XIN06617	XIN06619	XIN06639	XIN07900	XIN07902	XIN07913
124	XIN08327	0.81	0.88	0.80	0.76	0.76	0.76	0.53
125	XIN08670	0.83	0.71	0.65	0.65	0.75	0.78	0.72
126	XIN08699	0.71	0.64	0.57	0.66	0.64	0.65	0.80
127	XIN08701	0.66	0.62	0.72	0.64	0.78	0.67	0.82
128	XIN08718	0.68	0.56	0.46	0.41	0.48	0.57	0.78
129	XIN08743	0.71	0.64	0.54	0.48	0.69	0.62	0.84
130	XIN08754	0.75	0.43	0.56	0.74	0.70	0.71	0.83
131	XIN08786	0.77	0.84	0.74	0.75	0.78	0.65	0.54
132	XIN09052	0.61	0.72	0.59	0.56	0.68	0.03	0.76
133	XIN09099	0.83	0.80	0.83	0.67	0.84	0.74	0.61
134	XIN09101	0.82	0.81	0.83	0.74	0.81	0.74	0.65
135	XIN09103	0.69	0.69	0.56	0.56	0.71	0.35	0.80
136	XIN09105	0.61	0.65	0.75	0.60	0.49	0.58	0.87
137	XIN09107	0.83	0.59	0.58	0.51	0.65	0.58	0.80
138	XIN09291	0.79	0.88	0.78	0.86	0.74	0.82	0.62
139	XIN09415	0.73	0.80	0.57	0.65	0.67	0.69	0.77
140	XIN09478	0.87	0.83	0.76	0.76	0.82	0.81	0.48
141	XIN09479	0.71	0.59	0.72	0.71	0.61	0.67	0.88
142	XIN09481	0.76	0.60	0.71	0.74	0.62	0.75	0.86
143	XIN09482	0.57	0.61	0.61	0.70	0.61	0.69	0.79
144	XIN09616	0.79	0.69	0.43	0.59	0.66	0.70	0.80
145	XIN09619	0.75	0.58	0.66	0.65	0.64	0.62	0.80
146	XIN09621	0.71	0.59	0.52	0.63	0.57	0.66	0.80
147	XIN09624	0.61	0.60	0.67	0.58	0.52	0.59	0.88
148	XIN09670	0.83	0.84	0.77	0.85	0.74	0.86	0.63

（续）

序号	资源编号	序号/资源编号						
		106	107	108	109	110	111	112
		XIN06460	XIN06617	XIN06619	XIN06639	XIN07900	XIN07902	XIN07913
149	XIN09683	0.84	0.78	0.76	0.69	0.74	0.76	0.84
150	XIN09685	0.76	0.61	0.71	0.55	0.62	0.77	0.75
151	XIN09687	0.72	0.78	0.83	0.70	0.86	0.80	0.67
152	XIN09799	0.83	0.61	0.46	0.62	0.54	0.59	0.83
153	XIN09830	0.83	0.70	0.58	0.66	0.76	0.69	0.84
154	XIN09845	0.76	0.74	0.74	0.65	0.71	0.66	0.48
155	XIN09847	0.76	0.76	0.71	0.63	0.70	0.61	0.52
156	XIN09879	0.79	0.47	0.54	0.65	0.61	0.67	0.89
157	XIN09889	0.66	0.67	0.68	0.65	0.65	0.71	0.80
158	XIN09891	0.84	0.60	0.65	0.54	0.64	0.65	0.92
159	XIN09912	0.81	0.75	0.71	0.73	0.77	0.80	0.72
160	XIN10136	0.69	0.65	0.66	0.71	0.68	0.63	0.90
161	XIN10138	0.75	0.76	0.71	0.81	0.65	0.73	0.63
162	XIN10149	0.83	0.83	0.78	0.82	0.80	0.79	0.48
163	XIN10156	0.81	0.82	0.83	0.76	0.85	0.72	0.64
164	XIN10162	0.73	0.73	0.72	0.74	0.69	0.66	0.52
165	XIN10164	0.91	0.88	0.81	0.85	0.84	0.72	0.65
166	XIN10168	0.82	0.56	0.61	0.67	0.58	0.65	0.88
167	XIN10172	0.83	0.76	0.71	0.67	0.81	0.79	0.64
168	XIN10181	0.77	0.76	0.59	0.63	0.74	0.46	0.73
169	XIN10183	0.65	0.72	0.59	0.60	0.67	0.52	0.80
170	XIN10184	0.71	0.62	0.65	0.58	0.72	0.56	0.77
171	XIN10186	0.81	0.70	0.72	0.61	0.71	0.65	0.84
172	XIN10188	0.76	0.63	0.51	0.56	0.63	0.60	0.84
173	XIN10189	0.58	0.54	0.54	0.42	0.61	0.52	0.68

（续）

序号	资源编号	序号/资源编号						
		106	107	108	109	110	111	112
		XIN06460	XIN06617	XIN06619	XIN06639	XIN07900	XIN07902	XIN07913
174	XIN10191	0.72	0.59	0.61	0.61	0.71	0.68	0.87
175	XIN10196	0.86	0.81	0.79	0.68	0.80	0.75	0.45
176	XIN10197	0.81	0.78	0.83	0.67	0.82	0.76	0.61
177	XIN10199	0.58	0.77	0.71	0.72	0.61	0.63	0.71
178	XIN10203	0.74	0.72	0.71	0.58	0.71	0.63	0.86
179	XIN10205	0.55	0.81	0.64	0.62	0.70	0.24	0.80
180	XIN10207	0.60	0.69	0.53	0.61	0.70	0.55	0.81
181	XIN10214	0.85	0.81	0.79	0.77	0.82	0.74	0.55
182	XIN10220	0.84	0.51	0.54	0.55	0.71	0.69	0.83
183	XIN10222	0.77	0.62	0.72	0.74	0.69	0.67	0.93
184	XIN10228	0.62	0.66	0.52	0.61	0.73	0.56	0.84
185	XIN10230	0.89	0.82	0.82	0.74	0.83	0.80	0.64
186	XIN10284	0.75	0.68	0.70	0.78	0.70	0.69	0.73
187	XIN10334	0.74	0.53	0.69	0.65	0.63	0.72	0.87
188	XIN10378	0.84	0.88	0.77	0.83	0.79	0.87	0.60
189	XIN10380	0.86	0.85	0.74	0.85	0.76	0.81	0.58
190	XIN10558	0.69	0.76	0.56	0.66	0.71	0.72	0.83
191	XIN10559	0.68	0.69	0.67	0.67	0.74	0.63	0.80
192	XIN10642	0.86	0.77	0.75	0.82	0.84	0.84	0.73

表 17 遗传距离（十七）

序号	资源编号	\multicolumn{7}{c}{序号/资源编号}						
		113	114	115	116	117	118	119
		XIN07914	XIN07953	XIN08073	XIN08225	XIN08227	XIN08229	XIN08230
1	XIN00110	0.65	0.79	0.88	0.68	0.77	0.78	0.82
2	XIN00244	0.70	0.77	0.79	0.81	0.85	0.80	0.87
3	XIN00245	0.76	0.62	0.79	0.84	0.85	0.88	0.82
4	XIN00246	0.70	0.61	0.74	0.75	0.76	0.70	0.76
5	XIN00247	0.74	0.76	0.84	0.73	0.83	0.72	0.83
6	XIN00249	0.69	0.66	0.69	0.71	0.77	0.77	0.79
7	XIN00252	0.76	0.84	0.71	0.77	0.81	0.79	0.89
8	XIN00253	0.80	0.83	0.69	0.78	0.74	0.77	0.89
9	XIN00255	0.84	0.74	0.78	0.78	0.76	0.80	0.85
10	XIN00256	0.59	0.54	0.65	0.68	0.67	0.66	0.71
11	XIN00275	0.64	0.69	0.85	0.68	0.69	0.67	0.71
12	XIN00327	0.83	0.80	0.72	0.80	0.70	0.81	0.71
13	XIN00533	0.67	0.78	0.64	0.76	0.88	0.84	0.79
14	XIN00892	0.69	0.79	0.90	0.63	0.70	0.85	0.68
15	XIN00935	0.70	0.71	0.62	0.80	0.76	0.82	0.81
16	XIN01057	0.68	0.66	0.85	0.59	0.81	0.82	0.81
17	XIN01059	0.61	0.70	0.92	0.53	0.68	0.87	0.77
18	XIN01061	0.75	0.72	0.72	0.78	0.74	0.76	0.60
19	XIN01070	0.57	0.61	0.83	0.53	0.62	0.74	0.61
20	XIN01174	0.79	0.67	0.60	0.77	0.83	0.80	0.79
21	XIN01451	0.61	0.74	0.88	0.50	0.80	0.86	0.80
22	XIN01462	0.81	0.73	0.69	0.83	0.78	0.81	0.77
23	XIN01470	0.64	0.58	0.66	0.73	0.88	0.78	0.86

（续）

序号	资源编号	序号/资源编号						
		113	114	115	116	117	118	119
		XIN07914	XIN07953	XIN08073	XIN08225	XIN08227	XIN08229	XIN08230
24	XIN01797	0.80	0.73	0.55	0.75	0.83	0.83	0.80
25	XIN01888	0.59	0.54	0.79	0.71	0.80	0.81	0.70
26	XIN01889	0.67	0.51	0.76	0.76	0.72	0.69	0.66
27	XIN02035	0.58	0.65	0.78	0.38	0.69	0.81	0.74
28	XIN02196	0.54	0.67	0.83	0.62	0.67	0.74	0.58
29	XIN02360	0.52	0.59	0.81	0.58	0.72	0.76	0.81
30	XIN02362	0.51	0.61	0.80	0.58	0.72	0.81	0.82
31	XIN02395	0.66	0.85	0.74	0.56	0.78	0.81	0.72
32	XIN02522	0.78	0.69	0.67	0.78	0.81	0.79	0.77
33	XIN02916	0.71	0.63	0.74	0.87	0.78	0.80	0.75
34	XIN03117	0.72	0.81	0.60	0.76	0.83	0.82	0.88
35	XIN03178	0.74	0.78	0.81	0.57	0.72	0.76	0.52
36	XIN03180	0.61	0.79	0.88	0.63	0.59	0.56	0.54
37	XIN03182	0.59	0.57	0.85	0.56	0.73	0.74	0.78
38	XIN03185	0.69	0.83	0.81	0.73	0.81	0.78	0.88
39	XIN03207	0.74	0.84	0.66	0.80	0.87	0.79	0.90
40	XIN03309	0.76	0.79	0.75	0.88	0.78	0.76	0.75
41	XIN03486	0.79	0.71	0.83	0.69	0.83	0.75	0.84
42	XIN03488	0.77	0.76	0.77	0.78	0.82	0.88	0.86
43	XIN03689	0.76	0.71	0.65	0.76	0.85	0.86	0.87
44	XIN03717	0.71	0.75	0.68	0.69	0.73	0.85	0.82
45	XIN03733	0.64	0.73	0.84	0.70	0.63	0.75	0.66
46	XIN03841	0.56	0.65	0.80	0.48	0.72	0.81	0.72
47	XIN03843	0.56	0.72	0.90	0.61	0.65	0.76	0.58
48	XIN03845	0.69	0.76	0.90	0.54	0.81	0.88	0.71

（续）

序号	资源编号	序号/资源编号						
		113	114	115	116	117	118	119
		XIN07914	XIN07953	XIN08073	XIN08225	XIN08227	XIN08229	XIN08230
49	XIN03902	0.76	0.72	0.86	0.61	0.71	0.87	0.69
50	XIN03997	0.58	0.66	0.91	0.47	0.70	0.81	0.68
51	XIN04109	0.62	0.77	0.94	0.50	0.79	0.88	0.78
52	XIN04288	0.79	0.66	0.70	0.78	0.81	0.74	0.74
53	XIN04290	0.87	0.72	0.56	0.87	0.86	0.78	0.77
54	XIN04326	0.63	0.68	0.82	0.80	0.65	0.76	0.70
55	XIN04328	0.55	0.73	0.77	0.72	0.86	0.86	0.78
56	XIN04374	0.61	0.79	0.77	0.55	0.64	0.84	0.61
57	XIN04450	0.59	0.73	0.84	0.57	0.48	0.58	0.58
58	XIN04453	0.79	0.70	0.69	0.73	0.85	0.76	0.82
59	XIN04461	0.72	0.70	0.72	0.81	0.91	0.76	0.85
60	XIN04552	0.72	0.74	0.81	0.45	0.70	0.71	0.54
61	XIN04585	0.76	0.77	0.68	0.92	0.82	0.86	0.73
62	XIN04587	0.68	0.82	0.84	0.78	0.76	0.82	0.75
63	XIN04595	0.69	0.53	0.71	0.71	0.87	0.73	0.79
64	XIN04734	0.71	0.74	0.69	0.83	0.87	0.80	0.85
65	XIN04823	0.76	0.72	0.66	0.66	0.90	0.90	0.91
66	XIN04825	0.76	0.70	0.62	0.79	0.85	0.80	0.86
67	XIN04897	0.56	0.63	0.86	0.44	0.64	0.83	0.73
68	XIN05159	0.56	0.76	0.90	0.66	0.88	0.82	0.86
69	XIN05239	0.70	0.77	0.73	0.82	0.88	0.83	0.91
70	XIN05251	0.80	0.89	0.90	0.72	0.83	0.89	0.78
71	XIN05269	0.70	0.67	0.87	0.65	0.71	0.74	0.80
72	XIN05281	0.76	0.68	0.69	0.75	0.88	0.79	0.84
73	XIN05352	0.68	0.81	0.84	0.41	0.69	0.77	0.62

（续）

序号	资源编号	序号/资源编号						
		113	114	115	116	117	118	119
		XIN07914	XIN07953	XIN08073	XIN08225	XIN08227	XIN08229	XIN08230
74	XIN05379	0.67	0.76	0.85	0.77	0.73	0.82	0.75
75	XIN05425	0.77	0.73	0.83	0.84	0.89	0.82	0.84
76	XIN05427	0.68	0.62	0.52	0.75	0.77	0.67	0.74
77	XIN05440	0.69	0.63	0.49	0.71	0.81	0.83	0.80
78	XIN05441	0.82	0.68	0.72	0.69	0.83	0.82	0.86
79	XIN05461	0.72	0.64	0.76	0.72	0.75	0.72	0.76
80	XIN05462	0.68	0.71	0.82	0.71	0.78	0.76	0.86
81	XIN05645	0.60	0.59	0.77	0.52	0.77	0.87	0.81
82	XIN05647	0.60	0.61	0.81	0.24	0.74	0.82	0.77
83	XIN05649	0.53	0.61	0.81	0.24	0.74	0.88	0.80
84	XIN05650	0.86	0.78	0.74	0.73	0.88	0.82	0.85
85	XIN05651	0.83	0.79	0.61	0.82	0.82	0.91	0.82
86	XIN05652	0.77	0.77	0.39	0.81	0.87	0.92	0.78
87	XIN05701	0.76	0.76	0.67	0.86	0.79	0.85	0.73
88	XIN05702	0.67	0.78	0.83	0.78	0.75	0.82	0.76
89	XIN05726	0.70	0.84	0.84	0.60	0.71	0.87	0.73
90	XIN05731	0.56	0.59	0.70	0.65	0.66	0.64	0.79
91	XIN05733	0.54	0.66	0.75	0.67	0.65	0.61	0.75
92	XIN05862	0.64	0.71	0.94	0.49	0.71	0.71	0.69
93	XIN05891	0.74	0.73	0.61	0.74	0.83	0.77	0.84
94	XIN05926	0.67	0.85	0.90	0.80	0.74	0.81	0.72
95	XIN05952	0.61	0.74	0.89	0.48	0.82	0.88	0.80
96	XIN05972	0.65	0.67	0.78	0.62	0.70	0.83	0.68
97	XIN05995	0.68	0.78	0.78	0.63	0.88	0.78	0.87
98	XIN06057	0.62	0.76	0.80	0.56	0.64	0.85	0.69

（续）

序号	资源编号	序号/资源编号						
		113	114	115	116	117	118	119
		XIN07914	XIN07953	XIN08073	XIN08225	XIN08227	XIN08229	XIN08230
99	XIN06084	0.72	0.80	0.69	0.75	0.76	0.80	0.70
100	XIN06118	0.81	0.76	0.89	0.85	0.81	0.86	0.78
101	XIN06346	0.65	0.79	0.85	0.80	0.71	0.79	0.85
102	XIN06349	0.69	0.66	0.42	0.84	0.81	0.77	0.79
103	XIN06351	0.76	0.74	0.58	0.80	0.89	0.88	0.85
104	XIN06425	0.73	0.68	0.49	0.88	0.91	0.75	0.85
105	XIN06427	0.72	0.71	0.53	0.90	0.86	0.74	0.83
106	XIN06460	0.65	0.74	0.76	0.75	0.76	0.74	0.78
107	XIN06617	0.78	0.68	0.53	0.76	0.83	0.79	0.84
108	XIN06619	0.70	0.74	0.66	0.76	0.86	0.81	0.88
109	XIN06639	0.64	0.59	0.67	0.78	0.82	0.62	0.79
110	XIN07900	0.74	0.61	0.65	0.73	0.81	0.84	0.80
111	XIN07902	0.62	0.60	0.66	0.75	0.82	0.72	0.78
112	XIN07913	0.59	0.64	0.90	0.51	0.70	0.73	0.66
113	XIN07914	0.00	0.66	0.77	0.55	0.64	0.74	0.76
114	XIN07953	0.66	0.00	0.72	0.68	0.74	0.62	0.76
115	XIN08073	0.77	0.72	0.00	0.85	0.85	0.85	0.81
116	XIN08225	0.55	0.68	0.85	0.00	0.67	0.81	0.79
117	XIN08227	0.64	0.74	0.85	0.67	0.00	0.49	0.40
118	XIN08229	0.74	0.62	0.85	0.81	0.49	0.00	0.59
119	XIN08230	0.76	0.76	0.81	0.79	0.40	0.59	0.00
120	XIN08231	0.62	0.65	0.89	0.68	0.46	0.50	0.48
121	XIN08252	0.66	0.58	0.71	0.76	0.83	0.69	0.76
122	XIN08254	0.72	0.70	0.55	0.75	0.86	0.78	0.91
123	XIN08283	0.77	0.68	0.68	0.69	0.70	0.65	0.76

（续）

序号	资源编号	序号/资源编号						
		113	114	115	116	117	118	119
		XIN07914	XIN07953	XIN08073	XIN08225	XIN08227	XIN08229	XIN08230
124	XIN08327	0.59	0.76	0.89	0.53	0.77	0.85	0.77
125	XIN08670	0.76	0.78	0.83	0.78	0.86	0.82	0.72
126	XIN08699	0.69	0.81	0.46	0.76	0.78	0.81	0.76
127	XIN08701	0.67	0.65	0.72	0.82	0.78	0.77	0.78
128	XIN08718	0.66	0.60	0.50	0.81	0.88	0.75	0.77
129	XIN08743	0.67	0.68	0.57	0.73	0.81	0.69	0.74
130	XIN08754	0.75	0.76	0.31	0.84	0.82	0.78	0.87
131	XIN08786	0.66	0.70	0.92	0.48	0.76	0.83	0.81
132	XIN09052	0.62	0.58	0.65	0.75	0.85	0.72	0.79
133	XIN09099	0.54	0.77	0.83	0.60	0.71	0.83	0.69
134	XIN09101	0.70	0.78	0.90	0.63	0.53	0.54	0.64
135	XIN09103	0.75	0.63	0.63	0.88	0.85	0.76	0.79
136	XIN09105	0.81	0.66	0.60	0.87	0.83	0.83	0.85
137	XIN09107	0.69	0.59	0.58	0.73	0.72	0.77	0.89
138	XIN09291	0.77	0.76	0.85	0.57	0.74	0.88	0.70
139	XIN09415	0.68	0.76	0.71	0.73	0.76	0.78	0.85
140	XIN09478	0.69	0.77	0.87	0.56	0.64	0.71	0.61
141	XIN09479	0.76	0.69	0.14	0.82	0.84	0.86	0.86
142	XIN09481	0.79	0.73	0.18	0.83	0.88	0.93	0.88
143	XIN09482	0.72	0.62	0.35	0.74	0.83	0.74	0.85
144	XIN09616	0.74	0.77	0.71	0.72	0.82	0.80	0.89
145	XIN09619	0.76	0.71	0.63	0.88	0.83	0.85	0.88
146	XIN09621	0.77	0.68	0.50	0.78	0.79	0.82	0.85
147	XIN09624	0.79	0.71	0.64	0.78	0.80	0.75	0.74
148	XIN09670	0.80	0.85	0.93	0.69	0.80	0.94	0.81

（续）

序号	资源编号	序号/资源编号						
		113	114	115	116	117	118	119
		XIN07914	XIN07953	XIN08073	XIN08225	XIN08227	XIN08229	XIN08230
149	XIN09683	0.71	0.66	0.87	0.85	0.71	0.74	0.70
150	XIN09685	0.63	0.64	0.85	0.62	0.69	0.68	0.75
151	XIN09687	0.61	0.71	0.90	0.66	0.58	0.57	0.65
152	XIN09799	0.70	0.65	0.68	0.84	0.81	0.87	0.72
153	XIN09830	0.69	0.74	0.77	0.76	0.75	0.72	0.86
154	XIN09845	0.54	0.63	0.88	0.55	0.47	0.54	0.66
155	XIN09847	0.53	0.62	0.83	0.58	0.47	0.44	0.63
156	XIN09879	0.81	0.79	0.57	0.86	0.80	0.79	0.83
157	XIN09889	0.77	0.74	0.74	0.85	0.74	0.77	0.67
158	XIN09891	0.77	0.75	0.59	0.89	0.86	0.84	0.87
159	XIN09912	0.69	0.81	0.74	0.55	0.70	0.85	0.65
160	XIN10136	0.87	0.76	0.77	0.68	0.82	0.83	0.80
161	XIN10138	0.65	0.68	0.79	0.63	0.72	0.87	0.71
162	XIN10149	0.73	0.74	0.83	0.56	0.66	0.71	0.59
163	XIN10156	0.61	0.67	0.82	0.62	0.73	0.85	0.70
164	XIN10162	0.55	0.60	0.81	0.35	0.65	0.76	0.68
165	XIN10164	0.64	0.73	0.92	0.52	0.76	0.88	0.74
166	XIN10168	0.74	0.75	0.61	0.80	0.80	0.78	0.73
167	XIN10172	0.63	0.74	0.87	0.54	0.68	0.69	0.68
168	XIN10181	0.66	0.67	0.73	0.67	0.79	0.76	0.93
169	XIN10183	0.68	0.65	0.76	0.78	0.63	0.67	0.77
170	XIN10184	0.70	0.70	0.70	0.75	0.76	0.81	0.88
171	XIN10186	0.76	0.74	0.74	0.82	0.81	0.77	0.71
172	XIN10188	0.78	0.78	0.63	0.73	0.72	0.80	0.75
173	XIN10189	0.64	0.51	0.64	0.61	0.67	0.67	0.68

序号	资源编号	序号/资源编号						
		113	114	115	116	117	118	119
		XIN07914	XIN07953	XIN08073	XIN08225	XIN08227	XIN08229	XIN08230
174	XIN10191	0.80	0.78	0.66	0.85	0.82	0.76	0.79
175	XIN10196	0.62	0.60	0.87	0.58	0.65	0.74	0.62
176	XIN10197	0.56	0.75	0.81	0.62	0.66	0.82	0.63
177	XIN10199	0.71	0.67	0.78	0.74	0.61	0.72	0.64
178	XIN10203	0.82	0.72	0.75	0.68	0.84	0.82	0.82
179	XIN10205	0.55	0.65	0.64	0.76	0.84	0.75	0.81
180	XIN10207	0.65	0.73	0.66	0.86	0.88	0.84	0.83
181	XIN10214	0.70	0.72	0.87	0.65	0.73	0.76	0.59
182	XIN10220	0.84	0.75	0.71	0.76	0.81	0.78	0.88
183	XIN10222	0.77	0.77	0.17	0.87	0.89	0.83	0.86
184	XIN10228	0.68	0.72	0.64	0.83	0.87	0.85	0.81
185	XIN10230	0.65	0.84	0.84	0.66	0.67	0.76	0.67
186	XIN10284	0.72	0.75	0.78	0.71	0.77	0.90	0.77
187	XIN10334	0.73	0.66	0.33	0.80	0.86	0.83	0.85
188	XIN10378	0.76	0.85	0.88	0.55	0.70	0.85	0.63
189	XIN10380	0.71	0.79	0.90	0.53	0.76	0.89	0.78
190	XIN10558	0.71	0.83	0.78	0.78	0.76	0.82	0.87
191	XIN10559	0.65	0.61	0.75	0.79	0.81	0.81	0.85
192	XIN10642	0.73	0.91	0.90	0.81	0.92	0.94	0.83

表 18 遗传距离（十八）

序号	资源编号	序号/资源编号						
		120	121	122	123	124	125	126
		XIN08231	XIN08252	XIN08254	XIN08283	XIN08327	XIN08670	XIN08699
1	XIN00110	0.71	0.65	0.77	0.76	0.65	0.82	0.89
2	XIN00244	0.81	0.69	0.70	0.65	0.82	0.75	0.75
3	XIN00245	0.77	0.64	0.76	0.70	0.85	0.77	0.79
4	XIN00246	0.68	0.53	0.70	0.49	0.71	0.70	0.68
5	XIN00247	0.78	0.67	0.79	0.69	0.76	0.74	0.72
6	XIN00249	0.74	0.49	0.59	0.64	0.76	0.76	0.74
7	XIN00252	0.80	0.65	0.71	0.59	0.82	0.69	0.74
8	XIN00253	0.84	0.71	0.69	0.62	0.76	0.75	0.65
9	XIN00255	0.80	0.74	0.73	0.67	0.83	0.79	0.75
10	XIN00256	0.60	0.36	0.63	0.44	0.67	0.64	0.63
11	XIN00275	0.71	0.68	0.80	0.68	0.71	0.79	0.76
12	XIN00327	0.72	0.78	0.74	0.61	0.88	0.82	0.66
13	XIN00533	0.81	0.69	0.74	0.72	0.81	0.65	0.61
14	XIN00892	0.79	0.79	0.84	0.82	0.70	0.91	0.87
15	XIN00935	0.84	0.71	0.74	0.77	0.85	0.76	0.57
16	XIN01057	0.68	0.68	0.79	0.85	0.71	0.78	0.85
17	XIN01059	0.79	0.78	0.83	0.89	0.56	0.86	0.84
18	XIN01061	0.75	0.66	0.76	0.59	0.80	0.68	0.66
19	XIN01070	0.61	0.64	0.74	0.71	0.51	0.76	0.77
20	XIN01174	0.81	0.55	0.56	0.46	0.88	0.80	0.72
21	XIN01451	0.73	0.76	0.79	0.87	0.08	0.82	0.83
22	XIN01462	0.78	0.72	0.76	0.71	0.80	0.68	0.63
23	XIN01470	0.76	0.44	0.54	0.51	0.74	0.74	0.72

（续）

序号	资源编号	序号/资源编号						
		120	121	122	123	124	125	126
		XIN08231	XIN08252	XIN08254	XIN08283	XIN08327	XIN08670	XIN08699
24	XIN01797	0.81	0.66	0.67	0.63	0.85	0.67	0.44
25	XIN01888	0.65	0.76	0.76	0.75	0.75	0.74	0.79
26	XIN01889	0.69	0.75	0.81	0.68	0.85	0.86	0.78
27	XIN02035	0.70	0.69	0.74	0.76	0.57	0.78	0.76
28	XIN02196	0.63	0.76	0.86	0.77	0.72	0.74	0.81
29	XIN02360	0.67	0.56	0.62	0.68	0.63	0.76	0.74
30	XIN02362	0.77	0.73	0.78	0.79	0.44	0.76	0.76
31	XIN02395	0.71	0.76	0.76	0.79	0.64	0.74	0.63
32	XIN02522	0.83	0.54	0.65	0.43	0.89	0.77	0.76
33	XIN02916	0.79	0.66	0.83	0.64	0.79	0.80	0.77
34	XIN03117	0.88	0.74	0.41	0.79	0.82	0.68	0.57
35	XIN03178	0.67	0.78	0.86	0.87	0.61	0.67	0.78
36	XIN03180	0.45	0.74	0.81	0.82	0.60	0.85	0.81
37	XIN03182	0.68	0.60	0.66	0.72	0.63	0.79	0.82
38	XIN03185	0.82	0.78	0.73	0.75	0.76	0.70	0.78
39	XIN03207	0.86	0.73	0.52	0.68	0.86	0.70	0.67
40	XIN03309	0.80	0.68	0.77	0.58	0.78	0.79	0.76
41	XIN03486	0.85	0.57	0.66	0.58	0.83	0.74	0.79
42	XIN03488	0.84	0.70	0.69	0.60	0.84	0.77	0.76
43	XIN03689	0.81	0.59	0.51	0.65	0.82	0.72	0.62
44	XIN03717	0.77	0.67	0.59	0.54	0.79	0.72	0.68
45	XIN03733	0.68	0.62	0.74	0.73	0.71	0.89	0.83
46	XIN03841	0.71	0.65	0.72	0.77	0.24	0.69	0.74
47	XIN03843	0.62	0.76	0.90	0.79	0.76	0.81	0.88
48	XIN03845	0.69	0.70	0.78	0.76	0.61	0.85	0.85

（续）

序号	资源编号	序号/资源编号						
		120	121	122	123	124	125	126
		XIN08231	XIN08252	XIN08254	XIN08283	XIN08327	XIN08670	XIN08699
49	XIN03902	0.77	0.74	0.78	0.84	0.65	0.81	0.80
50	XIN03997	0.61	0.70	0.86	0.73	0.71	0.76	0.91
51	XIN04109	0.75	0.82	0.84	0.85	0.42	0.84	0.90
52	XIN04288	0.72	0.63	0.61	0.55	0.80	0.73	0.66
53	XIN04290	0.85	0.74	0.71	0.56	0.85	0.77	0.55
54	XIN04326	0.71	0.68	0.86	0.65	0.71	0.79	0.81
55	XIN04328	0.84	0.60	0.82	0.73	0.76	0.72	0.73
56	XIN04374	0.71	0.83	0.88	0.74	0.62	0.73	0.79
57	XIN04450	0.54	0.79	0.75	0.74	0.69	0.78	0.80
58	XIN04453	0.83	0.58	0.71	0.57	0.80	0.73	0.75
59	XIN04461	0.83	0.70	0.73	0.67	0.90	0.85	0.64
60	XIN04552	0.59	0.80	0.89	0.82	0.60	0.75	0.80
61	XIN04585	0.83	0.62	0.82	0.64	0.93	0.77	0.72
62	XIN04587	0.72	0.63	0.79	0.72	0.87	0.84	0.84
63	XIN04595	0.74	0.09	0.40	0.59	0.76	0.76	0.73
64	XIN04734	0.86	0.74	0.54	0.71	0.81	0.70	0.70
65	XIN04823	0.81	0.54	0.55	0.57	0.72	0.74	0.65
66	XIN04825	0.70	0.63	0.58	0.63	0.76	0.76	0.62
67	XIN04897	0.70	0.67	0.78	0.76	0.59	0.73	0.84
68	XIN05159	0.80	0.78	0.82	0.67	0.75	0.88	0.84
69	XIN05239	0.82	0.70	0.76	0.74	0.81	0.82	0.73
70	XIN05251	0.94	0.84	0.79	0.96	0.75	0.86	0.87
71	XIN05269	0.80	0.61	0.82	0.58	0.81	0.77	0.74
72	XIN05281	0.83	0.60	0.71	0.61	0.87	0.82	0.65
73	XIN05352	0.75	0.81	0.81	0.85	0.54	0.79	0.81

（续）

序号	资源编号	序号/资源编号						
		120	121	122	123	124	125	126
		XIN08231	XIN08252	XIN08254	XIN08283	XIN08327	XIN08670	XIN08699
74	XIN05379	0.78	0.72	0.88	0.61	0.71	0.84	0.81
75	XIN05425	0.84	0.69	0.72	0.71	0.80	0.82	0.69
76	XIN05427	0.72	0.62	0.60	0.54	0.71	0.74	0.51
77	XIN05440	0.70	0.61	0.65	0.53	0.86	0.68	0.51
78	XIN05441	0.75	0.57	0.68	0.58	0.81	0.67	0.72
79	XIN05461	0.73	0.58	0.74	0.65	0.82	0.72	0.71
80	XIN05462	0.74	0.58	0.76	0.59	0.75	0.81	0.78
81	XIN05645	0.71	0.67	0.66	0.73	0.55	0.79	0.77
82	XIN05647	0.73	0.68	0.80	0.76	0.52	0.86	0.79
83	XIN05649	0.73	0.74	0.80	0.76	0.55	0.83	0.79
84	XIN05650	0.79	0.68	0.72	0.58	0.85	0.71	0.67
85	XIN05651	0.93	0.70	0.71	0.67	0.93	0.70	0.52
86	XIN05652	0.87	0.70	0.56	0.64	0.86	0.69	0.40
87	XIN05701	0.79	0.61	0.79	0.61	0.90	0.77	0.72
88	XIN05702	0.73	0.58	0.78	0.68	0.87	0.83	0.83
89	XIN05726	0.77	0.80	0.82	0.80	0.66	0.78	0.73
90	XIN05731	0.62	0.70	0.71	0.52	0.83	0.81	0.80
91	XIN05733	0.59	0.68	0.71	0.53	0.81	0.81	0.79
92	XIN05862	0.62	0.66	0.75	0.73	0.71	0.84	0.91
93	XIN05891	0.82	0.42	0.49	0.56	0.86	0.81	0.68
94	XIN05926	0.73	0.77	0.89	0.87	0.71	0.68	0.84
95	XIN05952	0.76	0.76	0.79	0.88	0.07	0.82	0.85
96	XIN05972	0.69	0.67	0.81	0.76	0.69	0.86	0.76
97	XIN05995	0.79	0.62	0.73	0.80	0.74	0.75	0.68
98	XIN06057	0.65	0.80	0.83	0.75	0.62	0.90	0.82

（续）

序号	资源编号	序号/资源编号						
		120	121	122	123	124	125	126
		XIN08231	XIN08252	XIN08254	XIN08283	XIN08327	XIN08670	XIN08699
99	XIN06084	0.82	0.78	0.75	0.86	0.72	0.51	0.70
100	XIN06118	0.83	0.79	0.94	0.78	0.79	0.76	0.85
101	XIN06346	0.82	0.78	0.83	0.70	0.72	0.81	0.84
102	XIN06349	0.76	0.61	0.49	0.74	0.83	0.75	0.46
103	XIN06351	0.87	0.60	0.56	0.60	0.83	0.73	0.66
104	XIN06425	0.83	0.67	0.57	0.66	0.86	0.74	0.54
105	XIN06427	0.81	0.65	0.63	0.71	0.88	0.80	0.54
106	XIN06460	0.76	0.56	0.80	0.76	0.81	0.83	0.71
107	XIN06617	0.85	0.72	0.66	0.69	0.88	0.71	0.64
108	XIN06619	0.79	0.60	0.51	0.63	0.80	0.65	0.57
109	XIN06639	0.68	0.56	0.65	0.49	0.76	0.65	0.66
110	XIN07900	0.79	0.65	0.66	0.62	0.76	0.75	0.64
111	XIN07902	0.71	0.08	0.41	0.54	0.76	0.78	0.65
112	XIN07913	0.54	0.73	0.80	0.77	0.53	0.72	0.80
113	XIN07914	0.62	0.66	0.72	0.77	0.59	0.76	0.69
114	XIN07953	0.65	0.58	0.70	0.68	0.76	0.78	0.81
115	XIN08073	0.89	0.71	0.55	0.68	0.89	0.83	0.46
116	XIN08225	0.68	0.76	0.75	0.69	0.53	0.78	0.76
117	XIN08227	0.46	0.83	0.86	0.70	0.77	0.86	0.78
118	XIN08229	0.50	0.69	0.78	0.65	0.85	0.82	0.81
119	XIN08230	0.48	0.76	0.91	0.76	0.77	0.72	0.76
120	XIN08231	0.00	0.71	0.76	0.68	0.71	0.80	0.82
121	XIN08252	0.71	0.00	0.43	0.54	0.74	0.76	0.72
122	XIN08254	0.76	0.43	0.00	0.66	0.80	0.75	0.68
123	XIN08283	0.68	0.54	0.66	0.00	0.88	0.80	0.80

序号	资源编号	序号/资源编号						
		120	121	122	123	124	125	126
		XIN08231	XIN08252	XIN08254	XIN08283	XIN08327	XIN08670	XIN08699
124	XIN08327	0.71	0.74	0.80	0.88	0.00	0.82	0.79
125	XIN08670	0.80	0.76	0.75	0.80	0.82	0.00	0.71
126	XIN08699	0.82	0.72	0.68	0.80	0.79	0.71	0.00
127	XIN08701	0.79	0.65	0.75	0.75	0.84	0.74	0.69
128	XIN08718	0.75	0.55	0.52	0.58	0.73	0.59	0.55
129	XIN08743	0.77	0.67	0.65	0.69	0.85	0.73	0.40
130	XIN08754	0.90	0.76	0.55	0.73	0.96	0.70	0.54
131	XIN08786	0.68	0.63	0.69	0.83	0.53	0.76	0.92
132	XIN09052	0.74	0.08	0.41	0.56	0.76	0.78	0.67
133	XIN09099	0.64	0.75	0.83	0.81	0.57	0.88	0.83
134	XIN09101	0.63	0.74	0.84	0.69	0.69	0.85	0.89
135	XIN09103	0.74	0.38	0.53	0.62	0.82	0.76	0.67
136	XIN09105	0.87	0.56	0.72	0.57	0.91	0.82	0.67
137	XIN09107	0.81	0.59	0.60	0.60	0.77	0.80	0.67
138	XIN09291	0.79	0.80	0.81	0.91	0.65	0.83	0.80
139	XIN09415	0.79	0.70	0.76	0.58	0.77	0.68	0.60
140	XIN09478	0.51	0.78	0.81	0.90	0.55	0.80	0.77
141	XIN09479	0.85	0.72	0.54	0.67	0.92	0.84	0.55
142	XIN09481	0.90	0.76	0.62	0.67	0.90	0.79	0.64
143	XIN09482	0.83	0.74	0.68	0.73	0.89	0.82	0.57
144	XIN09616	0.81	0.72	0.67	0.56	0.85	0.75	0.66
145	XIN09619	0.83	0.60	0.58	0.69	0.85	0.76	0.63
146	XIN09621	0.77	0.69	0.54	0.59	0.84	0.69	0.54
147	XIN09624	0.73	0.61	0.69	0.64	0.79	0.82	0.67
148	XIN09670	0.88	0.84	0.79	0.90	0.68	0.80	0.87

（续）

序号	资源编号	序号/资源编号						
		120	121	122	123	124	125	126
		XIN08231	XIN08252	XIN08254	XIN08283	XIN08327	XIN08670	XIN08699
149	XIN09683	0.75	0.74	0.86	0.77	0.83	0.76	0.88
150	XIN09685	0.73	0.73	0.80	0.66	0.73	0.82	0.83
151	XIN09687	0.60	0.81	0.90	0.69	0.74	0.92	0.78
152	XIN09799	0.79	0.57	0.66	0.59	0.74	0.74	0.68
153	XIN09830	0.81	0.72	0.74	0.64	0.87	0.54	0.80
154	XIN09845	0.50	0.68	0.83	0.58	0.64	0.87	0.82
155	XIN09847	0.51	0.63	0.78	0.59	0.63	0.82	0.76
156	XIN09879	0.83	0.68	0.51	0.63	0.85	0.71	0.65
157	XIN09889	0.74	0.69	0.82	0.66	0.74	0.73	0.60
158	XIN09891	0.83	0.69	0.67	0.65	0.79	0.72	0.51
159	XIN09912	0.72	0.83	0.82	0.69	0.78	0.61	0.68
160	XIN10136	0.84	0.60	0.64	0.60	0.85	0.68	0.66
161	XIN10138	0.71	0.71	0.81	0.79	0.68	0.87	0.75
162	XIN10149	0.63	0.77	0.76	0.87	0.58	0.80	0.80
163	XIN10156	0.73	0.74	0.81	0.84	0.65	0.85	0.78
164	XIN10162	0.64	0.67	0.71	0.74	0.53	0.77	0.78
165	XIN10164	0.65	0.74	0.79	0.83	0.62	0.77	0.94
166	XIN10168	0.80	0.65	0.62	0.54	0.81	0.74	0.64
167	XIN10172	0.66	0.80	0.81	0.76	0.62	0.85	0.83
168	XIN10181	0.77	0.51	0.60	0.54	0.75	0.81	0.76
169	XIN10183	0.68	0.51	0.67	0.49	0.82	0.72	0.75
170	XIN10184	0.72	0.56	0.71	0.56	0.77	0.74	0.69
171	XIN10186	0.75	0.69	0.75	0.66	0.85	0.70	0.74
172	XIN10188	0.76	0.65	0.53	0.48	0.74	0.56	0.58
173	XIN10189	0.63	0.53	0.70	0.45	0.75	0.71	0.63

序号	资源编号	序号/资源编号						
		120	121	122	123	124	125	126
		XIN08231	XIN08252	XIN08254	XIN08283	XIN08327	XIN08670	XIN08699
174	XIN10191	0.78	0.70	0.65	0.68	0.81	0.72	0.60
175	XIN10196	0.62	0.73	0.84	0.76	0.62	0.74	0.86
176	XIN10197	0.65	0.76	0.84	0.78	0.56	0.88	0.81
177	XIN10199	0.60	0.62	0.65	0.67	0.67	0.67	0.80
178	XIN10203	0.77	0.63	0.66	0.51	0.90	0.72	0.67
179	XIN10205	0.71	0.29	0.49	0.65	0.76	0.76	0.64
180	XIN10207	0.88	0.56	0.68	0.67	0.80	0.80	0.74
181	XIN10214	0.64	0.75	0.80	0.87	0.64	0.82	0.82
182	XIN10220	0.74	0.74	0.62	0.60	0.82	0.74	0.71
183	XIN10222	0.90	0.72	0.53	0.71	0.94	0.83	0.55
184	XIN10228	0.89	0.56	0.71	0.68	0.79	0.81	0.74
185	XIN10230	0.58	0.81	0.80	0.88	0.65	0.75	0.79
186	XIN10284	0.76	0.74	0.75	0.74	0.74	0.68	0.74
187	XIN10334	0.84	0.76	0.60	0.66	0.94	0.79	0.42
188	XIN10378	0.76	0.85	0.84	0.91	0.52	0.73	0.79
189	XIN10380	0.82	0.82	0.77	0.91	0.58	0.81	0.82
190	XIN10558	0.83	0.72	0.70	0.61	0.88	0.81	0.81
191	XIN10559	0.79	0.64	0.81	0.75	0.82	0.79	0.78
192	XIN10642	0.90	0.84	0.86	0.85	0.80	0.82	0.87

表 19 遗传距离（十九）

序号	资源编号	序号/资源编号						
		127	128	129	130	131	132	133
		XIN08701	XIN08718	XIN08743	XIN08754	XIN08786	XIN09052	XIN09099
1	XIN00110	0.80	0.81	0.86	0.90	0.72	0.65	0.72
2	XIN00244	0.70	0.62	0.74	0.78	0.80	0.71	0.86
3	XIN00245	0.74	0.67	0.76	0.71	0.82	0.65	0.82
4	XIN00246	0.62	0.59	0.64	0.75	0.77	0.55	0.70
5	XIN00247	0.89	0.75	0.58	0.83	0.85	0.67	0.83
6	XIN00249	0.70	0.59	0.77	0.65	0.72	0.44	0.71
7	XIN00252	0.74	0.53	0.69	0.67	0.81	0.67	0.77
8	XIN00253	0.73	0.53	0.72	0.61	0.87	0.67	0.86
9	XIN00255	0.81	0.79	0.71	0.74	0.81	0.76	0.89
10	XIN00256	0.61	0.45	0.57	0.71	0.65	0.40	0.71
11	XIN00275	0.74	0.61	0.74	0.74	0.84	0.70	0.77
12	XIN00327	0.88	0.65	0.81	0.70	0.82	0.81	0.79
13	XIN00533	0.66	0.60	0.65	0.57	0.76	0.67	0.77
14	XIN00892	0.72	0.83	0.86	0.91	0.69	0.78	0.62
15	XIN00935	0.46	0.54	0.68	0.53	0.82	0.70	0.77
16	XIN01057	0.80	0.73	0.81	0.89	0.40	0.70	0.55
17	XIN01059	0.83	0.79	0.83	0.93	0.49	0.81	0.70
18	XIN01061	0.65	0.64	0.66	0.68	0.85	0.68	0.80
19	XIN01070	0.65	0.67	0.79	0.86	0.41	0.66	0.61
20	XIN01174	0.65	0.52	0.67	0.71	0.78	0.53	0.76
21	XIN01451	0.84	0.73	0.85	0.92	0.50	0.75	0.59
22	XIN01462	0.75	0.61	0.77	0.65	0.85	0.76	0.89
23	XIN01470	0.64	0.61	0.73	0.68	0.69	0.36	0.77

（续）

序号	资源编号	序号/资源编号						
		127	128	129	130	131	132	133
		XIN08701	XIN08718	XIN08743	XIN08754	XIN08786	XIN09052	XIN09099
24	XIN01797	0.75	0.53	0.51	0.57	0.79	0.64	0.74
25	XIN01888	0.80	0.67	0.74	0.78	0.70	0.73	0.70
26	XIN01889	0.76	0.67	0.68	0.81	0.83	0.74	0.78
27	XIN02035	0.69	0.71	0.78	0.82	0.59	0.66	0.57
28	XIN02196	0.75	0.76	0.70	0.83	0.67	0.78	0.61
29	XIN02360	0.65	0.60	0.68	0.84	0.62	0.55	0.69
30	XIN02362	0.72	0.73	0.85	0.82	0.65	0.72	0.67
31	XIN02395	0.90	0.83	0.69	0.79	0.73	0.74	0.80
32	XIN02522	0.66	0.53	0.70	0.71	0.81	0.55	0.80
33	XIN02916	0.53	0.47	0.62	0.73	0.83	0.69	0.78
34	XIN03117	0.72	0.40	0.61	0.54	0.84	0.73	0.80
35	XIN03178	0.83	0.76	0.80	0.88	0.67	0.81	0.61
36	XIN03180	0.78	0.73	0.75	0.88	0.67	0.76	0.58
37	XIN03182	0.73	0.67	0.74	0.87	0.63	0.59	0.75
38	XIN03185	0.78	0.73	0.74	0.75	0.81	0.78	0.86
39	XIN03207	0.69	0.36	0.64	0.52	0.83	0.72	0.74
40	XIN03309	0.76	0.51	0.70	0.82	0.85	0.69	0.75
41	XIN03486	0.80	0.72	0.72	0.74	0.74	0.59	0.87
42	XIN03488	0.72	0.66	0.65	0.77	0.83	0.75	0.88
43	XIN03689	0.77	0.43	0.62	0.72	0.76	0.59	0.86
44	XIN03717	0.65	0.67	0.69	0.68	0.84	0.69	0.80
45	XIN03733	0.75	0.65	0.83	0.85	0.78	0.61	0.59
46	XIN03841	0.72	0.71	0.78	0.78	0.52	0.63	0.59
47	XIN03843	0.77	0.83	0.78	0.82	0.68	0.78	0.60
48	XIN03845	0.84	0.83	0.84	0.93	0.59	0.72	0.67

（续）

序号	资源编号	序号/资源编号						
		127	128	129	130	131	132	133
		XIN08701	XIN08718	XIN08743	XIN08754	XIN08786	XIN09052	XIN09099
49	XIN03902	0.83	0.85	0.82	0.94	0.61	0.77	0.74
50	XIN03997	0.74	0.81	0.85	0.89	0.61	0.72	0.70
51	XIN04109	0.84	0.79	0.88	0.88	0.57	0.81	0.63
52	XIN04288	0.69	0.48	0.71	0.73	0.81	0.65	0.87
53	XIN04290	0.67	0.40	0.63	0.64	0.87	0.76	0.81
54	XIN04326	0.70	0.65	0.79	0.84	0.74	0.70	0.66
55	XIN04328	0.67	0.68	0.66	0.78	0.82	0.54	0.54
56	XIN04374	0.74	0.73	0.79	0.80	0.73	0.82	0.59
57	XIN04450	0.75	0.78	0.79	0.78	0.62	0.77	0.69
58	XIN04453	0.68	0.60	0.88	0.62	0.80	0.57	0.84
59	XIN04461	0.78	0.61	0.56	0.77	0.82	0.72	0.82
60	XIN04552	0.89	0.77	0.79	0.86	0.62	0.83	0.58
61	XIN04585	0.68	0.61	0.74	0.70	0.88	0.67	0.78
62	XIN04587	0.71	0.73	0.79	0.84	0.80	0.61	0.78
63	XIN04595	0.67	0.61	0.72	0.76	0.60	0.03	0.78
64	XIN04734	0.69	0.40	0.74	0.65	0.82	0.76	0.79
65	XIN04823	0.71	0.56	0.72	0.75	0.74	0.53	0.75
66	XIN04825	0.71	0.61	0.65	0.63	0.76	0.64	0.80
67	XIN04897	0.74	0.79	0.84	0.88	0.33	0.66	0.56
68	XIN05159	0.68	0.69	0.77	0.87	0.79	0.77	0.77
69	XIN05239	0.69	0.58	0.81	0.67	0.84	0.64	0.80
70	XIN05251	0.86	0.85	0.81	0.82	0.80	0.84	0.82
71	XIN05269	0.69	0.65	0.64	0.79	0.84	0.66	0.84
72	XIN05281	0.79	0.68	0.65	0.77	0.86	0.58	0.80
73	XIN05352	0.86	0.90	0.81	0.88	0.59	0.81	0.66

序号	资源编号	序号/资源编号						
		127	128	129	130	131	132	133
		XIN08701	XIN08718	XIN08743	XIN08754	XIN08786	XIN09052	XIN09099
74	XIN05379	0.68	0.63	0.79	0.86	0.80	0.74	0.70
75	XIN05425	0.75	0.51	0.68	0.72	0.82	0.72	0.80
76	XIN05427	0.74	0.43	0.54	0.58	0.72	0.60	0.67
77	XIN05440	0.75	0.56	0.56	0.59	0.84	0.62	0.79
78	XIN05441	0.70	0.59	0.76	0.75	0.74	0.60	0.85
79	XIN05461	0.69	0.64	0.62	0.74	0.80	0.64	0.87
80	XIN05462	0.71	0.61	0.77	0.81	0.76	0.60	0.86
81	XIN05645	0.68	0.61	0.81	0.74	0.65	0.60	0.62
82	XIN05647	0.69	0.77	0.87	0.89	0.67	0.64	0.63
83	XIN05649	0.67	0.69	0.87	0.86	0.64	0.70	0.59
84	XIN05650	0.78	0.63	0.71	0.71	0.78	0.69	0.87
85	XIN05651	0.62	0.58	0.71	0.65	0.93	0.68	0.82
86	XIN05652	0.68	0.40	0.49	0.44	0.89	0.70	0.81
87	XIN05701	0.67	0.61	0.74	0.71	0.88	0.67	0.82
88	XIN05702	0.68	0.68	0.75	0.84	0.79	0.57	0.74
89	XIN05726	0.82	0.80	0.80	0.78	0.71	0.79	0.73
90	XIN05731	0.71	0.64	0.65	0.74	0.80	0.73	0.68
91	XIN05733	0.74	0.69	0.71	0.77	0.78	0.70	0.67
92	XIN05862	0.87	0.84	0.77	0.87	0.55	0.68	0.68
93	XIN05891	0.65	0.48	0.69	0.66	0.79	0.37	0.80
94	XIN05926	0.78	0.78	0.81	0.89	0.80	0.76	0.77
95	XIN05952	0.84	0.73	0.87	0.93	0.54	0.75	0.58
96	XIN05972	0.68	0.71	0.83	0.86	0.67	0.69	0.67
97	XIN05995	0.83	0.54	0.69	0.78	0.72	0.61	0.82
98	XIN06057	0.81	0.71	0.78	0.85	0.67	0.80	0.08

（续）

序号	资源编号	序号/资源编号						
		127	128	129	130	131	132	133
		XIN08701	XIN08718	XIN08743	XIN08754	XIN08786	XIN09052	XIN09099
99	XIN06084	0.68	0.57	0.76	0.68	0.80	0.81	0.85
100	XIN06118	0.70	0.76	0.84	0.93	0.83	0.81	0.86
101	XIN06346	0.74	0.70	0.81	0.83	0.78	0.80	0.66
102	XIN06349	0.69	0.50	0.49	0.48	0.82	0.58	0.81
103	XIN06351	0.64	0.44	0.55	0.58	0.82	0.60	0.76
104	XIN06425	0.69	0.50	0.50	0.54	0.84	0.69	0.84
105	XIN06427	0.71	0.53	0.59	0.64	0.84	0.65	0.86
106	XIN06460	0.66	0.68	0.71	0.75	0.77	0.61	0.83
107	XIN06617	0.62	0.56	0.64	0.43	0.84	0.72	0.80
108	XIN06619	0.72	0.46	0.54	0.56	0.74	0.59	0.83
109	XIN06639	0.64	0.41	0.48	0.74	0.75	0.56	0.67
110	XIN07900	0.78	0.48	0.69	0.70	0.78	0.68	0.84
111	XIN07902	0.67	0.57	0.62	0.71	0.65	0.03	0.74
112	XIN07913	0.82	0.78	0.84	0.83	0.54	0.76	0.61
113	XIN07914	0.67	0.66	0.67	0.75	0.66	0.62	0.54
114	XIN07953	0.65	0.60	0.68	0.76	0.70	0.58	0.77
115	XIN08073	0.72	0.50	0.57	0.31	0.92	0.65	0.83
116	XIN08225	0.82	0.81	0.73	0.84	0.48	0.75	0.60
117	XIN08227	0.78	0.88	0.81	0.82	0.76	0.85	0.71
118	XIN08229	0.77	0.75	0.69	0.78	0.83	0.72	0.83
119	XIN08230	0.78	0.77	0.74	0.87	0.81	0.79	0.69
120	XIN08231	0.79	0.75	0.77	0.90	0.68	0.74	0.64
121	XIN08252	0.65	0.55	0.67	0.76	0.63	0.08	0.75
122	XIN08254	0.75	0.52	0.65	0.55	0.69	0.41	0.83
123	XIN08283	0.75	0.58	0.69	0.73	0.83	0.56	0.81

序号	资源编号	序号/资源编号						
		127	128	129	130	131	132	133
		XIN08701	XIN08718	XIN08743	XIN08754	XIN08786	XIN09052	XIN09099
124	XIN08327	0.84	0.73	0.85	0.96	0.53	0.76	0.57
125	XIN08670	0.74	0.59	0.73	0.70	0.76	0.78	0.88
126	XIN08699	0.69	0.55	0.40	0.54	0.92	0.67	0.83
127	XIN08701	0.00	0.52	0.76	0.74	0.83	0.67	0.82
128	XIN08718	0.52	0.00	0.57	0.56	0.76	0.57	0.70
129	XIN08743	0.76	0.57	0.00	0.63	0.83	0.63	0.78
130	XIN08754	0.74	0.56	0.63	0.00	0.92	0.68	0.87
131	XIN08786	0.83	0.76	0.83	0.92	0.00	0.65	0.64
132	XIN09052	0.67	0.57	0.63	0.68	0.65	0.00	0.74
133	XIN09099	0.82	0.70	0.78	0.87	0.64	0.74	0.00
134	XIN09101	0.78	0.77	0.79	0.79	0.62	0.76	0.69
135	XIN09103	0.63	0.48	0.74	0.68	0.80	0.33	0.77
136	XIN09105	0.69	0.58	0.67	0.60	0.83	0.58	0.86
137	XIN09107	0.75	0.56	0.63	0.64	0.76	0.58	0.74
138	XIN09291	0.88	0.87	0.81	0.92	0.56	0.82	0.74
139	XIN09415	0.78	0.57	0.57	0.71	0.86	0.66	0.83
140	XIN09478	0.89	0.79	0.80	0.89	0.61	0.81	0.62
141	XIN09479	0.78	0.55	0.55	0.32	0.91	0.64	0.85
142	XIN09481	0.74	0.48	0.61	0.39	0.93	0.72	0.83
143	XIN09482	0.79	0.58	0.58	0.34	0.82	0.66	0.84
144	XIN09616	0.79	0.52	0.59	0.70	0.84	0.70	0.80
145	XIN09619	0.66	0.46	0.69	0.62	0.80	0.62	0.78
146	XIN09621	0.67	0.50	0.63	0.49	0.81	0.65	0.81
147	XIN09624	0.72	0.48	0.60	0.72	0.80	0.62	0.78
148	XIN09670	0.83	0.81	0.79	0.85	0.73	0.86	0.82

（续）

序号	资源编号	序号/资源编号						
		127	128	129	130	131	132	133
		XIN08701	XIN08718	XIN08743	XIN08754	XIN08786	XIN09052	XIN09099
149	XIN09683	0.82	0.63	0.78	0.80	0.81	0.74	0.80
150	XIN09685	0.67	0.66	0.71	0.72	0.78	0.77	0.69
151	XIN09687	0.69	0.81	0.72	0.81	0.80	0.83	0.73
152	XIN09799	0.70	0.40	0.65	0.72	0.76	0.62	0.78
153	XIN09830	0.74	0.67	0.71	0.71	0.79	0.69	0.87
154	XIN09845	0.72	0.70	0.71	0.83	0.65	0.69	0.67
155	XIN09847	0.71	0.66	0.66	0.79	0.67	0.64	0.67
156	XIN09879	0.72	0.56	0.69	0.56	0.85	0.67	0.84
157	XIN09889	0.74	0.53	0.65	0.73	0.81	0.74	0.77
158	XIN09891	0.70	0.43	0.60	0.62	0.82	0.68	0.82
159	XIN09912	0.84	0.73	0.72	0.78	0.71	0.83	0.69
160	XIN10136	0.75	0.69	0.72	0.74	0.85	0.65	0.89
161	XIN10138	0.70	0.72	0.83	0.87	0.67	0.73	0.67
162	XIN10149	0.85	0.74	0.82	0.88	0.60	0.79	0.56
163	XIN10156	0.72	0.77	0.78	0.82	0.69	0.72	0.47
164	XIN10162	0.74	0.77	0.72	0.78	0.44	0.65	0.52
165	XIN10164	0.83	0.82	0.92	0.90	0.40	0.69	0.70
166	XIN10168	0.69	0.48	0.56	0.62	0.87	0.65	0.78
167	XIN10172	0.74	0.82	0.76	0.89	0.68	0.79	0.67
168	XIN10181	0.79	0.63	0.73	0.77	0.69	0.49	0.80
169	XIN10183	0.74	0.59	0.68	0.74	0.78	0.55	0.83
170	XIN10184	0.74	0.53	0.67	0.68	0.75	0.58	0.77
171	XIN10186	0.65	0.50	0.73	0.79	0.83	0.68	0.82
172	XIN10188	0.67	0.51	0.67	0.65	0.78	0.63	0.89
173	XIN10189	0.54	0.55	0.49	0.65	0.72	0.55	0.69

（续）

序号	资源编号	序号/资源编号						
		127	128	129	130	131	132	133
		XIN08701	XIN08718	XIN08743	XIN08754	XIN08786	XIN09052	XIN09099
174	XIN10191	0.70	0.69	0.56	0.67	0.83	0.71	0.89
175	XIN10196	0.85	0.80	0.76	0.86	0.55	0.75	0.60
176	XIN10197	0.77	0.69	0.76	0.88	0.69	0.76	0.06
177	XIN10199	0.71	0.60	0.75	0.76	0.70	0.64	0.77
178	XIN10203	0.77	0.72	0.69	0.83	0.84	0.63	0.89
179	XIN10205	0.65	0.63	0.64	0.65	0.71	0.22	0.77
180	XIN10207	0.66	0.52	0.74	0.62	0.76	0.52	0.80
181	XIN10214	0.77	0.79	0.80	0.89	0.71	0.74	0.73
182	XIN10220	0.66	0.69	0.71	0.57	0.84	0.72	0.89
183	XIN10222	0.78	0.53	0.58	0.30	0.93	0.64	0.89
184	XIN10228	0.64	0.53	0.75	0.61	0.74	0.53	0.77
185	XIN10230	0.89	0.80	0.84	0.89	0.70	0.80	0.57
186	XIN10284	0.61	0.67	0.75	0.73	0.85	0.72	0.70
187	XIN10334	0.69	0.52	0.41	0.42	0.93	0.72	0.83
188	XIN10378	0.87	0.80	0.84	0.92	0.57	0.87	0.70
189	XIN10380	0.91	0.90	0.81	0.85	0.63	0.81	0.67
190	XIN10558	0.53	0.57	0.74	0.68	0.87	0.72	0.77
191	XIN10559	0.49	0.67	0.64	0.76	0.72	0.63	0.80
192	XIN10642	0.86	0.78	0.80	0.82	0.84	0.84	0.79

表 20   遗传距离（二十）

序号	资源编号	序号/资源编号						
		134	135	136	137	138	139	140
		XIN09101	XIN09103	XIN09105	XIN09107	XIN09291	XIN09415	XIN09478
1	XIN00110	0.79	0.76	0.85	0.74	0.72	0.74	0.78
2	XIN00244	0.84	0.71	0.80	0.80	0.94	0.71	0.94
3	XIN00245	0.83	0.65	0.79	0.79	0.94	0.85	0.90
4	XIN00246	0.79	0.60	0.69	0.67	0.83	0.67	0.76
5	XIN00247	0.83	0.70	0.78	0.69	0.83	0.52	0.83
6	XIN00249	0.74	0.51	0.63	0.65	0.83	0.66	0.80
7	XIN00252	0.81	0.62	0.69	0.49	0.86	0.46	0.85
8	XIN00253	0.82	0.54	0.63	0.43	0.86	0.38	0.82
9	XIN00255	0.74	0.77	0.73	0.81	0.83	0.79	0.83
10	XIN00256	0.68	0.49	0.52	0.56	0.72	0.48	0.68
11	XIN00275	0.60	0.69	0.87	0.85	0.88	0.80	0.77
12	XIN00327	0.80	0.73	0.67	0.69	0.90	0.71	0.88
13	XIN00533	0.83	0.78	0.74	0.74	0.84	0.68	0.85
14	XIN00892	0.73	0.81	0.91	0.82	0.64	0.82	0.60
15	XIN00935	0.85	0.71	0.73	0.68	0.89	0.73	0.85
16	XIN01057	0.71	0.76	0.80	0.71	0.66	0.85	0.63
17	XIN01059	0.65	0.92	0.83	0.81	0.47	0.88	0.53
18	XIN01061	0.78	0.63	0.67	0.79	0.86	0.66	0.81
19	XIN01070	0.66	0.70	0.72	0.72	0.52	0.70	0.46
20	XIN01174	0.81	0.45	0.50	0.47	0.86	0.62	0.90
21	XIN01451	0.74	0.81	0.90	0.77	0.59	0.73	0.59
22	XIN01462	0.88	0.72	0.67	0.67	0.86	0.68	0.76
23	XIN01470	0.80	0.48	0.63	0.57	0.82	0.74	0.87

（续）

序号	资源编号	序号/资源编号						
		134	135	136	137	138	139	140
		XIN09101	XIN09103	XIN09105	XIN09107	XIN09291	XIN09415	XIN09478
24	XIN01797	0.81	0.62	0.67	0.64	0.89	0.68	0.85
25	XIN01888	0.81	0.78	0.78	0.73	0.74	0.73	0.83
26	XIN01889	0.75	0.82	0.77	0.83	0.91	0.82	0.82
27	XIN02035	0.65	0.68	0.78	0.67	0.59	0.69	0.58
28	XIN02196	0.48	0.85	0.81	0.69	0.75	0.76	0.67
29	XIN02360	0.82	0.69	0.75	0.64	0.69	0.69	0.64
30	XIN02362	0.69	0.78	0.79	0.72	0.68	0.66	0.66
31	XIN02395	0.83	0.83	0.83	0.74	0.66	0.74	0.67
32	XIN02522	0.83	0.53	0.46	0.59	0.89	0.63	0.91
33	XIN02916	0.76	0.63	0.58	0.69	0.96	0.63	0.95
34	XIN03117	0.86	0.67	0.70	0.52	0.85	0.64	0.81
35	XIN03178	0.78	0.87	0.85	0.82	0.63	0.81	0.51
36	XIN03180	0.49	0.79	0.91	0.80	0.77	0.89	0.31
37	XIN03182	0.78	0.71	0.80	0.69	0.66	0.71	0.60
38	XIN03185	0.74	0.82	0.84	0.81	0.85	0.70	0.83
39	XIN03207	0.86	0.61	0.68	0.59	0.89	0.55	0.84
40	XIN03309	0.61	0.60	0.63	0.70	0.88	0.61	0.91
41	XIN03486	0.76	0.69	0.73	0.65	0.78	0.61	0.85
42	XIN03488	0.85	0.83	0.79	0.86	0.85	0.64	0.85
43	XIN03689	0.92	0.56	0.63	0.46	0.83	0.59	0.85
44	XIN03717	0.83	0.68	0.65	0.49	0.74	0.67	0.81
45	XIN03733	0.73	0.67	0.71	0.76	0.82	0.79	0.75
46	XIN03841	0.63	0.74	0.78	0.71	0.54	0.68	0.56
47	XIN03843	0.43	0.76	0.83	0.77	0.83	0.79	0.70
48	XIN03845	0.77	0.84	0.88	0.85	0.58	0.88	0.66

（续）

序号	资源编号	序号/资源编号						
		134	135	136	137	138	139	140
		XIN09101	XIN09103	XIN09105	XIN09107	XIN09291	XIN09415	XIN09478
49	XIN03902	0.82	0.86	0.84	0.75	0.13	0.84	0.64
50	XIN03997	0.50	0.76	0.82	0.76	0.75	0.81	0.72
51	XIN04109	0.59	0.88	0.85	0.82	0.76	0.84	0.62
52	XIN04288	0.81	0.56	0.52	0.58	0.85	0.72	0.78
53	XIN04290	0.84	0.59	0.54	0.63	0.89	0.64	0.86
54	XIN04326	0.71	0.71	0.71	0.64	0.76	0.64	0.80
55	XIN04328	0.86	0.63	0.68	0.58	0.77	0.66	0.86
56	XIN04374	0.63	0.83	0.75	0.72	0.82	0.66	0.71
57	XIN04450	0.58	0.83	0.80	0.82	0.77	0.84	0.55
58	XIN04453	0.78	0.55	0.73	0.74	0.93	0.80	0.95
59	XIN04461	0.83	0.60	0.76	0.70	0.88	0.53	0.87
60	XIN04552	0.75	0.86	0.80	0.80	0.59	0.75	0.46
61	XIN04585	0.90	0.68	0.63	0.77	0.90	0.89	0.93
62	XIN04587	0.82	0.71	0.73	0.76	0.88	0.81	0.93
63	XIN04595	0.79	0.38	0.63	0.60	0.80	0.69	0.83
64	XIN04734	0.76	0.71	0.64	0.71	0.94	0.75	0.86
65	XIN04823	0.86	0.47	0.69	0.62	0.72	0.61	0.83
66	XIN04825	0.81	0.69	0.71	0.68	0.85	0.78	0.85
67	XIN04897	0.60	0.74	0.78	0.72	0.56	0.76	0.64
68	XIN05159	0.81	0.84	0.89	0.80	0.85	0.70	0.75
69	XIN05239	0.84	0.62	0.76	0.85	0.92	0.62	0.89
70	XIN05251	0.69	0.90	0.94	0.85	0.54	0.87	0.71
71	XIN05269	0.70	0.69	0.71	0.68	0.84	0.56	0.82
72	XIN05281	0.84	0.66	0.77	0.70	0.88	0.72	0.90
73	XIN05352	0.76	0.90	0.91	0.82	0.55	0.76	0.52

（续）

序号	资源编号	序号/资源编号						
		134	135	136	137	138	139	140
		XIN09101	XIN09103	XIN09105	XIN09107	XIN09291	XIN09415	XIN09478
74	XIN05379	0.74	0.69	0.73	0.70	0.82	0.64	0.90
75	XIN05425	0.85	0.69	0.69	0.66	0.85	0.60	0.90
76	XIN05427	0.76	0.61	0.59	0.44	0.78	0.58	0.81
77	XIN05440	0.89	0.67	0.55	0.70	0.84	0.60	0.77
78	XIN05441	0.79	0.60	0.63	0.65	0.82	0.61	0.79
79	XIN05461	0.68	0.69	0.69	0.73	0.83	0.73	0.80
80	XIN05462	0.72	0.68	0.63	0.69	0.86	0.68	0.83
81	XIN05645	0.73	0.63	0.70	0.64	0.81	0.75	0.73
82	XIN05647	0.71	0.71	0.80	0.71	0.63	0.76	0.70
83	XIN05649	0.71	0.71	0.83	0.71	0.63	0.79	0.67
84	XIN05650	0.75	0.53	0.73	0.67	0.88	0.67	0.83
85	XIN05651	0.83	0.39	0.62	0.62	0.91	0.70	0.96
86	XIN05652	0.91	0.64	0.52	0.58	0.81	0.70	0.83
87	XIN05701	0.87	0.69	0.62	0.74	0.88	0.86	0.92
88	XIN05702	0.79	0.67	0.68	0.72	0.88	0.78	0.94
89	XIN05726	0.68	0.89	0.80	0.80	0.73	0.73	0.66
90	XIN05731	0.59	0.75	0.74	0.59	0.85	0.59	0.72
91	XIN05733	0.52	0.69	0.71	0.67	0.89	0.61	0.76
92	XIN05862	0.64	0.75	0.86	0.86	0.68	0.66	0.68
93	XIN05891	0.71	0.52	0.66	0.63	0.84	0.67	0.91
94	XIN05926	0.80	0.83	0.85	0.83	0.92	0.76	0.72
95	XIN05952	0.73	0.82	0.91	0.76	0.65	0.76	0.60
96	XIN05972	0.74	0.70	0.68	0.68	0.63	0.77	0.51
97	XIN05995	0.86	0.72	0.75	0.77	0.83	0.73	0.78
98	XIN06057	0.72	0.80	0.83	0.67	0.70	0.75	0.63

（续）

序号	资源编号	序号/资源编号						
		134	135	136	137	138	139	140
		XIN09101	XIN09103	XIN09105	XIN09107	XIN09291	XIN09415	XIN09478
99	XIN06084	0.84	0.81	0.82	0.76	0.79	0.75	0.75
100	XIN06118	0.83	0.76	0.74	0.81	0.85	0.73	0.84
101	XIN06346	0.71	0.82	0.73	0.70	0.79	0.76	0.86
102	XIN06349	0.83	0.59	0.58	0.47	0.74	0.61	0.79
103	XIN06351	0.84	0.55	0.58	0.56	0.86	0.59	0.85
104	XIN06425	0.78	0.61	0.58	0.66	0.90	0.66	0.80
105	XIN06427	0.84	0.57	0.66	0.66	0.88	0.65	0.88
106	XIN06460	0.82	0.69	0.61	0.83	0.79	0.73	0.87
107	XIN06617	0.81	0.69	0.65	0.59	0.88	0.80	0.83
108	XIN06619	0.83	0.56	0.75	0.58	0.78	0.57	0.76
109	XIN06639	0.74	0.56	0.60	0.51	0.86	0.65	0.76
110	XIN07900	0.81	0.71	0.49	0.65	0.74	0.67	0.82
111	XIN07902	0.74	0.35	0.58	0.58	0.82	0.69	0.81
112	XIN07913	0.65	0.80	0.87	0.80	0.62	0.77	0.48
113	XIN07914	0.70	0.75	0.81	0.69	0.77	0.68	0.69
114	XIN07953	0.78	0.63	0.66	0.59	0.76	0.76	0.77
115	XIN08073	0.90	0.63	0.60	0.58	0.85	0.71	0.87
116	XIN08225	0.63	0.88	0.87	0.73	0.57	0.73	0.56
117	XIN08227	0.53	0.85	0.83	0.72	0.74	0.76	0.64
118	XIN08229	0.54	0.76	0.83	0.77	0.88	0.78	0.71
119	XIN08230	0.64	0.79	0.85	0.89	0.70	0.85	0.61
120	XIN08231	0.63	0.74	0.87	0.81	0.79	0.79	0.51
121	XIN08252	0.74	0.38	0.56	0.59	0.80	0.70	0.78
122	XIN08254	0.84	0.53	0.72	0.60	0.81	0.76	0.81
123	XIN08283	0.69	0.62	0.57	0.60	0.91	0.58	0.90

序号	资源编号	序号/资源编号						
		134	135	136	137	138	139	140
		XIN09101	XIN09103	XIN09105	XIN09107	XIN09291	XIN09415	XIN09478
124	XIN08327	0.69	0.82	0.91	0.77	0.65	0.77	0.55
125	XIN08670	0.85	0.76	0.82	0.80	0.83	0.68	0.80
126	XIN08699	0.89	0.67	0.67	0.67	0.80	0.60	0.77
127	XIN08701	0.78	0.63	0.69	0.75	0.88	0.78	0.89
128	XIN08718	0.77	0.48	0.58	0.56	0.87	0.57	0.79
129	XIN08743	0.79	0.74	0.67	0.63	0.81	0.57	0.80
130	XIN08754	0.79	0.68	0.60	0.64	0.92	0.71	0.89
131	XIN08786	0.62	0.80	0.83	0.76	0.56	0.86	0.61
132	XIN09052	0.76	0.33	0.58	0.58	0.82	0.66	0.81
133	XIN09099	0.69	0.77	0.86	0.74	0.74	0.83	0.62
134	XIN09101	0.00	0.76	0.78	0.78	0.77	0.84	0.63
135	XIN09103	0.76	0.00	0.63	0.55	0.91	0.64	0.87
136	XIN09105	0.78	0.63	0.00	0.50	0.89	0.76	0.90
137	XIN09107	0.78	0.55	0.50	0.00	0.75	0.56	0.79
138	XIN09291	0.77	0.91	0.89	0.75	0.00	0.85	0.63
139	XIN09415	0.84	0.64	0.76	0.56	0.85	0.00	0.82
140	XIN09478	0.63	0.87	0.90	0.79	0.63	0.82	0.00
141	XIN09479	0.92	0.65	0.50	0.56	0.87	0.71	0.89
142	XIN09481	0.93	0.73	0.56	0.62	0.88	0.64	0.90
143	XIN09482	0.79	0.62	0.60	0.60	0.81	0.64	0.84
144	XIN09616	0.81	0.55	0.66	0.54	0.89	0.47	0.85
145	XIN09619	0.92	0.53	0.58	0.58	0.91	0.70	0.84
146	XIN09621	0.80	0.44	0.59	0.56	0.87	0.61	0.83
147	XIN09624	0.71	0.60	0.62	0.67	0.83	0.81	0.84
148	XIN09670	0.72	0.93	0.85	0.88	0.61	0.84	0.65

（续）

序号	资源编号	序号/资源编号						
		134	135	136	137	138	139	140
		XIN09101	XIN09103	XIN09105	XIN09107	XIN09291	XIN09415	XIN09478
149	XIN09683	0.72	0.69	0.69	0.81	0.97	0.76	0.89
150	XIN09685	0.58	0.85	0.72	0.73	0.89	0.88	0.78
151	XIN09687	0.58	0.88	0.84	0.84	0.88	0.76	0.74
152	XIN09799	0.76	0.63	0.69	0.62	0.84	0.69	0.81
153	XIN09830	0.74	0.73	0.78	0.66	0.83	0.55	0.82
154	XIN09845	0.26	0.78	0.77	0.70	0.74	0.69	0.56
155	XIN09847	0.23	0.73	0.78	0.71	0.74	0.69	0.57
156	XIN09879	0.83	0.58	0.63	0.63	0.91	0.67	0.92
157	XIN09889	0.73	0.72	0.61	0.72	0.92	0.72	0.88
158	XIN09891	0.86	0.61	0.55	0.58	0.94	0.67	0.90
159	XIN09912	0.83	0.85	0.77	0.70	0.60	0.63	0.70
160	XIN10136	0.84	0.74	0.72	0.72	0.81	0.71	0.90
161	XIN10138	0.76	0.74	0.72	0.69	0.63	0.80	0.49
162	XIN10149	0.76	0.85	0.84	0.75	0.56	0.86	0.38
163	XIN10156	0.67	0.77	0.80	0.66	0.72	0.77	0.74
164	XIN10162	0.55	0.79	0.83	0.72	0.57	0.74	0.53
165	XIN10164	0.69	0.81	0.94	0.83	0.64	0.79	0.67
166	XIN10168	0.78	0.58	0.53	0.66	0.90	0.66	0.88
167	XIN10172	0.67	0.83	0.81	0.78	0.67	0.74	0.56
168	XIN10181	0.69	0.66	0.69	0.63	0.78	0.56	0.76
169	XIN10183	0.71	0.64	0.59	0.63	0.83	0.57	0.81
170	XIN10184	0.74	0.67	0.60	0.65	0.88	0.65	0.75
171	XIN10186	0.67	0.58	0.75	0.83	0.94	0.74	0.92
172	XIN10188	0.78	0.60	0.70	0.62	0.77	0.63	0.81
173	XIN10189	0.67	0.58	0.53	0.58	0.74	0.60	0.74

（续）

序号	资源编号	序号/资源编号						
		134	135	136	137	138	139	140
		XIN09101	XIN09103	XIN09105	XIN09107	XIN09291	XIN09415	XIN09478
174	XIN10191	0.78	0.66	0.74	0.71	0.89	0.71	0.90
175	XIN10196	0.56	0.81	0.82	0.73	0.67	0.79	0.51
176	XIN10197	0.69	0.75	0.83	0.69	0.72	0.79	0.63
177	XIN10199	0.68	0.63	0.71	0.75	0.75	0.71	0.71
178	XIN10203	0.83	0.67	0.70	0.77	0.83	0.67	0.84
179	XIN10205	0.81	0.46	0.70	0.73	0.81	0.63	0.84
180	XIN10207	0.81	0.61	0.62	0.54	0.88	0.69	0.88
181	XIN10214	0.69	0.78	0.87	0.81	0.66	0.82	0.43
182	XIN10220	0.81	0.64	0.72	0.66	0.85	0.79	0.83
183	XIN10222	0.88	0.65	0.56	0.61	0.89	0.74	0.90
184	XIN10228	0.79	0.62	0.63	0.49	0.83	0.70	0.90
185	XIN10230	0.68	0.84	0.86	0.71	0.71	0.77	0.36
186	XIN10284	0.82	0.78	0.69	0.70	0.77	0.74	0.80
187	XIN10334	0.90	0.69	0.50	0.53	0.89	0.71	0.90
188	XIN10378	0.76	0.91	0.91	0.86	0.40	0.82	0.50
189	XIN10380	0.75	0.90	0.94	0.80	0.49	0.80	0.59
190	XIN10558	0.81	0.67	0.63	0.59	0.92	0.66	0.92
191	XIN10559	0.83	0.75	0.70	0.78	0.88	0.83	0.88
192	XIN10642	0.84	0.86	0.94	0.88	0.71	0.78	0.84

表 21 遗传距离（二十一）

序号	资源编号	序号/资源编号						
		141	142	143	144	145	146	147
		XIN09479	XIN09481	XIN09482	XIN09616	XIN09619	XIN09621	XIN09624
1	XIN00110	0.88	0.88	0.88	0.83	0.82	0.81	0.76
2	XIN00244	0.82	0.85	0.69	0.66	0.79	0.71	0.76
3	XIN00245	0.80	0.84	0.71	0.76	0.73	0.65	0.67
4	XIN00246	0.79	0.78	0.76	0.73	0.58	0.61	0.65
5	XIN00247	0.76	0.82	0.73	0.61	0.77	0.71	0.74
6	XIN00249	0.68	0.73	0.73	0.71	0.60	0.67	0.65
7	XIN00252	0.68	0.67	0.59	0.59	0.62	0.60	0.71
8	XIN00253	0.66	0.67	0.56	0.49	0.69	0.57	0.68
9	XIN00255	0.79	0.80	0.75	0.74	0.68	0.66	0.65
10	XIN00256	0.68	0.68	0.60	0.54	0.50	0.55	0.51
11	XIN00275	0.89	0.90	0.69	0.71	0.75	0.71	0.64
12	XIN00327	0.73	0.74	0.70	0.71	0.63	0.47	0.70
13	XIN00533	0.71	0.71	0.64	0.63	0.65	0.67	0.72
14	XIN00892	0.92	0.93	0.90	0.82	0.93	0.83	0.83
15	XIN00935	0.64	0.63	0.58	0.70	0.59	0.57	0.78
16	XIN01057	0.87	0.88	0.79	0.85	0.82	0.80	0.84
17	XIN01059	0.91	0.93	0.87	0.89	0.90	0.86	0.85
18	XIN01061	0.74	0.78	0.73	0.68	0.65	0.60	0.60
19	XIN01070	0.84	0.84	0.82	0.73	0.76	0.74	0.71
20	XIN01174	0.57	0.68	0.59	0.51	0.47	0.54	0.56
21	XIN01451	0.89	0.86	0.86	0.85	0.83	0.80	0.78
22	XIN01462	0.71	0.76	0.74	0.71	0.55	0.49	0.63
23	XIN01470	0.66	0.72	0.60	0.69	0.69	0.59	0.63

（续）

序号	资源编号	序号/资源编号						
		141	142	143	144	145	146	147
		XIN09479	XIN09481	XIN09482	XIN09616	XIN09619	XIN09621	XIN09624
24	XIN01797	0.61	0.68	0.60	0.63	0.58	0.54	0.65
25	XIN01888	0.82	0.80	0.71	0.75	0.75	0.74	0.78
26	XIN01889	0.78	0.82	0.72	0.74	0.76	0.79	0.75
27	XIN02035	0.77	0.79	0.75	0.79	0.85	0.76	0.74
28	XIN02196	0.84	0.85	0.80	0.80	0.85	0.84	0.78
29	XIN02360	0.77	0.77	0.74	0.60	0.69	0.75	0.66
30	XIN02362	0.83	0.81	0.77	0.85	0.81	0.86	0.80
31	XIN02395	0.79	0.90	0.78	0.74	0.83	0.79	0.68
32	XIN02522	0.63	0.70	0.67	0.59	0.51	0.60	0.64
33	XIN02916	0.63	0.66	0.60	0.64	0.73	0.69	0.62
34	XIN03117	0.62	0.61	0.58	0.58	0.60	0.59	0.57
35	XIN03178	0.84	0.84	0.84	0.84	0.87	0.87	0.78
36	XIN03180	0.92	0.96	0.85	0.86	0.82	0.82	0.72
37	XIN03182	0.81	0.80	0.74	0.65	0.74	0.79	0.71
38	XIN03185	0.81	0.86	0.78	0.71	0.85	0.75	0.78
39	XIN03207	0.70	0.67	0.61	0.51	0.61	0.65	0.64
40	XIN03309	0.78	0.79	0.72	0.57	0.65	0.54	0.65
41	XIN03486	0.85	0.85	0.76	0.65	0.75	0.68	0.78
42	XIN03488	0.76	0.71	0.81	0.80	0.72	0.73	0.77
43	XIN03689	0.60	0.64	0.62	0.49	0.62	0.50	0.72
44	XIN03717	0.69	0.73	0.68	0.59	0.74	0.62	0.63
45	XIN03733	0.83	0.87	0.81	0.82	0.76	0.77	0.69
46	XIN03841	0.81	0.82	0.79	0.81	0.80	0.78	0.72
47	XIN03843	0.89	0.90	0.76	0.79	0.88	0.79	0.81
48	XIN03845	0.93	0.94	0.85	0.88	0.91	0.89	0.70

（续）

序号	资源编号	序号/资源编号						
		141	142	143	144	145	146	147
		XIN09479	XIN09481	XIN09482	XIN09616	XIN09619	XIN09621	XIN09624
49	XIN03902	0.88	0.90	0.88	0.87	0.89	0.87	0.80
50	XIN03997	0.90	0.92	0.80	0.76	0.84	0.74	0.71
51	XIN04109	0.92	0.94	0.86	0.88	0.88	0.80	0.71
52	XIN04288	0.74	0.78	0.71	0.51	0.51	0.53	0.63
53	XIN04290	0.62	0.64	0.60	0.51	0.48	0.43	0.64
54	XIN04326	0.85	0.83	0.75	0.65	0.75	0.70	0.71
55	XIN04328	0.76	0.76	0.68	0.73	0.77	0.69	0.70
56	XIN04374	0.79	0.80	0.82	0.75	0.80	0.70	0.80
57	XIN04450	0.85	0.87	0.75	0.83	0.80	0.80	0.78
58	XIN04453	0.78	0.76	0.62	0.68	0.70	0.56	0.67
59	XIN04461	0.76	0.77	0.61	0.58	0.58	0.50	0.73
60	XIN04552	0.82	0.81	0.80	0.79	0.86	0.82	0.80
61	XIN04585	0.67	0.70	0.66	0.82	0.66	0.60	0.66
62	XIN04587	0.81	0.90	0.75	0.64	0.75	0.64	0.79
63	XIN04595	0.71	0.82	0.69	0.73	0.64	0.68	0.61
64	XIN04734	0.68	0.64	0.74	0.70	0.57	0.65	0.64
65	XIN04823	0.70	0.70	0.68	0.59	0.61	0.63	0.59
66	XIN04825	0.64	0.70	0.68	0.79	0.66	0.60	0.57
67	XIN04897	0.87	0.87	0.76	0.82	0.81	0.75	0.81
68	XIN05159	0.89	0.91	0.83	0.79	0.81	0.75	0.81
69	XIN05239	0.75	0.74	0.62	0.67	0.61	0.59	0.73
70	XIN05251	0.92	0.93	0.90	0.85	0.93	0.88	0.87
71	XIN05269	0.83	0.81	0.67	0.58	0.74	0.58	0.67
72	XIN05281	0.70	0.77	0.67	0.57	0.69	0.53	0.72
73	XIN05352	0.86	0.87	0.86	0.88	0.96	0.86	0.81

（续）

序号	资源编号	序号/资源编号						
		141	142	143	144	145	146	147
		XIN09479	XIN09481	XIN09482	XIN09616	XIN09619	XIN09621	XIN09624
74	XIN05379	0.86	0.82	0.77	0.60	0.71	0.68	0.75
75	XIN05425	0.84	0.83	0.79	0.68	0.66	0.68	0.73
76	XIN05427	0.51	0.60	0.55	0.56	0.57	0.58	0.60
77	XIN05440	0.54	0.51	0.52	0.55	0.45	0.33	0.71
78	XIN05441	0.70	0.70	0.70	0.68	0.49	0.52	0.72
79	XIN05461	0.74	0.77	0.70	0.76	0.65	0.57	0.64
80	XIN05462	0.78	0.79	0.81	0.76	0.68	0.63	0.65
81	XIN05645	0.72	0.72	0.73	0.76	0.75	0.66	0.77
82	XIN05647	0.79	0.82	0.75	0.82	0.85	0.78	0.72
83	XIN05649	0.78	0.79	0.76	0.88	0.85	0.78	0.75
84	XIN05650	0.75	0.79	0.56	0.46	0.69	0.49	0.51
85	XIN05651	0.65	0.69	0.67	0.50	0.61	0.35	0.68
86	XIN05652	0.39	0.43	0.55	0.58	0.52	0.49	0.65
87	XIN05701	0.65	0.67	0.66	0.79	0.66	0.55	0.63
88	XIN05702	0.80	0.88	0.74	0.60	0.72	0.61	0.78
89	XIN05726	0.81	0.83	0.77	0.87	0.83	0.72	0.77
90	XIN05731	0.70	0.67	0.62	0.56	0.81	0.66	0.78
91	XIN05733	0.74	0.71	0.65	0.60	0.86	0.73	0.75
92	XIN05862	0.90	0.90	0.68	0.69	0.89	0.78	0.70
93	XIN05891	0.59	0.71	0.66	0.74	0.63	0.60	0.63
94	XIN05926	0.93	0.96	0.89	0.87	0.83	0.80	0.74
95	XIN05952	0.89	0.88	0.86	0.85	0.85	0.82	0.79
96	XIN05972	0.80	0.81	0.74	0.74	0.81	0.76	0.72
97	XIN05995	0.77	0.82	0.70	0.72	0.72	0.73	0.70
98	XIN06057	0.80	0.78	0.80	0.79	0.83	0.80	0.77

（续）

序号	资源编号	序号/资源编号						
		141	142	143	144	145	146	147
		XIN09479	XIN09481	XIN09482	XIN09616	XIN09619	XIN09621	XIN09624
99	XIN06084	0.71	0.71	0.73	0.77	0.76	0.68	0.77
100	XIN06118	0.89	0.86	0.82	0.71	0.82	0.76	0.81
101	XIN06346	0.83	0.82	0.82	0.72	0.83	0.78	0.82
102	XIN06349	0.48	0.53	0.56	0.66	0.53	0.49	0.72
103	XIN06351	0.57	0.59	0.59	0.57	0.58	0.53	0.63
104	XIN06425	0.51	0.52	0.51	0.59	0.53	0.48	0.72
105	XIN06427	0.54	0.61	0.52	0.66	0.65	0.60	0.65
106	XIN06460	0.71	0.76	0.57	0.79	0.75	0.71	0.61
107	XIN06617	0.59	0.60	0.61	0.69	0.58	0.59	0.60
108	XIN06619	0.72	0.71	0.61	0.43	0.66	0.52	0.67
109	XIN06639	0.71	0.74	0.70	0.59	0.65	0.63	0.58
110	XIN07900	0.61	0.62	0.61	0.66	0.64	0.57	0.52
111	XIN07902	0.67	0.75	0.69	0.70	0.62	0.66	0.59
112	XIN07913	0.88	0.86	0.79	0.80	0.80	0.80	0.88
113	XIN07914	0.76	0.79	0.72	0.74	0.76	0.77	0.79
114	XIN07953	0.69	0.73	0.62	0.77	0.71	0.68	0.71
115	XIN08073	0.14	0.18	0.35	0.71	0.63	0.50	0.64
116	XIN08225	0.82	0.83	0.74	0.72	0.88	0.78	0.78
117	XIN08227	0.84	0.88	0.83	0.82	0.83	0.79	0.80
118	XIN08229	0.86	0.93	0.74	0.80	0.85	0.82	0.75
119	XIN08230	0.86	0.88	0.85	0.89	0.88	0.85	0.74
120	XIN08231	0.85	0.90	0.83	0.81	0.83	0.77	0.73
121	XIN08252	0.72	0.76	0.74	0.72	0.60	0.69	0.61
122	XIN08254	0.54	0.62	0.68	0.67	0.58	0.54	0.69
123	XIN08283	0.67	0.67	0.73	0.56	0.69	0.59	0.64

（续）

序号	资源编号	序号/资源编号						
		141	142	143	144	145	146	147
		XIN09479	XIN09481	XIN09482	XIN09616	XIN09619	XIN09621	XIN09624
124	XIN08327	0.92	0.90	0.89	0.85	0.85	0.84	0.79
125	XIN08670	0.84	0.79	0.82	0.75	0.76	0.69	0.82
126	XIN08699	0.55	0.64	0.57	0.66	0.63	0.54	0.67
127	XIN08701	0.78	0.74	0.79	0.79	0.66	0.67	0.72
128	XIN08718	0.55	0.48	0.58	0.52	0.46	0.50	0.48
129	XIN08743	0.55	0.61	0.58	0.59	0.69	0.63	0.60
130	XIN08754	0.32	0.39	0.34	0.70	0.62	0.49	0.72
131	XIN08786	0.91	0.93	0.82	0.84	0.80	0.81	0.80
132	XIN09052	0.64	0.72	0.66	0.70	0.62	0.65	0.62
133	XIN09099	0.85	0.83	0.84	0.80	0.78	0.81	0.78
134	XIN09101	0.92	0.93	0.79	0.81	0.92	0.80	0.71
135	XIN09103	0.65	0.73	0.62	0.55	0.53	0.44	0.60
136	XIN09105	0.50	0.56	0.60	0.66	0.58	0.59	0.62
137	XIN09107	0.56	0.62	0.60	0.54	0.58	0.56	0.67
138	XIN09291	0.87	0.88	0.81	0.89	0.91	0.87	0.83
139	XIN09415	0.71	0.64	0.64	0.47	0.70	0.61	0.81
140	XIN09478	0.89	0.90	0.84	0.85	0.84	0.83	0.84
141	XIN09479	0.00	0.13	0.32	0.71	0.64	0.46	0.68
142	XIN09481	0.13	0.00	0.36	0.73	0.67	0.55	0.77
143	XIN09482	0.32	0.36	0.00	0.53	0.71	0.52	0.66
144	XIN09616	0.71	0.73	0.53	0.00	0.65	0.50	0.69
145	XIN09619	0.64	0.67	0.71	0.65	0.00	0.42	0.69
146	XIN09621	0.46	0.55	0.52	0.50	0.42	0.00	0.66
147	XIN09624	0.68	0.77	0.66	0.69	0.69	0.66	0.00
148	XIN09670	0.86	0.84	0.89	0.84	0.87	0.82	0.90

（续）

序号	资源编号	序号/资源编号						
		141	142	143	144	145	146	147
		XIN09479	XIN09481	XIN09482	XIN09616	XIN09619	XIN09621	XIN09624
149	XIN09683	0.83	0.82	0.74	0.77	0.74	0.73	0.76
150	XIN09685	0.87	0.87	0.80	0.76	0.73	0.74	0.62
151	XIN09687	0.89	0.90	0.76	0.81	0.85	0.81	0.72
152	XIN09799	0.74	0.76	0.75	0.66	0.60	0.66	0.53
153	XIN09830	0.76	0.80	0.62	0.50	0.70	0.66	0.70
154	XIN09845	0.84	0.85	0.77	0.74	0.86	0.80	0.72
155	XIN09847	0.84	0.88	0.78	0.76	0.84	0.80	0.67
156	XIN09879	0.62	0.64	0.66	0.68	0.53	0.49	0.60
157	XIN09889	0.77	0.79	0.76	0.74	0.63	0.59	0.52
158	XIN09891	0.60	0.63	0.68	0.61	0.56	0.46	0.61
159	XIN09912	0.74	0.76	0.75	0.69	0.81	0.71	0.76
160	XIN10136	0.79	0.79	0.80	0.77	0.69	0.57	0.69
161	XIN10138	0.81	0.82	0.75	0.77	0.82	0.76	0.75
162	XIN10149	0.82	0.83	0.83	0.86	0.79	0.86	0.82
163	XIN10156	0.81	0.83	0.77	0.78	0.83	0.78	0.81
164	XIN10162	0.79	0.82	0.71	0.76	0.83	0.75	0.67
165	XIN10164	0.90	0.94	0.84	0.86	0.88	0.86	0.80
166	XIN10168	0.59	0.68	0.70	0.55	0.54	0.54	0.58
167	XIN10172	0.89	0.90	0.84	0.69	0.88	0.86	0.80
168	XIN10181	0.74	0.78	0.72	0.59	0.73	0.71	0.70
169	XIN10183	0.75	0.77	0.65	0.60	0.54	0.61	0.64
170	XIN10184	0.69	0.69	0.72	0.74	0.53	0.69	0.65
171	XIN10186	0.79	0.76	0.74	0.74	0.80	0.71	0.66
172	XIN10188	0.66	0.72	0.74	0.60	0.69	0.56	0.57
173	XIN10189	0.62	0.63	0.52	0.56	0.64	0.56	0.53

序号	资源编号	序号/资源编号						
		141	142	143	144	145	146	147
		XIN09479	XIN09481	XIN09482	XIN09616	XIN09619	XIN09621	XIN09624
174	XIN10191	0.66	0.74	0.71	0.76	0.69	0.59	0.63
175	XIN10196	0.83	0.87	0.80	0.79	0.82	0.78	0.79
176	XIN10197	0.82	0.81	0.81	0.78	0.78	0.79	0.76
177	XIN10199	0.78	0.79	0.76	0.71	0.66	0.56	0.70
178	XIN10203	0.79	0.83	0.69	0.56	0.68	0.58	0.68
179	XIN10205	0.64	0.73	0.64	0.71	0.69	0.62	0.69
180	XIN10207	0.65	0.61	0.57	0.68	0.64	0.63	0.74
181	XIN10214	0.88	0.92	0.85	0.85	0.84	0.88	0.76
182	XIN10220	0.75	0.82	0.69	0.59	0.65	0.56	0.58
183	XIN10222	0.10	0.18	0.39	0.74	0.66	0.54	0.67
184	XIN10228	0.65	0.61	0.54	0.68	0.68	0.63	0.69
185	XIN10230	0.85	0.87	0.89	0.88	0.84	0.76	0.82
186	XIN10284	0.76	0.74	0.79	0.76	0.76	0.69	0.72
187	XIN10334	0.29	0.35	0.46	0.60	0.55	0.44	0.73
188	XIN10378	0.90	0.88	0.88	0.88	0.94	0.90	0.85
189	XIN10380	0.86	0.88	0.84	0.85	0.93	0.85	0.90
190	XIN10558	0.71	0.68	0.74	0.61	0.72	0.59	0.78
191	XIN10559	0.74	0.77	0.68	0.75	0.72	0.62	0.81
192	XIN10642	0.89	0.87	0.86	0.79	0.77	0.79	0.87

表 22　遗传距离（二十二）

序号	资源编号	序号/资源编号						
		148	149	150	151	152	153	154
		XIN09670	XIN09683	XIN09685	XIN09687	XIN09799	XIN09830	XIN09845
1	XIN00110	0.78	0.80	0.77	0.79	0.70	0.79	0.72
2	XIN00244	0.90	0.77	0.66	0.72	0.66	0.74	0.76
3	XIN00245	0.87	0.71	0.57	0.76	0.56	0.80	0.73
4	XIN00246	0.87	0.70	0.59	0.61	0.63	0.74	0.72
5	XIN00247	0.88	0.78	0.77	0.78	0.74	0.68	0.77
6	XIN00249	0.79	0.69	0.66	0.75	0.71	0.78	0.63
7	XIN00252	0.90	0.74	0.70	0.76	0.66	0.55	0.76
8	XIN00253	0.87	0.77	0.79	0.76	0.71	0.66	0.75
9	XIN00255	0.79	0.72	0.60	0.69	0.66	0.80	0.78
10	XIN00256	0.76	0.53	0.61	0.61	0.41	0.54	0.56
11	XIN00275	0.81	0.76	0.59	0.57	0.70	0.67	0.58
12	XIN00327	0.95	0.76	0.77	0.70	0.72	0.78	0.77
13	XIN00533	0.84	0.77	0.65	0.76	0.65	0.65	0.72
14	XIN00892	0.65	0.88	0.80	0.73	0.79	0.86	0.64
15	XIN00935	0.82	0.77	0.64	0.62	0.65	0.78	0.79
16	XIN01057	0.82	0.86	0.80	0.88	0.75	0.79	0.71
17	XIN01059	0.63	0.90	0.73	0.76	0.80	0.89	0.58
18	XIN01061	0.86	0.63	0.72	0.67	0.54	0.77	0.76
19	XIN01070	0.60	0.75	0.72	0.67	0.66	0.73	0.56
20	XIN01174	0.93	0.69	0.77	0.88	0.62	0.60	0.80
21	XIN01451	0.68	0.79	0.73	0.76	0.71	0.87	0.68
22	XIN01462	0.82	0.78	0.77	0.83	0.63	0.72	0.81
23	XIN01470	0.85	0.72	0.64	0.84	0.62	0.74	0.76

（续）

序号	资源编号	序号/资源编号						
		148	149	150	151	152	153	154
		XIN09670	XIN09683	XIN09685	XIN09687	XIN09799	XIN09830	XIN09845
24	XIN01797	0.88	0.75	0.75	0.83	0.56	0.71	0.80
25	XIN01888	0.84	0.76	0.73	0.79	0.72	0.72	0.71
26	XIN01889	0.87	0.71	0.65	0.58	0.66	0.76	0.58
27	XIN02035	0.74	0.85	0.80	0.79	0.78	0.71	0.58
28	XIN02196	0.82	0.75	0.58	0.53	0.70	0.64	0.53
29	XIN02360	0.74	0.81	0.61	0.70	0.64	0.76	0.66
30	XIN02362	0.76	0.68	0.64	0.62	0.67	0.73	0.59
31	XIN02395	0.76	0.87	0.74	0.76	0.74	0.66	0.75
32	XIN02522	0.91	0.72	0.74	0.84	0.64	0.70	0.76
33	XIN02916	0.84	0.58	0.67	0.64	0.46	0.67	0.66
34	XIN03117	0.85	0.85	0.74	0.81	0.58	0.66	0.85
35	XIN03178	0.77	0.82	0.75	0.78	0.78	0.89	0.71
36	XIN03180	0.75	0.80	0.61	0.57	0.67	0.83	0.46
37	XIN03182	0.72	0.77	0.62	0.65	0.68	0.78	0.65
38	XIN03185	0.72	0.83	0.73	0.76	0.73	0.67	0.76
39	XIN03207	0.83	0.82	0.72	0.79	0.66	0.63	0.86
40	XIN03309	0.88	0.69	0.70	0.79	0.62	0.69	0.67
41	XIN03486	0.82	0.80	0.67	0.65	0.64	0.72	0.78
42	XIN03488	0.72	0.79	0.64	0.73	0.62	0.83	0.80
43	XIN03689	0.81	0.74	0.84	0.91	0.60	0.66	0.82
44	XIN03717	0.78	0.90	0.71	0.79	0.61	0.78	0.75
45	XIN03733	0.79	0.68	0.58	0.67	0.78	0.77	0.63
46	XIN03841	0.60	0.81	0.67	0.72	0.64	0.78	0.58
47	XIN03843	0.81	0.74	0.65	0.60	0.75	0.70	0.53
48	XIN03845	0.73	0.82	0.73	0.70	0.76	0.87	0.69

（续）

序号	资源编号	序号/资源编号						
		148	149	150	151	152	153	154
		XIN09670	XIN09683	XIN09685	XIN09687	XIN09799	XIN09830	XIN09845
49	XIN03902	0.58	0.93	0.88	0.91	0.81	0.81	0.74
50	XIN03997	0.74	0.76	0.64	0.67	0.71	0.69	0.50
51	XIN04109	0.65	0.82	0.70	0.76	0.80	0.84	0.58
52	XIN04288	0.83	0.68	0.67	0.80	0.53	0.70	0.74
53	XIN04290	0.87	0.70	0.72	0.78	0.56	0.71	0.81
54	XIN04326	0.77	0.76	0.73	0.69	0.55	0.72	0.59
55	XIN04328	0.89	0.86	0.73	0.82	0.73	0.75	0.70
56	XIN04374	0.70	0.71	0.70	0.64	0.76	0.64	0.61
57	XIN04450	0.81	0.76	0.64	0.68	0.77	0.65	0.58
58	XIN04453	0.92	0.73	0.55	0.80	0.57	0.82	0.81
59	XIN04461	0.93	0.82	0.74	0.79	0.73	0.72	0.78
60	XIN04552	0.69	0.83	0.72	0.74	0.80	0.89	0.64
61	XIN04585	0.89	0.82	0.76	0.84	0.70	0.81	0.85
62	XIN04587	0.84	0.82	0.76	0.78	0.79	0.71	0.74
63	XIN04595	0.85	0.73	0.79	0.86	0.63	0.64	0.72
64	XIN04734	0.80	0.72	0.64	0.79	0.53	0.69	0.71
65	XIN04823	0.77	0.76	0.70	0.89	0.66	0.76	0.79
66	XIN04825	0.77	0.82	0.73	0.79	0.64	0.88	0.74
67	XIN04897	0.77	0.82	0.80	0.86	0.74	0.71	0.61
68	XIN05159	0.83	0.83	0.63	0.65	0.74	0.76	0.64
69	XIN05239	0.86	0.79	0.75	0.78	0.76	0.71	0.74
70	XIN05251	0.30	0.96	0.75	0.79	0.79	0.87	0.67
71	XIN05269	0.77	0.71	0.59	0.64	0.63	0.58	0.60
72	XIN05281	0.89	0.85	0.77	0.88	0.71	0.67	0.79
73	XIN05352	0.62	0.91	0.77	0.79	0.86	0.88	0.70

（续）

序号	资源编号	序号/资源编号						
		148	149	150	151	152	153	154
		XIN09670	XIN09683	XIN09685	XIN09687	XIN09799	XIN09830	XIN09845
74	XIN05379	0.80	0.76	0.73	0.72	0.58	0.79	0.62
75	XIN05425	0.84	0.76	0.69	0.79	0.66	0.75	0.69
76	XIN05427	0.87	0.70	0.62	0.72	0.59	0.63	0.62
77	XIN05440	0.83	0.74	0.81	0.76	0.71	0.63	0.78
78	XIN05441	0.81	0.79	0.77	0.85	0.73	0.66	0.76
79	XIN05461	0.81	0.66	0.52	0.65	0.64	0.61	0.66
80	XIN05462	0.81	0.80	0.63	0.66	0.68	0.79	0.65
81	XIN05645	0.74	0.78	0.68	0.81	0.65	0.82	0.62
82	XIN05647	0.75	0.86	0.74	0.74	0.78	0.79	0.61
83	XIN05649	0.78	0.91	0.77	0.76	0.78	0.84	0.59
84	XIN05650	0.93	0.72	0.74	0.86	0.65	0.71	0.82
85	XIN05651	0.90	0.76	0.78	0.96	0.74	0.75	0.88
86	XIN05652	0.76	0.73	0.72	0.89	0.55	0.68	0.85
87	XIN05701	0.84	0.85	0.73	0.81	0.70	0.82	0.81
88	XIN05702	0.81	0.78	0.72	0.75	0.75	0.68	0.70
89	XIN05726	0.62	0.93	0.75	0.83	0.77	0.87	0.62
90	XIN05731	0.83	0.79	0.55	0.56	0.72	0.63	0.50
91	XIN05733	0.87	0.67	0.60	0.54	0.76	0.66	0.43
92	XIN05862	0.71	0.69	0.57	0.51	0.89	0.72	0.54
93	XIN05891	0.82	0.75	0.70	0.83	0.60	0.69	0.72
94	XIN05926	0.83	0.65	0.60	0.72	0.76	0.66	0.73
95	XIN05952	0.68	0.79	0.72	0.76	0.74	0.88	0.67
96	XIN05972	0.68	0.88	0.80	0.80	0.72	0.84	0.62
97	XIN05995	0.85	0.73	0.77	0.80	0.72	0.78	0.66
98	XIN06057	0.71	0.77	0.67	0.67	0.74	0.86	0.64

（续）

序号	资源编号	序号/资源编号						
		148	149	150	151	152	153	154
		XIN09670	XIN09683	XIN09685	XIN09687	XIN09799	XIN09830	XIN09845
99	XIN06084	0.80	0.72	0.78	0.80	0.72	0.56	0.81
100	XIN06118	0.81	0.76	0.79	0.82	0.67	0.77	0.67
101	XIN06346	0.77	0.81	0.73	0.75	0.72	0.76	0.61
102	XIN06349	0.79	0.85	0.80	0.82	0.65	0.70	0.78
103	XIN06351	0.82	0.78	0.70	0.88	0.58	0.62	0.78
104	XIN06425	0.82	0.78	0.83	0.83	0.60	0.70	0.78
105	XIN06427	0.91	0.81	0.90	0.83	0.63	0.70	0.79
106	XIN06460	0.83	0.84	0.76	0.72	0.83	0.83	0.76
107	XIN06617	0.84	0.78	0.61	0.78	0.61	0.70	0.74
108	XIN06619	0.77	0.76	0.71	0.83	0.46	0.58	0.74
109	XIN06639	0.85	0.69	0.55	0.70	0.62	0.66	0.65
110	XIN07900	0.74	0.74	0.62	0.86	0.54	0.76	0.71
111	XIN07902	0.86	0.76	0.77	0.80	0.59	0.69	0.66
112	XIN07913	0.63	0.84	0.75	0.67	0.83	0.84	0.48
113	XIN07914	0.80	0.71	0.63	0.61	0.70	0.69	0.54
114	XIN07953	0.85	0.66	0.64	0.71	0.65	0.74	0.63
115	XIN08073	0.93	0.87	0.85	0.90	0.68	0.77	0.88
116	XIN08225	0.69	0.85	0.62	0.66	0.84	0.76	0.55
117	XIN08227	0.80	0.71	0.69	0.58	0.81	0.75	0.47
118	XIN08229	0.94	0.74	0.68	0.57	0.87	0.72	0.54
119	XIN08230	0.81	0.70	0.75	0.65	0.72	0.86	0.66
120	XIN08231	0.88	0.75	0.73	0.60	0.79	0.81	0.50
121	XIN08252	0.84	0.74	0.73	0.81	0.57	0.72	0.68
122	XIN08254	0.79	0.86	0.80	0.90	0.66	0.74	0.83
123	XIN08283	0.90	0.77	0.66	0.69	0.59	0.64	0.58

序号	资源编号	序号/资源编号						
		148	149	150	151	152	153	154
		XIN09670	XIN09683	XIN09685	XIN09687	XIN09799	XIN09830	XIN09845
124	XIN08327	0.68	0.83	0.73	0.74	0.74	0.87	0.64
125	XIN08670	0.80	0.76	0.82	0.92	0.74	0.54	0.87
126	XIN08699	0.87	0.88	0.83	0.78	0.68	0.80	0.82
127	XIN08701	0.83	0.82	0.67	0.69	0.70	0.74	0.72
128	XIN08718	0.81	0.63	0.66	0.81	0.40	0.67	0.70
129	XIN08743	0.79	0.78	0.71	0.72	0.65	0.71	0.71
130	XIN08754	0.85	0.80	0.72	0.81	0.72	0.71	0.83
131	XIN08786	0.73	0.81	0.78	0.80	0.76	0.79	0.65
132	XIN09052	0.86	0.74	0.77	0.83	0.62	0.69	0.69
133	XIN09099	0.82	0.80	0.69	0.73	0.78	0.87	0.67
134	XIN09101	0.72	0.72	0.58	0.58	0.76	0.74	0.26
135	XIN09103	0.93	0.69	0.85	0.88	0.63	0.73	0.78
136	XIN09105	0.85	0.69	0.72	0.84	0.69	0.78	0.77
137	XIN09107	0.88	0.81	0.73	0.84	0.62	0.66	0.70
138	XIN09291	0.61	0.97	0.89	0.88	0.84	0.83	0.74
139	XIN09415	0.84	0.76	0.88	0.76	0.69	0.55	0.69
140	XIN09478	0.65	0.89	0.78	0.74	0.81	0.82	0.56
141	XIN09479	0.86	0.83	0.87	0.89	0.74	0.76	0.84
142	XIN09481	0.84	0.82	0.87	0.90	0.76	0.80	0.85
143	XIN09482	0.89	0.74	0.80	0.76	0.75	0.62	0.77
144	XIN09616	0.84	0.77	0.76	0.81	0.66	0.50	0.74
145	XIN09619	0.87	0.74	0.73	0.85	0.60	0.70	0.86
146	XIN09621	0.82	0.73	0.74	0.81	0.66	0.66	0.80
147	XIN09624	0.90	0.76	0.62	0.72	0.53	0.70	0.72
148	XIN09670	0.00	0.93	0.75	0.81	0.81	0.87	0.63

（续）

序号	资源编号	序号/资源编号						
		148	149	150	151	152	153	154
		XIN09670	XIN09683	XIN09685	XIN09687	XIN09799	XIN09830	XIN09845
149	XIN09683	0.93	0.00	0.61	0.66	0.60	0.62	0.67
150	XIN09685	0.75	0.61	0.00	0.44	0.67	0.77	0.53
151	XIN09687	0.81	0.66	0.44	0.00	0.76	0.75	0.46
152	XIN09799	0.81	0.60	0.67	0.76	0.00	0.69	0.71
153	XIN09830	0.87	0.62	0.77	0.75	0.69	0.00	0.68
154	XIN09845	0.63	0.67	0.53	0.46	0.71	0.68	0.00
155	XIN09847	0.71	0.64	0.56	0.49	0.67	0.67	0.10
156	XIN09879	0.90	0.83	0.80	0.82	0.63	0.70	0.83
157	XIN09889	0.93	0.61	0.67	0.66	0.49	0.79	0.80
158	XIN09891	0.89	0.76	0.80	0.86	0.56	0.80	0.83
159	XIN09912	0.73	0.77	0.77	0.69	0.78	0.61	0.69
160	XIN10136	0.82	0.86	0.75	0.77	0.65	0.74	0.83
161	XIN10138	0.69	0.91	0.82	0.85	0.73	0.86	0.65
162	XIN10149	0.62	0.87	0.81	0.80	0.80	0.88	0.63
163	XIN10156	0.82	0.78	0.70	0.56	0.76	0.73	0.63
164	XIN10162	0.61	0.79	0.64	0.70	0.74	0.68	0.49
165	XIN10164	0.80	0.83	0.84	0.85	0.76	0.71	0.69
166	XIN10168	0.76	0.73	0.67	0.81	0.50	0.70	0.76
167	XIN10172	0.63	0.82	0.65	0.63	0.81	0.74	0.57
168	XIN10181	0.79	0.75	0.73	0.73	0.62	0.57	0.62
169	XIN10183	0.87	0.58	0.70	0.71	0.55	0.54	0.63
170	XIN10184	0.83	0.63	0.70	0.76	0.56	0.72	0.62
171	XIN10186	0.93	0.67	0.69	0.80	0.69	0.72	0.62
172	XIN10188	0.77	0.74	0.68	0.76	0.48	0.58	0.75
173	XIN10189	0.74	0.62	0.53	0.56	0.56	0.66	0.54

（续）

序号	资源编号	序号/资源编号						
		148	149	150	151	152	153	154
		XIN09670	XIN09683	XIN09685	XIN09687	XIN09799	XIN09830	XIN09845
174	XIN10191	0.79	0.78	0.72	0.80	0.60	0.84	0.80
175	XIN10196	0.66	0.85	0.71	0.67	0.74	0.71	0.56
176	XIN10197	0.75	0.77	0.65	0.65	0.74	0.85	0.64
177	XIN10199	0.71	0.64	0.66	0.69	0.61	0.69	0.71
178	XIN10203	0.87	0.77	0.70	0.82	0.75	0.66	0.83
179	XIN10205	0.87	0.72	0.79	0.78	0.67	0.63	0.74
180	XIN10207	0.90	0.71	0.77	0.84	0.55	0.66	0.76
181	XIN10214	0.67	0.87	0.79	0.78	0.71	0.87	0.61
182	XIN10220	0.81	0.77	0.62	0.71	0.65	0.73	0.79
183	XIN10222	0.90	0.86	0.92	0.94	0.74	0.81	0.85
184	XIN10228	0.90	0.71	0.77	0.82	0.55	0.67	0.76
185	XIN10230	0.73	0.86	0.76	0.76	0.83	0.76	0.64
186	XIN10284	0.68	0.83	0.75	0.74	0.69	0.77	0.74
187	XIN10334	0.85	0.89	0.80	0.87	0.77	0.79	0.83
188	XIN10378	0.61	0.89	0.85	0.85	0.82	0.84	0.74
189	XIN10380	0.46	0.97	0.77	0.86	0.88	0.84	0.65
190	XIN10558	0.90	0.83	0.70	0.71	0.75	0.73	0.68
191	XIN10559	0.84	0.76	0.64	0.75	0.69	0.73	0.72
192	XIN10642	0.69	0.85	0.78	0.76	0.76	0.83	0.70

表 23 遗传距离（二十三）

序号	资源编号	序号/资源编号						
		155	156	157	158	159	160	161
		XIN09847	XIN09879	XIN09889	XIN09891	XIN09912	XIN10136	XIN10138
1	XIN00110	0.70	0.74	0.73	0.82	0.76	0.80	0.75
2	XIN00244	0.76	0.68	0.71	0.72	0.75	0.74	0.91
3	XIN00245	0.74	0.73	0.68	0.70	0.85	0.65	0.79
4	XIN00246	0.68	0.71	0.62	0.64	0.72	0.59	0.78
5	XIN00247	0.74	0.83	0.71	0.67	0.73	0.64	0.85
6	XIN00249	0.63	0.71	0.77	0.69	0.75	0.70	0.75
7	XIN00252	0.76	0.56	0.74	0.70	0.68	0.63	0.85
8	XIN00253	0.78	0.61	0.71	0.65	0.68	0.74	0.77
9	XIN00255	0.74	0.79	0.63	0.66	0.74	0.56	0.89
10	XIN00256	0.53	0.54	0.47	0.56	0.62	0.45	0.65
11	XIN00275	0.51	0.81	0.66	0.81	0.76	0.74	0.78
12	XIN00327	0.76	0.55	0.51	0.57	0.73	0.71	0.83
13	XIN00533	0.69	0.79	0.69	0.64	0.78	0.77	0.80
14	XIN00892	0.66	0.87	0.85	0.96	0.70	0.85	0.62
15	XIN00935	0.81	0.65	0.70	0.63	0.78	0.73	0.77
16	XIN01057	0.73	0.88	0.86	0.82	0.71	0.83	0.45
17	XIN01059	0.59	0.91	0.89	0.88	0.74	0.85	0.55
18	XIN01061	0.69	0.60	0.49	0.69	0.65	0.58	0.78
19	XIN01070	0.57	0.73	0.71	0.79	0.55	0.74	0.43
20	XIN01174	0.78	0.60	0.69	0.56	0.76	0.64	0.77
21	XIN01451	0.67	0.83	0.74	0.79	0.76	0.84	0.69
22	XIN01462	0.82	0.52	0.53	0.56	0.74	0.64	0.83
23	XIN01470	0.74	0.66	0.72	0.65	0.78	0.53	0.77

（续）

序号	资源编号	序号/资源编号						
		155	156	157	158	159	160	161
		XIN09847	XIN09879	XIN09889	XIN09891	XIN09912	XIN10136	XIN10138
24	XIN01797	0.75	0.69	0.56	0.36	0.76	0.56	0.91
25	XIN01888	0.74	0.76	0.83	0.77	0.76	0.85	0.75
26	XIN01889	0.59	0.79	0.74	0.78	0.84	0.86	0.80
27	XIN02035	0.59	0.83	0.87	0.86	0.65	0.76	0.49
28	XIN02196	0.53	0.77	0.75	0.89	0.74	0.86	0.77
29	XIN02360	0.69	0.80	0.69	0.77	0.71	0.78	0.53
30	XIN02362	0.56	0.76	0.76	0.81	0.70	0.81	0.67
31	XIN02395	0.72	0.86	0.72	0.81	0.51	0.69	0.69
32	XIN02522	0.74	0.56	0.66	0.56	0.77	0.55	0.81
33	XIN02916	0.72	0.71	0.58	0.70	0.86	0.85	0.77
34	XIN03117	0.81	0.35	0.73	0.59	0.76	0.70	0.79
35	XIN03178	0.73	0.84	0.76	0.89	0.54	0.82	0.59
36	XIN03180	0.40	0.88	0.76	0.85	0.78	0.85	0.67
37	XIN03182	0.64	0.85	0.76	0.83	0.75	0.78	0.58
38	XIN03185	0.73	0.79	0.76	0.82	0.74	0.63	0.89
39	XIN03207	0.83	0.53	0.75	0.61	0.75	0.76	0.79
40	XIN03309	0.66	0.67	0.56	0.56	0.85	0.72	0.89
41	XIN03486	0.72	0.69	0.67	0.70	0.69	0.37	0.86
42	XIN03488	0.78	0.74	0.76	0.68	0.78	0.50	0.90
43	XIN03689	0.84	0.59	0.66	0.59	0.72	0.66	0.77
44	XIN03717	0.76	0.57	0.77	0.67	0.65	0.58	0.68
45	XIN03733	0.60	0.73	0.81	0.87	0.83	0.74	0.70
46	XIN03841	0.58	0.77	0.72	0.79	0.68	0.75	0.59
47	XIN03843	0.52	0.82	0.77	0.93	0.79	0.85	0.78
48	XIN03845	0.67	0.91	0.82	0.94	0.61	0.82	0.64

（续）

序号	资源编号	序号/资源编号						
		155	156	157	158	159	160	161
		XIN09847	XIN09879	XIN09889	XIN09891	XIN09912	XIN10136	XIN10138
49	XIN03902	0.74	0.89	0.90	0.92	0.59	0.78	0.57
50	XIN03997	0.54	0.84	0.76	0.90	0.79	0.79	0.70
51	XIN04109	0.59	0.88	0.79	0.87	0.77	0.82	0.70
52	XIN04288	0.75	0.51	0.62	0.53	0.77	0.68	0.76
53	XIN04290	0.81	0.54	0.50	0.48	0.81	0.73	0.81
54	XIN04326	0.57	0.72	0.67	0.77	0.68	0.77	0.69
55	XIN04328	0.70	0.86	0.82	0.84	0.67	0.90	0.68
56	XIN04374	0.61	0.80	0.69	0.86	0.54	0.86	0.70
57	XIN04450	0.58	0.73	0.83	0.76	0.73	0.83	0.64
58	XIN04453	0.78	0.66	0.66	0.59	0.84	0.52	0.82
59	XIN04461	0.77	0.58	0.76	0.64	0.86	0.76	0.79
60	XIN04552	0.70	0.89	0.77	0.88	0.55	0.80	0.53
61	XIN04585	0.84	0.78	0.58	0.69	0.76	0.52	0.88
62	XIN04587	0.75	0.81	0.70	0.87	0.81	0.76	0.82
63	XIN04595	0.67	0.71	0.73	0.69	0.81	0.60	0.77
64	XIN04734	0.75	0.46	0.66	0.57	0.79	0.78	0.79
65	XIN04823	0.78	0.61	0.83	0.65	0.70	0.66	0.66
66	XIN04825	0.73	0.59	0.67	0.62	0.79	0.58	0.83
67	XIN04897	0.64	0.81	0.85	0.81	0.67	0.75	0.46
68	XIN05159	0.65	0.81	0.86	0.88	0.81	0.80	0.82
69	XIN05239	0.76	0.67	0.79	0.66	0.81	0.82	0.81
70	XIN05251	0.66	0.87	0.91	0.93	0.79	0.88	0.77
71	XIN05269	0.62	0.83	0.74	0.72	0.70	0.58	0.77
72	XIN05281	0.75	0.75	0.73	0.74	0.82	0.57	0.83
73	XIN05352	0.71	0.90	0.85	0.93	0.49	0.76	0.63

（续）

序号	资源编号	序号/资源编号						
		155	156	157	158	159	160	161
		XIN09847	XIN09879	XIN09889	XIN09891	XIN09912	XIN10136	XIN10138
74	XIN05379	0.62	0.74	0.70	0.74	0.74	0.76	0.76
75	XIN05425	0.70	0.69	0.66	0.77	0.81	0.76	0.79
76	XIN05427	0.62	0.70	0.59	0.57	0.65	0.70	0.75
77	XIN05440	0.79	0.53	0.57	0.55	0.71	0.57	0.77
78	XIN05441	0.76	0.54	0.64	0.66	0.74	0.55	0.83
79	XIN05461	0.63	0.74	0.59	0.63	0.81	0.64	0.85
80	XIN05462	0.67	0.74	0.63	0.68	0.79	0.60	0.81
81	XIN05645	0.69	0.81	0.81	0.79	0.77	0.89	0.55
82	XIN05647	0.64	0.82	0.86	0.93	0.66	0.80	0.59
83	XIN05649	0.64	0.85	0.89	0.88	0.64	0.80	0.56
84	XIN05650	0.81	0.72	0.70	0.69	0.75	0.67	0.82
85	XIN05651	0.83	0.64	0.71	0.52	0.79	0.65	0.79
86	XIN05652	0.83	0.55	0.64	0.55	0.64	0.64	0.78
87	XIN05701	0.83	0.78	0.58	0.72	0.73	0.48	0.83
88	XIN05702	0.71	0.78	0.65	0.85	0.81	0.72	0.82
89	XIN05726	0.66	0.70	0.80	0.77	0.70	0.77	0.62
90	XIN05731	0.55	0.72	0.77	0.79	0.71	0.76	0.73
91	XIN05733	0.48	0.74	0.76	0.80	0.66	0.79	0.76
92	XIN05862	0.58	0.88	0.79	0.93	0.58	0.83	0.74
93	XIN05891	0.67	0.63	0.68	0.72	0.83	0.60	0.83
94	XIN05926	0.72	0.83	0.76	0.81	0.70	0.79	0.80
95	XIN05952	0.68	0.85	0.76	0.79	0.77	0.85	0.71
96	XIN05972	0.67	0.76	0.85	0.87	0.63	0.88	0.07
97	XIN05995	0.66	0.74	0.75	0.69	0.74	0.77	0.78
98	XIN06057	0.68	0.83	0.77	0.81	0.59	0.86	0.61

（续）

序号	资源编号	序号/资源编号						
		155	156	157	158	159	160	161
		XIN09847	XIN09879	XIN09889	XIN09891	XIN09912	XIN10136	XIN10138
99	XIN06084	0.77	0.69	0.71	0.64	0.71	0.71	0.74
100	XIN06118	0.74	0.85	0.78	0.83	0.75	0.77	0.75
101	XIN06346	0.64	0.89	0.81	0.83	0.64	0.81	0.78
102	XIN06349	0.74	0.58	0.71	0.54	0.74	0.68	0.77
103	XIN06351	0.75	0.58	0.72	0.51	0.78	0.61	0.80
104	XIN06425	0.75	0.47	0.72	0.56	0.83	0.69	0.78
105	XIN06427	0.73	0.48	0.71	0.62	0.83	0.75	0.76
106	XIN06460	0.76	0.79	0.66	0.84	0.81	0.69	0.75
107	XIN06617	0.76	0.47	0.67	0.60	0.75	0.65	0.76
108	XIN06619	0.71	0.54	0.68	0.65	0.71	0.66	0.71
109	XIN06639	0.63	0.65	0.65	0.54	0.73	0.71	0.81
110	XIN07900	0.70	0.61	0.65	0.64	0.77	0.68	0.65
111	XIN07902	0.61	0.67	0.71	0.65	0.80	0.63	0.73
112	XIN07913	0.52	0.89	0.80	0.92	0.72	0.90	0.63
113	XIN07914	0.53	0.81	0.77	0.77	0.69	0.87	0.65
114	XIN07953	0.62	0.79	0.74	0.75	0.81	0.76	0.68
115	XIN08073	0.83	0.57	0.74	0.59	0.74	0.77	0.79
116	XIN08225	0.58	0.86	0.85	0.89	0.55	0.68	0.63
117	XIN08227	0.47	0.80	0.74	0.86	0.70	0.82	0.72
118	XIN08229	0.44	0.79	0.77	0.84	0.85	0.83	0.87
119	XIN08230	0.63	0.83	0.67	0.87	0.65	0.80	0.71
120	XIN08231	0.51	0.83	0.74	0.83	0.72	0.84	0.71
121	XIN08252	0.63	0.68	0.69	0.69	0.83	0.60	0.71
122	XIN08254	0.78	0.51	0.82	0.67	0.82	0.64	0.81
123	XIN08283	0.59	0.63	0.66	0.65	0.69	0.60	0.79

序号	资源编号	序号/资源编号						
		155	156	157	158	159	160	161
		XIN09847	XIN09879	XIN09889	XIN09891	XIN09912	XIN10136	XIN10138
124	XIN08327	0.63	0.85	0.74	0.79	0.78	0.85	0.68
125	XIN08670	0.82	0.71	0.73	0.72	0.61	0.68	0.87
126	XIN08699	0.76	0.65	0.60	0.51	0.68	0.66	0.75
127	XIN08701	0.71	0.72	0.74	0.70	0.84	0.75	0.70
128	XIN08718	0.66	0.56	0.53	0.43	0.73	0.69	0.72
129	XIN08743	0.66	0.69	0.65	0.60	0.72	0.72	0.83
130	XIN08754	0.79	0.56	0.73	0.62	0.78	0.74	0.87
131	XIN08786	0.67	0.85	0.81	0.82	0.71	0.85	0.67
132	XIN09052	0.64	0.67	0.74	0.68	0.83	0.65	0.73
133	XIN09099	0.67	0.84	0.77	0.82	0.69	0.89	0.67
134	XIN09101	0.23	0.83	0.73	0.86	0.83	0.84	0.76
135	XIN09103	0.73	0.58	0.72	0.61	0.85	0.74	0.74
136	XIN09105	0.78	0.63	0.61	0.55	0.77	0.72	0.72
137	XIN09107	0.71	0.63	0.72	0.58	0.70	0.72	0.69
138	XIN09291	0.74	0.91	0.92	0.94	0.60	0.81	0.63
139	XIN09415	0.69	0.67	0.72	0.67	0.63	0.71	0.80
140	XIN09478	0.57	0.92	0.88	0.90	0.70	0.90	0.49
141	XIN09479	0.84	0.62	0.77	0.60	0.74	0.79	0.81
142	XIN09481	0.88	0.64	0.79	0.63	0.76	0.79	0.82
143	XIN09482	0.78	0.66	0.76	0.68	0.75	0.80	0.75
144	XIN09616	0.76	0.68	0.74	0.61	0.69	0.77	0.77
145	XIN09619	0.84	0.53	0.63	0.56	0.81	0.69	0.82
146	XIN09621	0.80	0.49	0.59	0.46	0.71	0.57	0.76
147	XIN09624	0.67	0.60	0.52	0.61	0.76	0.69	0.75
148	XIN09670	0.71	0.90	0.93	0.89	0.73	0.82	0.69

（续）

序号	资源编号	序号/资源编号						
		155	156	157	158	159	160	161
		XIN09847	XIN09879	XIN09889	XIN09891	XIN09912	XIN10136	XIN10138
149	XIN09683	0.64	0.83	0.61	0.76	0.77	0.86	0.91
150	XIN09685	0.56	0.80	0.67	0.80	0.77	0.75	0.82
151	XIN09687	0.49	0.82	0.66	0.86	0.69	0.77	0.85
152	XIN09799	0.67	0.63	0.49	0.56	0.78	0.65	0.73
153	XIN09830	0.67	0.70	0.79	0.80	0.61	0.74	0.86
154	XIN09845	0.10	0.83	0.80	0.83	0.69	0.83	0.65
155	XIN09847	0.00	0.78	0.71	0.79	0.74	0.78	0.69
156	XIN09879	0.78	0.00	0.60	0.59	0.82	0.69	0.79
157	XIN09889	0.71	0.60	0.00	0.54	0.78	0.64	0.87
158	XIN09891	0.79	0.59	0.54	0.00	0.81	0.62	0.88
159	XIN09912	0.74	0.82	0.78	0.81	0.00	0.65	0.65
160	XIN10136	0.78	0.69	0.64	0.62	0.65	0.00	0.88
161	XIN10138	0.69	0.79	0.87	0.88	0.65	0.88	0.00
162	XIN10149	0.68	0.90	0.87	0.89	0.49	0.90	0.43
163	XIN10156	0.67	0.79	0.81	0.89	0.68	0.84	0.72
164	XIN10162	0.51	0.80	0.81	0.81	0.61	0.72	0.52
165	XIN10164	0.71	0.94	0.89	0.91	0.74	0.83	0.72
166	XIN10168	0.69	0.56	0.58	0.46	0.77	0.63	0.81
167	XIN10172	0.61	0.87	0.88	0.86	0.62	0.85	0.70
168	XIN10181	0.58	0.73	0.74	0.72	0.66	0.57	0.74
169	XIN10183	0.59	0.65	0.59	0.69	0.68	0.56	0.76
170	XIN10184	0.61	0.70	0.61	0.64	0.66	0.60	0.77
171	XIN10186	0.58	0.69	0.72	0.59	0.73	0.75	0.85
172	XIN10188	0.69	0.56	0.59	0.56	0.60	0.45	0.81
173	XIN10189	0.56	0.68	0.67	0.56	0.62	0.51	0.68

（续）

序号	资源编号	序号/资源编号						
		155	156	157	158	159	160	161
		XIN09847	XIN09879	XIN09889	XIN09891	XIN09912	XIN10136	XIN10138
174	XIN10191	0.74	0.58	0.68	0.57	0.78	0.54	0.84
175	XIN10196	0.60	0.90	0.80	0.91	0.70	0.93	0.62
176	XIN10197	0.67	0.81	0.76	0.83	0.64	0.88	0.64
177	XIN10199	0.67	0.69	0.57	0.74	0.78	0.54	0.74
178	XIN10203	0.81	0.71	0.74	0.70	0.72	0.49	0.88
179	XIN10205	0.69	0.65	0.70	0.71	0.80	0.73	0.81
180	XIN10207	0.71	0.73	0.55	0.73	0.79	0.65	0.80
181	XIN10214	0.56	0.89	0.86	0.87	0.74	0.89	0.52
182	XIN10220	0.80	0.65	0.72	0.67	0.72	0.60	0.82
183	XIN10222	0.81	0.60	0.78	0.56	0.80	0.78	0.85
184	XIN10228	0.73	0.71	0.54	0.73	0.76	0.63	0.79
185	XIN10230	0.60	0.92	0.86	0.93	0.53	0.86	0.56
186	XIN10284	0.78	0.76	0.73	0.79	0.67	0.77	0.71
187	XIN10334	0.83	0.63	0.72	0.49	0.72	0.72	0.83
188	XIN10378	0.76	0.88	0.86	0.88	0.54	0.83	0.51
189	XIN10380	0.67	0.93	0.97	0.90	0.64	0.85	0.61
190	XIN10558	0.70	0.67	0.80	0.77	0.76	0.81	0.81
191	XIN10559	0.72	0.81	0.73	0.80	0.82	0.78	0.74
192	XIN10642	0.76	0.86	0.88	0.90	0.75	0.88	0.87

表 24 遗传距离（二十四）

序号	资源编号	序号/资源编号						
		162	163	164	165	166	167	168
		XIN10149	XIN10156	XIN10162	XIN10164	XIN10168	XIN10172	XIN10181
1	XIN00110	0.77	0.78	0.59	0.77	0.81	0.70	0.62
2	XIN00244	0.92	0.82	0.80	0.91	0.79	0.81	0.70
3	XIN00245	0.92	0.82	0.71	0.79	0.77	0.87	0.57
4	XIN00246	0.79	0.78	0.69	0.80	0.72	0.77	0.53
5	XIN00247	0.88	0.85	0.72	0.83	0.69	0.79	0.69
6	XIN00249	0.75	0.73	0.60	0.70	0.63	0.76	0.60
7	XIN00252	0.89	0.81	0.75	0.86	0.59	0.76	0.61
8	XIN00253	0.82	0.81	0.81	0.91	0.62	0.77	0.64
9	XIN00255	0.88	0.91	0.78	0.88	0.67	0.83	0.60
10	XIN00256	0.73	0.69	0.60	0.69	0.58	0.67	0.31
11	XIN00275	0.79	0.78	0.59	0.84	0.67	0.84	0.74
12	XIN00327	0.85	0.78	0.82	0.93	0.70	0.86	0.76
13	XIN00533	0.83	0.79	0.67	0.80	0.63	0.76	0.76
14	XIN00892	0.69	0.60	0.41	0.58	0.83	0.62	0.74
15	XIN00935	0.80	0.68	0.82	0.92	0.72	0.85	0.77
16	XIN01057	0.58	0.72	0.54	0.66	0.81	0.70	0.76
17	XIN01059	0.63	0.70	0.49	0.63	0.83	0.65	0.69
18	XIN01061	0.84	0.80	0.74	0.79	0.63	0.74	0.73
19	XIN01070	0.51	0.59	0.39	0.45	0.71	0.49	0.61
20	XIN01174	0.84	0.77	0.75	0.81	0.40	0.78	0.54
21	XIN01451	0.57	0.69	0.54	0.56	0.79	0.60	0.75
22	XIN01462	0.84	0.90	0.82	0.94	0.66	0.85	0.74
23	XIN01470	0.85	0.83	0.66	0.67	0.65	0.76	0.51

序号	资源编号	序号/资源编号						
		162	163	164	165	166	167	168
		XIN10149	XIN10156	XIN10162	XIN10164	XIN10168	XIN10172	XIN10181
24	XIN01797	0.90	0.84	0.74	0.89	0.52	0.83	0.67
25	XIN01888	0.79	0.69	0.63	0.66	0.76	0.74	0.72
26	XIN01889	0.86	0.71	0.67	0.83	0.69	0.67	0.70
27	XIN02035	0.61	0.64	0.39	0.51	0.75	0.65	0.69
28	XIN02196	0.74	0.38	0.53	0.64	0.78	0.67	0.74
29	XIN02360	0.60	0.71	0.54	0.68	0.73	0.64	0.58
30	XIN02362	0.63	0.63	0.54	0.67	0.80	0.64	0.69
31	XIN02395	0.63	0.76	0.66	0.78	0.72	0.69	0.63
32	XIN02522	0.87	0.83	0.75	0.88	0.46	0.75	0.52
33	XIN02916	0.89	0.68	0.79	0.81	0.61	0.79	0.74
34	XIN03117	0.80	0.76	0.73	0.88	0.60	0.80	0.77
35	XIN03178	0.40	0.74	0.60	0.78	0.77	0.63	0.78
36	XIN03180	0.51	0.68	0.59	0.72	0.76	0.65	0.74
37	XIN03182	0.63	0.71	0.53	0.66	0.77	0.62	0.65
38	XIN03185	0.83	0.83	0.69	0.78	0.72	0.84	0.66
39	XIN03207	0.83	0.80	0.79	0.92	0.62	0.79	0.69
40	XIN03309	0.95	0.82	0.78	0.90	0.57	0.88	0.67
41	XIN03486	0.90	0.76	0.73	0.81	0.65	0.80	0.41
42	XIN03488	0.92	0.84	0.79	0.90	0.69	0.86	0.56
43	XIN03689	0.80	0.81	0.79	0.86	0.64	0.81	0.67
44	XIN03717	0.80	0.79	0.72	0.83	0.59	0.67	0.65
45	XIN03733	0.75	0.66	0.63	0.79	0.69	0.71	0.74
46	XIN03841	0.56	0.62	0.40	0.53	0.72	0.57	0.67
47	XIN03843	0.77	0.40	0.47	0.58	0.79	0.66	0.76
48	XIN03845	0.65	0.74	0.55	0.55	0.86	0.59	0.70

（续）

序号	资源编号	序号/资源编号						
		162	163	164	165	166	167	168
		XIN10149	XIN10156	XIN10162	XIN10164	XIN10168	XIN10172	XIN10181
49	XIN03902	0.58	0.77	0.57	0.64	0.85	0.64	0.78
50	XIN03997	0.75	0.51	0.49	0.52	0.79	0.72	0.74
51	XIN04109	0.67	0.71	0.40	0.56	0.86	0.57	0.82
52	XIN04288	0.83	0.83	0.76	0.88	0.49	0.69	0.74
53	XIN04290	0.88	0.85	0.84	0.97	0.48	0.79	0.76
54	XIN04326	0.73	0.62	0.69	0.81	0.68	0.81	0.64
55	XIN04328	0.79	0.66	0.65	0.82	0.74	0.68	0.76
56	XIN04374	0.58	0.43	0.62	0.69	0.69	0.65	0.74
57	XIN04450	0.60	0.75	0.49	0.56	0.75	0.62	0.77
58	XIN04453	0.91	0.91	0.75	0.79	0.64	0.85	0.66
59	XIN04461	0.90	0.86	0.77	0.94	0.61	0.89	0.72
60	XIN04552	0.34	0.71	0.58	0.70	0.74	0.56	0.70
61	XIN04585	0.88	0.88	0.82	0.93	0.71	0.92	0.76
62	XIN04587	0.82	0.69	0.74	0.79	0.66	0.85	0.67
63	XIN04595	0.76	0.73	0.59	0.63	0.65	0.79	0.45
64	XIN04734	0.83	0.79	0.71	0.82	0.60	0.74	0.78
65	XIN04823	0.80	0.87	0.66	0.76	0.60	0.75	0.59
66	XIN04825	0.88	0.85	0.69	0.85	0.70	0.82	0.63
67	XIN04897	0.57	0.64	0.36	0.36	0.76	0.69	0.71
68	XIN05159	0.79	0.68	0.62	0.74	0.72	0.77	0.73
69	XIN05239	0.88	0.88	0.74	0.86	0.63	0.81	0.74
70	XIN05251	0.73	0.80	0.65	0.82	0.80	0.72	0.78
71	XIN05269	0.87	0.77	0.66	0.81	0.70	0.76	0.65
72	XIN05281	0.91	0.88	0.65	0.80	0.63	0.85	0.65
73	XIN05352	0.48	0.77	0.48	0.69	0.80	0.39	0.78

（续）

序号	资源编号	序号/资源编号						
		162	163	164	165	166	167	168
		XIN10149	XIN10156	XIN10162	XIN10164	XIN10168	XIN10172	XIN10181
74	XIN05379	0.84	0.68	0.68	0.79	0.64	0.83	0.68
75	XIN05425	0.87	0.77	0.81	0.89	0.68	0.92	0.77
76	XIN05427	0.74	0.69	0.71	0.77	0.54	0.79	0.63
77	XIN05440	0.81	0.82	0.76	0.88	0.66	0.82	0.72
78	XIN05441	0.87	0.87	0.77	0.85	0.56	0.83	0.60
79	XIN05461	0.90	0.86	0.72	0.81	0.67	0.86	0.67
80	XIN05462	0.83	0.78	0.76	0.83	0.66	0.81	0.49
81	XIN05645	0.66	0.67	0.60	0.61	0.76	0.70	0.75
82	XIN05647	0.59	0.58	0.49	0.60	0.81	0.64	0.71
83	XIN05649	0.61	0.61	0.44	0.54	0.81	0.69	0.77
84	XIN05650	0.89	0.86	0.74	0.83	0.67	0.77	0.63
85	XIN05651	0.95	0.85	0.79	0.88	0.60	0.88	0.75
86	XIN05652	0.79	0.78	0.82	0.96	0.52	0.83	0.73
87	XIN05701	0.84	0.86	0.82	0.91	0.70	0.92	0.73
88	XIN05702	0.84	0.66	0.72	0.83	0.64	0.84	0.67
89	XIN05726	0.60	0.73	0.52	0.66	0.73	0.77	0.73
90	XIN05731	0.81	0.64	0.68	0.85	0.78	0.65	0.51
91	XIN05733	0.80	0.66	0.69	0.84	0.79	0.64	0.53
92	XIN05862	0.62	0.64	0.51	0.68	0.87	0.53	0.66
93	XIN05891	0.85	0.76	0.67	0.74	0.60	0.82	0.47
94	XIN05926	0.76	0.76	0.74	0.78	0.83	0.79	0.76
95	XIN05952	0.58	0.67	0.51	0.59	0.80	0.63	0.76
96	XIN05972	0.44	0.69	0.51	0.71	0.77	0.65	0.71
97	XIN05995	0.72	0.88	0.68	0.83	0.72	0.79	0.65
98	XIN06057	0.50	0.43	0.58	0.73	0.77	0.69	0.77

（续）

序号	资源编号	序号/资源编号						
		162	163	164	165	166	167	168
		XIN10149	XIN10156	XIN10162	XIN10164	XIN10168	XIN10172	XIN10181
99	XIN06084	0.74	0.78	0.74	0.78	0.77	0.79	0.82
100	XIN06118	0.80	0.71	0.75	0.78	0.78	0.83	0.80
101	XIN06346	0.76	0.68	0.71	0.84	0.81	0.77	0.76
102	XIN06349	0.78	0.74	0.76	0.86	0.57	0.75	0.71
103	XIN06351	0.84	0.84	0.74	0.86	0.42	0.75	0.60
104	XIN06425	0.82	0.82	0.78	0.92	0.56	0.81	0.74
105	XIN06427	0.89	0.80	0.77	0.93	0.64	0.88	0.63
106	XIN06460	0.83	0.81	0.73	0.91	0.82	0.83	0.77
107	XIN06617	0.83	0.82	0.73	0.88	0.56	0.76	0.76
108	XIN06619	0.78	0.83	0.72	0.81	0.61	0.71	0.59
109	XIN06639	0.82	0.76	0.74	0.85	0.67	0.67	0.63
110	XIN07900	0.80	0.85	0.69	0.84	0.58	0.81	0.74
111	XIN07902	0.79	0.72	0.66	0.72	0.65	0.79	0.46
112	XIN07913	0.48	0.64	0.52	0.65	0.88	0.64	0.73
113	XIN07914	0.73	0.61	0.55	0.64	0.74	0.63	0.66
114	XIN07953	0.74	0.67	0.60	0.73	0.75	0.74	0.67
115	XIN08073	0.83	0.82	0.81	0.92	0.61	0.87	0.73
116	XIN08225	0.56	0.62	0.35	0.52	0.80	0.54	0.67
117	XIN08227	0.66	0.73	0.65	0.76	0.80	0.68	0.79
118	XIN08229	0.71	0.85	0.76	0.88	0.78	0.69	0.76
119	XIN08230	0.59	0.70	0.68	0.74	0.73	0.68	0.93
120	XIN08231	0.63	0.73	0.64	0.65	0.80	0.66	0.77
121	XIN08252	0.77	0.74	0.67	0.74	0.65	0.80	0.51
122	XIN08254	0.76	0.81	0.71	0.79	0.62	0.81	0.60
123	XIN08283	0.87	0.84	0.74	0.83	0.54	0.76	0.54

（续）

序号	资源编号	序号/资源编号						
		162	163	164	165	166	167	168
		XIN10149	XIN10156	XIN10162	XIN10164	XIN10168	XIN10172	XIN10181
124	XIN08327	0.58	0.65	0.53	0.62	0.81	0.62	0.75
125	XIN08670	0.80	0.85	0.77	0.77	0.74	0.85	0.81
126	XIN08699	0.80	0.78	0.78	0.94	0.64	0.83	0.76
127	XIN08701	0.85	0.72	0.74	0.83	0.69	0.74	0.79
128	XIN08718	0.74	0.77	0.77	0.82	0.48	0.82	0.63
129	XIN08743	0.82	0.78	0.72	0.92	0.56	0.76	0.73
130	XIN08754	0.88	0.82	0.78	0.90	0.62	0.89	0.77
131	XIN08786	0.60	0.69	0.44	0.40	0.87	0.68	0.69
132	XIN09052	0.79	0.72	0.65	0.69	0.65	0.79	0.49
133	XIN09099	0.56	0.47	0.52	0.70	0.78	0.67	0.80
134	XIN09101	0.76	0.67	0.55	0.69	0.78	0.67	0.69
135	XIN09103	0.85	0.77	0.79	0.81	0.58	0.83	0.66
136	XIN09105	0.84	0.80	0.83	0.94	0.53	0.81	0.69
137	XIN09107	0.75	0.66	0.72	0.83	0.66	0.78	0.63
138	XIN09291	0.56	0.72	0.57	0.64	0.90	0.67	0.78
139	XIN09415	0.86	0.77	0.74	0.79	0.66	0.74	0.56
140	XIN09478	0.38	0.74	0.53	0.67	0.88	0.56	0.76
141	XIN09479	0.82	0.81	0.79	0.90	0.59	0.89	0.74
142	XIN09481	0.83	0.83	0.82	0.94	0.68	0.90	0.78
143	XIN09482	0.83	0.77	0.71	0.84	0.70	0.84	0.72
144	XIN09616	0.86	0.78	0.76	0.86	0.55	0.69	0.59
145	XIN09619	0.79	0.83	0.83	0.88	0.54	0.88	0.73
146	XIN09621	0.86	0.78	0.75	0.86	0.54	0.86	0.71
147	XIN09624	0.82	0.81	0.67	0.80	0.58	0.80	0.70
148	XIN09670	0.62	0.82	0.61	0.80	0.76	0.63	0.79

（续）

序号	资源编号	序号/资源编号						
		162	163	164	165	166	167	168
		XIN10149	XIN10156	XIN10162	XIN10164	XIN10168	XIN10172	XIN10181
149	XIN09683	0.87	0.78	0.79	0.83	0.73	0.82	0.75
150	XIN09685	0.81	0.70	0.64	0.84	0.67	0.65	0.73
151	XIN09687	0.80	0.56	0.70	0.85	0.81	0.63	0.73
152	XIN09799	0.80	0.76	0.74	0.76	0.50	0.81	0.62
153	XIN09830	0.88	0.73	0.68	0.71	0.70	0.74	0.57
154	XIN09845	0.63	0.63	0.49	0.69	0.76	0.57	0.62
155	XIN09847	0.68	0.67	0.51	0.71	0.69	0.61	0.58
156	XIN09879	0.90	0.79	0.80	0.94	0.56	0.87	0.73
157	XIN09889	0.87	0.81	0.81	0.89	0.58	0.88	0.74
158	XIN09891	0.89	0.89	0.81	0.91	0.46	0.86	0.72
159	XIN09912	0.49	0.68	0.61	0.74	0.77	0.62	0.66
160	XIN10136	0.90	0.84	0.72	0.83	0.63	0.85	0.57
161	XIN10138	0.43	0.72	0.52	0.72	0.81	0.70	0.74
162	XIN10149	0.00	0.65	0.55	0.71	0.88	0.63	0.79
163	XIN10156	0.65	0.00	0.60	0.63	0.81	0.73	0.74
164	XIN10162	0.55	0.60	0.00	0.38	0.74	0.54	0.62
165	XIN10164	0.71	0.63	0.38	0.00	0.84	0.67	0.67
166	XIN10168	0.88	0.81	0.74	0.84	0.00	0.76	0.69
167	XIN10172	0.63	0.73	0.54	0.67	0.76	0.00	0.69
168	XIN10181	0.79	0.74	0.62	0.67	0.69	0.69	0.00
169	XIN10183	0.84	0.79	0.73	0.80	0.65	0.76	0.33
170	XIN10184	0.76	0.80	0.70	0.82	0.66	0.72	0.36
171	XIN10186	0.87	0.83	0.76	0.92	0.62	0.83	0.74
172	XIN10188	0.82	0.79	0.74	0.74	0.57	0.81	0.52
173	XIN10189	0.76	0.71	0.61	0.76	0.58	0.65	0.56

（续）

序号	资源编号	序号/资源编号						
		162	163	164	165	166	167	168
		XIN10149	XIN10156	XIN10162	XIN10164	XIN10168	XIN10172	XIN10181
174	XIN10191	0.90	0.90	0.79	0.86	0.52	0.88	0.67
175	XIN10196	0.56	0.55	0.54	0.55	0.82	0.49	0.68
176	XIN10197	0.51	0.41	0.58	0.74	0.76	0.67	0.80
177	XIN10199	0.76	0.72	0.65	0.74	0.66	0.71	0.61
178	XIN10203	0.92	0.88	0.70	0.80	0.63	0.73	0.53
179	XIN10205	0.86	0.72	0.69	0.73	0.68	0.84	0.60
180	XIN10207	0.86	0.77	0.75	0.82	0.77	0.84	0.62
181	XIN10214	0.52	0.72	0.55	0.67	0.79	0.59	0.83
182	XIN10220	0.89	0.90	0.74	0.83	0.68	0.74	0.60
183	XIN10222	0.87	0.85	0.79	0.89	0.59	0.90	0.76
184	XIN10228	0.86	0.72	0.74	0.80	0.78	0.84	0.64
185	XIN10230	0.44	0.74	0.57	0.73	0.85	0.66	0.71
186	XIN10284	0.80	0.69	0.63	0.80	0.72	0.78	0.74
187	XIN10334	0.84	0.80	0.83	0.97	0.55	0.82	0.82
188	XIN10378	0.27	0.71	0.53	0.63	0.89	0.59	0.79
189	XIN10380	0.48	0.65	0.52	0.69	0.86	0.65	0.76
190	XIN10558	0.89	0.76	0.77	0.90	0.64	0.80	0.80
191	XIN10559	0.83	0.74	0.74	0.77	0.65	0.84	0.77
192	XIN10642	0.83	0.76	0.74	0.85	0.80	0.72	0.79

表 25　遗传距离（二十五）

序号	资源编号	序号/资源编号					
		169	170	171	172	173	174
		XIN10183	XIN10184	XIN10186	XIN10188	XIN10189	XIN10191
1	XIN00110	0.69	0.66	0.80	0.69	0.68	0.77
2	XIN00244	0.61	0.74	0.74	0.60	0.55	0.74
3	XIN00245	0.59	0.58	0.68	0.60	0.51	0.61
4	XIN00246	0.44	0.47	0.72	0.53	0.31	0.58
5	XIN00247	0.65	0.72	0.82	0.61	0.56	0.72
6	XIN00249	0.65	0.59	0.67	0.66	0.57	0.70
7	XIN00252	0.54	0.56	0.71	0.62	0.49	0.53
8	XIN00253	0.57	0.65	0.71	0.67	0.59	0.69
9	XIN00255	0.53	0.61	0.69	0.54	0.44	0.38
10	XIN00256	0.28	0.32	0.58	0.47	0.33	0.53
11	XIN00275	0.63	0.73	0.60	0.67	0.60	0.78
12	XIN00327	0.67	0.74	0.74	0.66	0.65	0.74
13	XIN00533	0.74	0.74	0.80	0.69	0.61	0.65
14	XIN00892	0.79	0.79	0.85	0.78	0.70	0.91
15	XIN00935	0.73	0.74	0.77	0.70	0.56	0.72
16	XIN01057	0.78	0.76	0.80	0.84	0.69	0.80
17	XIN01059	0.81	0.79	0.88	0.84	0.76	0.83
18	XIN01061	0.60	0.65	0.69	0.51	0.47	0.59
19	XIN01070	0.67	0.64	0.75	0.66	0.63	0.78
20	XIN01174	0.51	0.57	0.67	0.59	0.53	0.64
21	XIN01451	0.81	0.76	0.87	0.72	0.75	0.81
22	XIN01462	0.65	0.63	0.72	0.55	0.65	0.71
23	XIN01470	0.58	0.54	0.64	0.49	0.41	0.51

（续）

序号	资源编号	序号/资源编号					
		169	170	171	172	173	174
		XIN10183	XIN10184	XIN10186	XIN10188	XIN10189	XIN10191
24	XIN01797	0.69	0.61	0.67	0.53	0.53	0.58
25	XIN01888	0.75	0.76	0.85	0.79	0.60	0.87
26	XIN01889	0.70	0.74	0.71	0.83	0.55	0.84
27	XIN02035	0.76	0.73	0.77	0.72	0.66	0.87
28	XIN02196	0.78	0.79	0.75	0.78	0.67	0.88
29	XIN02360	0.66	0.64	0.81	0.68	0.54	0.81
30	XIN02362	0.67	0.69	0.82	0.73	0.72	0.87
31	XIN02395	0.71	0.74	0.77	0.58	0.71	0.74
32	XIN02522	0.48	0.49	0.59	0.58	0.49	0.67
33	XIN02916	0.61	0.65	0.71	0.72	0.56	0.79
34	XIN03117	0.75	0.74	0.76	0.60	0.67	0.72
35	XIN03178	0.80	0.76	0.82	0.76	0.76	0.83
36	XIN03180	0.85	0.77	0.77	0.75	0.64	0.80
37	XIN03182	0.70	0.69	0.83	0.71	0.56	0.84
38	XIN03185	0.76	0.76	0.83	0.52	0.68	0.63
39	XIN03207	0.68	0.76	0.69	0.62	0.67	0.74
40	XIN03309	0.60	0.72	0.58	0.59	0.63	0.70
41	XIN03486	0.51	0.60	0.77	0.54	0.47	0.55
42	XIN03488	0.62	0.60	0.69	0.52	0.49	0.47
43	XIN03689	0.64	0.74	0.80	0.59	0.62	0.71
44	XIN03717	0.63	0.66	0.77	0.54	0.40	0.52
45	XIN03733	0.69	0.76	0.71	0.72	0.62	0.79
46	XIN03841	0.73	0.71	0.81	0.67	0.65	0.74
47	XIN03843	0.75	0.81	0.80	0.86	0.69	0.90
48	XIN03845	0.83	0.82	0.91	0.74	0.70	0.83

（续）

序号	资源编号	序号/资源编号					
		169	170	171	172	173	174
		XIN10183	XIN10184	XIN10186	XIN10188	XIN10189	XIN10191
49	XIN03902	0.81	0.86	0.96	0.74	0.73	0.88
50	XIN03997	0.80	0.81	0.75	0.80	0.61	0.81
51	XIN04109	0.89	0.79	0.88	0.82	0.71	0.87
52	XIN04288	0.63	0.64	0.62	0.60	0.62	0.72
53	XIN04290	0.66	0.67	0.69	0.63	0.63	0.69
54	XIN04326	0.58	0.67	0.73	0.62	0.56	0.79
55	XIN04328	0.67	0.82	0.86	0.80	0.61	0.86
56	XIN04374	0.79	0.76	0.79	0.74	0.72	0.85
57	XIN04450	0.75	0.79	0.74	0.74	0.66	0.77
58	XIN04453	0.63	0.72	0.66	0.58	0.50	0.59
59	XIN04461	0.69	0.79	0.76	0.70	0.55	0.70
60	XIN04552	0.81	0.77	0.83	0.80	0.70	0.85
61	XIN04585	0.61	0.68	0.74	0.68	0.51	0.60
62	XIN04587	0.63	0.78	0.82	0.77	0.65	0.81
63	XIN04595	0.56	0.63	0.70	0.63	0.61	0.69
64	XIN04734	0.71	0.71	0.66	0.63	0.73	0.75
65	XIN04823	0.68	0.68	0.69	0.47	0.43	0.58
66	XIN04825	0.65	0.54	0.71	0.54	0.46	0.35
67	XIN04897	0.73	0.76	0.79	0.76	0.65	0.76
68	XIN05159	0.79	0.82	0.82	0.73	0.63	0.78
69	XIN05239	0.66	0.67	0.63	0.73	0.62	0.68
70	XIN05251	0.87	0.89	0.94	0.77	0.82	0.82
71	XIN05269	0.51	0.68	0.72	0.61	0.29	0.75
72	XIN05281	0.68	0.75	0.82	0.67	0.60	0.69
73	XIN05352	0.83	0.79	0.82	0.74	0.72	0.81

（续）

序号	资源编号	序号/资源编号					
		169	170	171	172	173	174
		XIN10183	XIN10184	XIN10186	XIN10188	XIN10189	XIN10191
74	XIN05379	0.65	0.75	0.77	0.74	0.59	0.78
75	XIN05425	0.68	0.76	0.79	0.64	0.73	0.85
76	XIN05427	0.59	0.62	0.72	0.60	0.65	0.71
77	XIN05440	0.63	0.56	0.80	0.63	0.50	0.73
78	XIN05441	0.54	0.51	0.67	0.57	0.54	0.66
79	XIN05461	0.61	0.66	0.64	0.64	0.53	0.61
80	XIN05462	0.61	0.51	0.74	0.68	0.56	0.71
81	XIN05645	0.80	0.76	0.83	0.72	0.70	0.85
82	XIN05647	0.81	0.79	0.80	0.79	0.66	0.87
83	XIN05649	0.84	0.79	0.80	0.75	0.66	0.91
84	XIN05650	0.60	0.60	0.70	0.60	0.56	0.58
85	XIN05651	0.74	0.76	0.68	0.51	0.59	0.61
86	XIN05652	0.67	0.61	0.73	0.54	0.66	0.69
87	XIN05701	0.61	0.67	0.76	0.65	0.49	0.60
88	XIN05702	0.58	0.75	0.78	0.76	0.61	0.80
89	XIN05726	0.79	0.73	0.77	0.73	0.73	0.75
90	XIN05731	0.47	0.59	0.73	0.69	0.52	0.79
91	XIN05733	0.50	0.59	0.66	0.69	0.51	0.76
92	XIN05862	0.63	0.79	0.73	0.87	0.58	0.78
93	XIN05891	0.57	0.53	0.69	0.51	0.51	0.57
94	XIN05926	0.76	0.69	0.68	0.69	0.65	0.78
95	XIN05952	0.84	0.79	0.88	0.75	0.76	0.83
96	XIN05972	0.72	0.73	0.82	0.81	0.67	0.84
97	XIN05995	0.71	0.59	0.71	0.72	0.69	0.87
98	XIN06057	0.80	0.73	0.81	0.80	0.66	0.86

（续）

序号	资源编号	序号/资源编号					
		169	170	171	172	173	174
		XIN10183	XIN10184	XIN10186	XIN10188	XIN10189	XIN10191
99	XIN06084	0.78	0.76	0.71	0.65	0.69	0.74
100	XIN06118	0.72	0.80	0.80	0.71	0.63	0.78
101	XIN06346	0.71	0.74	0.83	0.66	0.64	0.86
102	XIN06349	0.72	0.69	0.83	0.64	0.59	0.68
103	XIN06351	0.63	0.57	0.64	0.63	0.53	0.67
104	XIN06425	0.73	0.69	0.78	0.72	0.59	0.56
105	XIN06427	0.62	0.70	0.71	0.66	0.60	0.61
106	XIN06460	0.65	0.71	0.81	0.76	0.58	0.72
107	XIN06617	0.72	0.62	0.70	0.63	0.54	0.59
108	XIN06619	0.59	0.65	0.72	0.51	0.54	0.61
109	XIN06639	0.60	0.58	0.61	0.56	0.42	0.61
110	XIN07900	0.67	0.72	0.71	0.63	0.61	0.71
111	XIN07902	0.52	0.56	0.65	0.60	0.52	0.68
112	XIN07913	0.80	0.77	0.84	0.84	0.68	0.87
113	XIN07914	0.68	0.70	0.76	0.78	0.64	0.80
114	XIN07953	0.65	0.70	0.74	0.78	0.51	0.78
115	XIN08073	0.76	0.70	0.74	0.63	0.64	0.66
116	XIN08225	0.78	0.75	0.82	0.73	0.61	0.85
117	XIN08227	0.63	0.76	0.81	0.72	0.67	0.82
118	XIN08229	0.67	0.81	0.77	0.80	0.67	0.76
119	XIN08230	0.77	0.88	0.71	0.75	0.68	0.79
120	XIN08231	0.68	0.72	0.75	0.76	0.63	0.78
121	XIN08252	0.51	0.56	0.69	0.65	0.53	0.70
122	XIN08254	0.67	0.71	0.75	0.53	0.70	0.65
123	XIN08283	0.49	0.56	0.66	0.48	0.45	0.68

（续）

序号	资源编号	序号/资源编号					
		169	170	171	172	173	174
		XIN10183	XIN10184	XIN10186	XIN10188	XIN10189	XIN10191
124	XIN08327	0.82	0.77	0.85	0.74	0.75	0.81
125	XIN08670	0.72	0.74	0.70	0.56	0.71	0.72
126	XIN08699	0.75	0.69	0.74	0.58	0.63	0.60
127	XIN08701	0.74	0.74	0.65	0.67	0.54	0.70
128	XIN08718	0.59	0.53	0.50	0.51	0.55	0.69
129	XIN08743	0.68	0.67	0.73	0.67	0.49	0.56
130	XIN08754	0.74	0.68	0.79	0.65	0.65	0.67
131	XIN08786	0.78	0.75	0.83	0.78	0.72	0.83
132	XIN09052	0.55	0.58	0.68	0.63	0.55	0.71
133	XIN09099	0.83	0.77	0.82	0.89	0.69	0.89
134	XIN09101	0.71	0.74	0.67	0.78	0.67	0.78
135	XIN09103	0.64	0.67	0.58	0.60	0.58	0.66
136	XIN09105	0.59	0.60	0.75	0.70	0.53	0.74
137	XIN09107	0.63	0.65	0.83	0.62	0.58	0.71
138	XIN09291	0.83	0.88	0.94	0.77	0.74	0.89
139	XIN09415	0.57	0.65	0.74	0.63	0.60	0.71
140	XIN09478	0.81	0.75	0.92	0.81	0.74	0.90
141	XIN09479	0.75	0.69	0.79	0.66	0.62	0.66
142	XIN09481	0.77	0.69	0.76	0.72	0.63	0.74
143	XIN09482	0.65	0.72	0.74	0.74	0.52	0.71
144	XIN09616	0.60	0.74	0.74	0.60	0.56	0.76
145	XIN09619	0.54	0.53	0.80	0.69	0.64	0.69
146	XIN09621	0.61	0.69	0.71	0.56	0.56	0.59
147	XIN09624	0.64	0.65	0.66	0.57	0.53	0.63
148	XIN09670	0.87	0.83	0.93	0.77	0.74	0.79

（续）

序号	资源编号	序号/资源编号					
		169	170	171	172	173	174
		XIN10183	XIN10184	XIN10186	XIN10188	XIN10189	XIN10191
149	XIN09683	0.58	0.63	0.67	0.74	0.62	0.78
150	XIN09685	0.70	0.70	0.69	0.68	0.53	0.72
151	XIN09687	0.71	0.76	0.80	0.76	0.56	0.80
152	XIN09799	0.55	0.56	0.69	0.48	0.56	0.60
153	XIN09830	0.54	0.72	0.72	0.58	0.66	0.84
154	XIN09845	0.63	0.62	0.62	0.75	0.54	0.80
155	XIN09847	0.59	0.61	0.58	0.69	0.56	0.74
156	XIN09879	0.65	0.70	0.69	0.56	0.68	0.58
157	XIN09889	0.59	0.61	0.72	0.59	0.67	0.68
158	XIN09891	0.69	0.64	0.59	0.56	0.56	0.57
159	XIN09912	0.68	0.66	0.73	0.60	0.62	0.78
160	XIN10136	0.56	0.60	0.75	0.45	0.51	0.54
161	XIN10138	0.76	0.77	0.85	0.81	0.68	0.84
162	XIN10149	0.84	0.76	0.87	0.82	0.76	0.90
163	XIN10156	0.79	0.80	0.83	0.79	0.71	0.90
164	XIN10162	0.73	0.70	0.76	0.74	0.61	0.79
165	XIN10164	0.80	0.82	0.92	0.74	0.76	0.86
166	XIN10168	0.65	0.66	0.62	0.57	0.58	0.52
167	XIN10172	0.76	0.72	0.83	0.81	0.65	0.88
168	XIN10181	0.33	0.36	0.74	0.52	0.56	0.67
169	XIN10183	0.00	0.28	0.67	0.55	0.51	0.65
170	XIN10184	0.28	0.00	0.65	0.60	0.53	0.67
171	XIN10186	0.67	0.65	0.00	0.62	0.55	0.67
172	XIN10188	0.55	0.60	0.62	0.00	0.51	0.52
173	XIN10189	0.51	0.53	0.55	0.51	0.00	0.42

序号	资源编号	序号/资源编号					
		169	170	171	172	173	174
		XIN10183	XIN10184	XIN10186	XIN10188	XIN10189	XIN10191
174	XIN10191	0.65	0.67	0.67	0.52	0.42	0.00
175	XIN10196	0.76	0.79	0.90	0.84	0.72	0.90
176	XIN10197	0.82	0.77	0.80	0.83	0.65	0.87
177	XIN10199	0.50	0.60	0.69	0.53	0.60	0.67
178	XIN10203	0.57	0.66	0.72	0.51	0.47	0.59
179	XIN10205	0.65	0.72	0.72	0.61	0.62	0.66
180	XIN10207	0.54	0.56	0.79	0.67	0.60	0.72
181	XIN10214	0.88	0.84	0.93	0.81	0.74	0.86
182	XIN10220	0.56	0.60	0.74	0.50	0.44	0.49
183	XIN10222	0.77	0.71	0.81	0.63	0.67	0.67
184	XIN10228	0.56	0.59	0.80	0.66	0.58	0.74
185	XIN10230	0.79	0.74	0.84	0.77	0.73	0.84
186	XIN10284	0.75	0.74	0.76	0.68	0.61	0.73
187	XIN10334	0.78	0.71	0.78	0.72	0.58	0.68
188	XIN10378	0.85	0.81	0.86	0.72	0.81	0.89
189	XIN10380	0.86	0.85	0.91	0.76	0.76	0.84
190	XIN10558	0.75	0.80	0.76	0.75	0.54	0.73
191	XIN10559	0.75	0.74	0.70	0.78	0.54	0.72
192	XIN10642	0.80	0.84	0.88	0.81	0.76	0.86

表 26 遗传距离（二十六）

序号	资源编号	序号/资源编号					
		175	176	177	178	179	180
		XIN10196	XIN10197	XIN10199	XIN10203	XIN10205	XIN10207
1	XIN00110	0.79	0.72	0.67	0.79	0.67	0.77
2	XIN00244	0.88	0.86	0.69	0.71	0.65	0.74
3	XIN00245	0.81	0.83	0.64	0.58	0.65	0.67
4	XIN00246	0.78	0.70	0.58	0.56	0.65	0.67
5	XIN00247	0.86	0.84	0.72	0.66	0.73	0.81
6	XIN00249	0.75	0.74	0.69	0.68	0.57	0.66
7	XIN00252	0.84	0.79	0.73	0.59	0.71	0.61
8	XIN00253	0.85	0.79	0.76	0.82	0.79	0.59
9	XIN00255	0.88	0.88	0.55	0.49	0.75	0.74
10	XIN00256	0.67	0.70	0.47	0.38	0.46	0.45
11	XIN00275	0.74	0.75	0.59	0.78	0.74	0.73
12	XIN00327	0.82	0.77	0.65	0.67	0.80	0.71
13	XIN00533	0.74	0.78	0.68	0.80	0.65	0.65
14	XIN00892	0.72	0.60	0.67	0.84	0.80	0.76
15	XIN00935	0.79	0.69	0.68	0.75	0.65	0.63
16	XIN01057	0.66	0.64	0.74	0.88	0.74	0.79
17	XIN01059	0.58	0.70	0.72	0.90	0.84	0.84
18	XIN01061	0.78	0.76	0.63	0.51	0.70	0.61
19	XIN01070	0.57	0.60	0.59	0.74	0.70	0.65
20	XIN01174	0.79	0.76	0.69	0.55	0.63	0.68
21	XIN01451	0.65	0.58	0.67	0.89	0.74	0.76
22	XIN01462	0.93	0.87	0.60	0.63	0.73	0.74
23	XIN01470	0.86	0.78	0.66	0.47	0.47	0.52

序号	资源编号	序号/资源编号					
		175	176	177	178	179	180
		XIN10196	XIN10197	XIN10199	XIN10203	XIN10205	XIN10207
24	XIN01797	0.82	0.76	0.71	0.55	0.65	0.71
25	XIN01888	0.71	0.72	0.73	0.75	0.74	0.77
26	XIN01889	0.70	0.79	0.65	0.79	0.78	0.85
27	XIN02035	0.68	0.63	0.71	0.76	0.71	0.78
28	XIN02196	0.43	0.59	0.74	0.83	0.77	0.82
29	XIN02360	0.56	0.64	0.67	0.77	0.66	0.69
30	XIN02362	0.71	0.62	0.66	0.88	0.72	0.69
31	XIN02395	0.74	0.79	0.69	0.76	0.74	0.83
32	XIN02522	0.80	0.80	0.63	0.59	0.70	0.65
33	XIN02916	0.77	0.71	0.69	0.84	0.67	0.64
34	XIN03117	0.87	0.78	0.78	0.72	0.75	0.69
35	XIN03178	0.63	0.62	0.74	0.84	0.82	0.89
36	XIN03180	0.59	0.57	0.70	0.88	0.82	0.77
37	XIN03182	0.54	0.69	0.72	0.78	0.69	0.70
38	XIN03185	0.84	0.86	0.48	0.74	0.65	0.87
39	XIN03207	0.83	0.74	0.73	0.73	0.69	0.67
40	XIN03309	0.87	0.76	0.51	0.69	0.68	0.71
41	XIN03486	0.88	0.86	0.56	0.56	0.63	0.64
42	XIN03488	0.85	0.84	0.63	0.49	0.69	0.79
43	XIN03689	0.79	0.84	0.71	0.62	0.65	0.65
44	XIN03717	0.78	0.75	0.74	0.51	0.77	0.70
45	XIN03733	0.76	0.60	0.43	0.76	0.65	0.79
46	XIN03841	0.58	0.59	0.61	0.77	0.66	0.69
47	XIN03843	0.46	0.64	0.67	0.82	0.79	0.79
48	XIN03845	0.63	0.66	0.72	0.81	0.78	0.91

（续）

序号	资源编号	序号/资源编号					
		175	176	177	178	179	180
		XIN10196	XIN10197	XIN10199	XIN10203	XIN10205	XIN10207
49	XIN03902	0.69	0.71	0.73	0.80	0.79	0.90
50	XIN03997	0.53	0.69	0.70	0.73	0.77	0.81
51	XIN04109	0.55	0.64	0.75	0.82	0.85	0.81
52	XIN04288	0.85	0.84	0.66	0.57	0.74	0.72
53	XIN04290	0.81	0.79	0.71	0.59	0.76	0.68
54	XIN04326	0.75	0.59	0.62	0.82	0.76	0.67
55	XIN04328	0.75	0.57	0.74	0.86	0.63	0.64
56	XIN04374	0.52	0.51	0.71	0.83	0.75	0.78
57	XIN04450	0.63	0.67	0.73	0.81	0.75	0.81
58	XIN04453	0.89	0.84	0.68	0.58	0.64	0.60
59	XIN04461	0.84	0.83	0.77	0.57	0.70	0.78
60	XIN04552	0.53	0.57	0.73	0.84	0.83	0.89
61	XIN04585	0.87	0.82	0.58	0.71	0.65	0.55
62	XIN04587	0.84	0.74	0.45	0.75	0.56	0.69
63	XIN04595	0.75	0.79	0.60	0.56	0.25	0.55
64	XIN04734	0.80	0.80	0.71	0.80	0.73	0.69
65	XIN04823	0.89	0.77	0.66	0.47	0.56	0.79
66	XIN04825	0.87	0.84	0.67	0.59	0.65	0.63
67	XIN04897	0.56	0.64	0.69	0.79	0.71	0.77
68	XIN05159	0.71	0.74	0.63	0.81	0.69	0.80
69	XIN05239	0.87	0.84	0.72	0.78	0.61	0.78
70	XIN05251	0.74	0.76	0.76	0.90	0.84	0.87
71	XIN05269	0.82	0.77	0.64	0.66	0.74	0.68
72	XIN05281	0.80	0.84	0.71	0.62	0.66	0.75
73	XIN05352	0.58	0.64	0.73	0.79	0.83	0.88

序号	资源编号	序号/资源编号					
		175	176	177	178	179	180
		XIN10196	XIN10197	XIN10199	XIN10203	XIN10205	XIN10207
74	XIN05379	0.84	0.63	0.64	0.82	0.76	0.75
75	XIN05425	0.92	0.80	0.70	0.80	0.65	0.65
76	XIN05427	0.69	0.67	0.73	0.69	0.62	0.57
77	XIN05440	0.77	0.76	0.62	0.45	0.57	0.67
78	XIN05441	0.88	0.87	0.60	0.49	0.65	0.78
79	XIN05461	0.77	0.85	0.65	0.56	0.64	0.65
80	XIN05462	0.77	0.84	0.54	0.74	0.69	0.68
81	XIN05645	0.65	0.62	0.75	0.88	0.64	0.69
82	XIN05647	0.69	0.59	0.78	0.76	0.66	0.73
83	XIN05649	0.66	0.59	0.81	0.82	0.75	0.76
84	XIN05650	0.82	0.88	0.69	0.38	0.74	0.76
85	XIN05651	0.94	0.83	0.69	0.55	0.70	0.73
86	XIN05652	0.84	0.77	0.70	0.68	0.67	0.70
87	XIN05701	0.84	0.80	0.55	0.70	0.64	0.56
88	XIN05702	0.81	0.69	0.43	0.73	0.53	0.64
89	XIN05726	0.73	0.70	0.77	0.86	0.80	0.83
90	XIN05731	0.58	0.64	0.70	0.69	0.76	0.64
91	XIN05733	0.64	0.65	0.74	0.70	0.74	0.70
92	XIN05862	0.46	0.65	0.74	0.72	0.69	0.82
93	XIN05891	0.88	0.77	0.60	0.57	0.41	0.55
94	XIN05926	0.80	0.72	0.55	0.84	0.74	0.84
95	XIN05952	0.66	0.57	0.74	0.90	0.74	0.79
96	XIN05972	0.62	0.63	0.73	0.84	0.77	0.80
97	XIN05995	0.85	0.83	0.71	0.80	0.65	0.71
98	XIN06057	0.68	0.05	0.77	0.91	0.82	0.78

（续）

序号	资源编号	序号/资源编号					
		175	176	177	178	179	180
		XIN10196	XIN10197	XIN10199	XIN10203	XIN10205	XIN10207
99	XIN06084	0.82	0.83	0.68	0.85	0.78	0.75
100	XIN06118	0.79	0.81	0.65	0.78	0.79	0.81
101	XIN06346	0.86	0.61	0.69	0.89	0.84	0.71
102	XIN06349	0.76	0.78	0.72	0.70	0.59	0.65
103	XIN06351	0.79	0.76	0.72	0.74	0.73	0.62
104	XIN06425	0.79	0.85	0.70	0.67	0.68	0.70
105	XIN06427	0.81	0.86	0.74	0.76	0.63	0.68
106	XIN06460	0.86	0.81	0.58	0.74	0.55	0.60
107	XIN06617	0.81	0.78	0.77	0.72	0.81	0.69
108	XIN06619	0.79	0.83	0.71	0.71	0.64	0.53
109	XIN06639	0.68	0.67	0.72	0.58	0.62	0.61
110	XIN07900	0.80	0.82	0.61	0.71	0.70	0.70
111	XIN07902	0.75	0.76	0.63	0.63	0.24	0.55
112	XIN07913	0.45	0.61	0.71	0.86	0.80	0.81
113	XIN07914	0.62	0.56	0.71	0.82	0.55	0.65
114	XIN07953	0.60	0.75	0.67	0.72	0.65	0.73
115	XIN08073	0.87	0.81	0.78	0.75	0.64	0.66
116	XIN08225	0.58	0.62	0.74	0.68	0.76	0.86
117	XIN08227	0.65	0.66	0.61	0.84	0.84	0.88
118	XIN08229	0.74	0.82	0.72	0.82	0.75	0.84
119	XIN08230	0.62	0.63	0.64	0.82	0.81	0.83
120	XIN08231	0.62	0.65	0.60	0.77	0.71	0.88
121	XIN08252	0.73	0.76	0.62	0.63	0.29	0.56
122	XIN08254	0.84	0.84	0.65	0.66	0.49	0.68
123	XIN08283	0.76	0.78	0.67	0.51	0.65	0.67

（续）

序号	资源编号	序号/资源编号					
		175	176	177	178	179	180
		XIN10196	XIN10197	XIN10199	XIN10203	XIN10205	XIN10207
124	XIN08327	0.62	0.56	0.67	0.90	0.76	0.80
125	XIN08670	0.74	0.88	0.67	0.72	0.76	0.80
126	XIN08699	0.86	0.81	0.80	0.67	0.64	0.74
127	XIN08701	0.85	0.77	0.71	0.77	0.65	0.66
128	XIN08718	0.80	0.69	0.60	0.72	0.63	0.52
129	XIN08743	0.76	0.76	0.75	0.69	0.64	0.74
130	XIN08754	0.86	0.88	0.76	0.83	0.65	0.62
131	XIN08786	0.55	0.69	0.70	0.84	0.71	0.76
132	XIN09052	0.75	0.76	0.64	0.63	0.22	0.52
133	XIN09099	0.60	0.06	0.77	0.89	0.77	0.80
134	XIN09101	0.56	0.69	0.68	0.83	0.81	0.81
135	XIN09103	0.81	0.75	0.63	0.67	0.46	0.61
136	XIN09105	0.82	0.83	0.71	0.70	0.70	0.62
137	XIN09107	0.73	0.69	0.75	0.77	0.73	0.54
138	XIN09291	0.67	0.72	0.75	0.83	0.81	0.88
139	XIN09415	0.79	0.79	0.71	0.67	0.63	0.69
140	XIN09478	0.51	0.63	0.71	0.84	0.84	0.88
141	XIN09479	0.83	0.82	0.78	0.79	0.64	0.65
142	XIN09481	0.87	0.81	0.79	0.83	0.73	0.61
143	XIN09482	0.80	0.81	0.76	0.69	0.64	0.57
144	XIN09616	0.79	0.78	0.71	0.56	0.71	0.68
145	XIN09619	0.82	0.78	0.66	0.68	0.69	0.64
146	XIN09621	0.78	0.79	0.56	0.58	0.62	0.63
147	XIN09624	0.79	0.76	0.70	0.68	0.69	0.74
148	XIN09670	0.66	0.75	0.71	0.87	0.87	0.90

（续）

序号	资源编号	序号/资源编号					
		175	176	177	178	179	180
		XIN10196	XIN10197	XIN10199	XIN10203	XIN10205	XIN10207
149	XIN09683	0.85	0.77	0.64	0.77	0.72	0.71
150	XIN09685	0.71	0.65	0.66	0.70	0.79	0.77
151	XIN09687	0.67	0.65	0.69	0.82	0.78	0.84
152	XIN09799	0.74	0.74	0.61	0.75	0.67	0.55
153	XIN09830	0.71	0.85	0.69	0.66	0.63	0.66
154	XIN09845	0.56	0.64	0.71	0.83	0.74	0.76
155	XIN09847	0.60	0.67	0.67	0.81	0.69	0.71
156	XIN09879	0.90	0.81	0.69	0.71	0.65	0.73
157	XIN09889	0.80	0.76	0.57	0.74	0.70	0.55
158	XIN09891	0.91	0.83	0.74	0.70	0.71	0.73
159	XIN09912	0.70	0.64	0.78	0.72	0.80	0.79
160	XIN10136	0.93	0.88	0.54	0.49	0.73	0.65
161	XIN10138	0.62	0.64	0.74	0.88	0.81	0.80
162	XIN10149	0.56	0.51	0.76	0.92	0.86	0.86
163	XIN10156	0.55	0.41	0.72	0.88	0.72	0.77
164	XIN10162	0.54	0.58	0.65	0.70	0.69	0.75
165	XIN10164	0.55	0.74	0.74	0.80	0.73	0.82
166	XIN10168	0.82	0.76	0.66	0.63	0.68	0.77
167	XIN10172	0.49	0.67	0.71	0.73	0.84	0.84
168	XIN10181	0.68	0.80	0.61	0.53	0.60	0.62
169	XIN10183	0.76	0.82	0.50	0.57	0.65	0.54
170	XIN10184	0.79	0.77	0.60	0.66	0.72	0.56
171	XIN10186	0.90	0.80	0.69	0.72	0.72	0.79
172	XIN10188	0.84	0.83	0.53	0.51	0.61	0.67
173	XIN10189	0.72	0.65	0.60	0.47	0.62	0.60

序号	资源编号	序号/资源编号					
		175	176	177	178	179	180
		XIN10196	XIN10197	XIN10199	XIN10203	XIN10205	XIN10207
174	XIN10191	0.90	0.87	0.67	0.59	0.66	0.72
175	XIN10196	0.00	0.59	0.80	0.84	0.81	0.85
176	XIN10197	0.59	0.00	0.76	0.89	0.78	0.79
177	XIN10199	0.80	0.76	0.00	0.66	0.62	0.69
178	XIN10203	0.84	0.89	0.66	0.00	0.61	0.84
179	XIN10205	0.81	0.78	0.62	0.61	0.00	0.60
180	XIN10207	0.85	0.79	0.69	0.84	0.60	0.00
181	XIN10214	0.51	0.71	0.78	0.86	0.81	0.85
182	XIN10220	0.90	0.86	0.69	0.53	0.74	0.76
183	XIN10222	0.90	0.90	0.81	0.81	0.66	0.65
184	XIN10228	0.88	0.74	0.71	0.82	0.61	0.02
185	XIN10230	0.61	0.61	0.71	0.84	0.84	0.80
186	XIN10284	0.83	0.64	0.62	0.81	0.74	0.77
187	XIN10334	0.82	0.81	0.79	0.73	0.73	0.74
188	XIN10378	0.66	0.68	0.64	0.85	0.85	0.93
189	XIN10380	0.62	0.65	0.78	0.88	0.82	0.91
190	XIN10558	0.85	0.72	0.77	0.83	0.72	0.60
191	XIN10559	0.72	0.75	0.70	0.78	0.56	0.71
192	XIN10642	0.78	0.76	0.71	0.84	0.86	0.81

表 27　遗传距离（二十七）

序号	资源编号	序号/资源编号					
		181	182	183	184	185	186
		XIN10214	XIN10220	XIN10222	XIN10228	XIN10230	XIN10284
1	XIN00110	0.68	0.76	0.88	0.76	0.72	0.72
2	XIN00244	0.88	0.71	0.86	0.74	0.93	0.85
3	XIN00245	0.90	0.52	0.85	0.67	0.87	0.79
4	XIN00246	0.76	0.43	0.81	0.66	0.71	0.72
5	XIN00247	0.81	0.69	0.75	0.83	0.81	0.81
6	XIN00249	0.72	0.71	0.69	0.66	0.75	0.71
7	XIN00252	0.87	0.62	0.71	0.59	0.74	0.74
8	XIN00253	0.82	0.59	0.71	0.56	0.77	0.72
9	XIN00255	0.88	0.49	0.78	0.79	0.76	0.76
10	XIN00256	0.66	0.49	0.70	0.45	0.67	0.64
11	XIN00275	0.74	0.79	0.88	0.75	0.78	0.71
12	XIN00327	0.93	0.76	0.78	0.73	0.84	0.77
13	XIN00533	0.79	0.74	0.67	0.66	0.83	0.67
14	XIN00892	0.65	0.84	0.94	0.73	0.68	0.67
15	XIN00935	0.84	0.71	0.70	0.60	0.86	0.69
16	XIN01057	0.74	0.88	0.89	0.76	0.63	0.81
17	XIN01059	0.63	0.94	0.93	0.86	0.67	0.81
18	XIN01061	0.77	0.58	0.74	0.60	0.79	0.77
19	XIN01070	0.54	0.77	0.85	0.65	0.57	0.65
20	XIN01174	0.87	0.60	0.64	0.66	0.86	0.77
21	XIN01451	0.65	0.81	0.90	0.75	0.69	0.73
22	XIN01462	0.93	0.63	0.75	0.71	0.81	0.70
23	XIN01470	0.83	0.47	0.68	0.50	0.80	0.77

序号	资源编号	序号/资源编号					
		181	182	183	184	185	186
		XIN10214	XIN10220	XIN10222	XIN10228	XIN10230	XIN10284
24	XIN01797	0.87	0.62	0.64	0.69	0.87	0.73
25	XIN01888	0.79	0.81	0.84	0.75	0.76	0.83
26	XIN01889	0.82	0.88	0.80	0.85	0.88	0.81
27	XIN02035	0.65	0.81	0.77	0.74	0.57	0.68
28	XIN02196	0.66	0.88	0.89	0.77	0.66	0.76
29	XIN02360	0.65	0.71	0.82	0.68	0.69	0.69
30	XIN02362	0.71	0.85	0.85	0.66	0.69	0.75
31	XIN02395	0.69	0.71	0.83	0.85	0.52	0.74
32	XIN02522	0.88	0.64	0.68	0.65	0.90	0.79
33	XIN02916	0.90	0.68	0.71	0.64	0.97	0.69
34	XIN03117	0.81	0.72	0.58	0.66	0.81	0.74
35	XIN03178	0.57	0.85	0.85	0.87	0.50	0.86
36	XIN03180	0.46	0.85	0.91	0.79	0.41	0.79
37	XIN03182	0.62	0.76	0.87	0.69	0.72	0.76
38	XIN03185	0.91	0.76	0.81	0.89	0.79	0.68
39	XIN03207	0.84	0.59	0.71	0.70	0.82	0.74
40	XIN03309	0.95	0.74	0.81	0.74	0.84	0.78
41	XIN03486	0.91	0.56	0.84	0.62	0.78	0.78
42	XIN03488	0.84	0.66	0.81	0.81	0.86	0.76
43	XIN03689	0.88	0.71	0.63	0.65	0.85	0.72
44	XIN03717	0.81	0.47	0.74	0.65	0.75	0.72
45	XIN03733	0.74	0.84	0.85	0.81	0.70	0.73
46	XIN03841	0.56	0.67	0.83	0.69	0.63	0.62
47	XIN03843	0.66	0.88	0.91	0.76	0.69	0.78
48	XIN03845	0.62	0.79	0.94	0.88	0.68	0.68

（续）

序号	资源编号	序号/资源编号					
		181	182	183	184	185	186
		XIN10214	XIN10220	XIN10222	XIN10228	XIN10230	XIN10284
49	XIN03902	0.61	0.80	0.90	0.87	0.72	0.72
50	XIN03997	0.68	0.79	0.92	0.79	0.73	0.67
51	XIN04109	0.57	0.77	0.94	0.79	0.67	0.79
52	XIN04288	0.84	0.56	0.76	0.70	0.86	0.71
53	XIN04290	0.88	0.59	0.69	0.66	0.91	0.80
54	XIN04326	0.75	0.76	0.90	0.66	0.75	0.67
55	XIN04328	0.71	0.82	0.77	0.64	0.73	0.52
56	XIN04374	0.68	0.87	0.86	0.77	0.63	0.66
57	XIN04450	0.63	0.83	0.82	0.84	0.68	0.79
58	XIN04453	0.82	0.52	0.77	0.60	0.87	0.80
59	XIN04461	0.84	0.76	0.76	0.81	0.93	0.86
60	XIN04552	0.59	0.89	0.86	0.89	0.45	0.85
61	XIN04585	0.95	0.75	0.74	0.55	0.83	0.78
62	XIN04587	0.92	0.84	0.85	0.69	0.86	0.68
63	XIN04595	0.75	0.73	0.70	0.55	0.82	0.74
64	XIN04734	0.89	0.74	0.66	0.73	0.84	0.79
65	XIN04823	0.79	0.51	0.72	0.79	0.74	0.67
66	XIN04825	0.89	0.47	0.67	0.63	0.77	0.78
67	XIN04897	0.68	0.80	0.88	0.74	0.63	0.77
68	XIN05159	0.71	0.87	0.86	0.83	0.73	0.74
69	XIN05239	0.86	0.76	0.78	0.79	0.80	0.74
70	XIN05251	0.65	0.79	0.91	0.85	0.74	0.73
71	XIN05269	0.82	0.67	0.85	0.65	0.82	0.69
72	XIN05281	0.89	0.74	0.73	0.75	0.83	0.75
73	XIN05352	0.58	0.79	0.88	0.88	0.51	0.77

序号	资源编号	序号/资源编号					
		181	182	183	184	185	186
		XIN10214	XIN10220	XIN10222	XIN10228	XIN10230	XIN10284
74	XIN05379	0.79	0.78	0.88	0.75	0.86	0.65
75	XIN05425	0.91	0.76	0.82	0.66	0.89	0.84
76	XIN05427	0.78	0.69	0.54	0.56	0.76	0.76
77	XIN05440	0.82	0.70	0.61	0.68	0.84	0.71
78	XIN05441	0.89	0.60	0.73	0.78	0.77	0.75
79	XIN05461	0.81	0.68	0.79	0.68	0.81	0.76
80	XIN05462	0.85	0.82	0.83	0.71	0.85	0.69
81	XIN05645	0.73	0.75	0.77	0.70	0.76	0.63
82	XIN05647	0.68	0.82	0.86	0.68	0.75	0.72
83	XIN05649	0.65	0.85	0.80	0.71	0.72	0.69
84	XIN05650	0.87	0.50	0.77	0.74	0.84	0.75
85	XIN05651	0.90	0.61	0.65	0.73	0.87	0.74
86	XIN05652	0.86	0.64	0.46	0.66	0.83	0.73
87	XIN05701	0.95	0.72	0.74	0.55	0.85	0.73
88	XIN05702	0.91	0.83	0.83	0.64	0.87	0.67
89	XIN05726	0.70	0.80	0.87	0.80	0.65	0.72
90	XIN05731	0.81	0.69	0.77	0.66	0.73	0.73
91	XIN05733	0.79	0.72	0.76	0.72	0.72	0.79
92	XIN05862	0.70	0.76	0.94	0.82	0.62	0.90
93	XIN05891	0.85	0.65	0.59	0.53	0.85	0.73
94	XIN05926	0.79	0.85	0.96	0.83	0.69	0.80
95	XIN05952	0.66	0.82	0.91	0.76	0.70	0.73
96	XIN05972	0.56	0.78	0.85	0.79	0.58	0.67
97	XIN05995	0.72	0.86	0.79	0.73	0.85	0.72
98	XIN06057	0.70	0.85	0.89	0.73	0.59	0.64

（续）

序号	资源编号	序号/资源编号					
		181	182	183	184	185	186
		XIN10214	XIN10220	XIN10222	XIN10228	XIN10230	XIN10284
99	XIN06084	0.77	0.80	0.75	0.73	0.74	0.78
100	XIN06118	0.79	0.81	0.90	0.82	0.86	0.74
101	XIN06346	0.84	0.81	0.86	0.72	0.79	0.61
102	XIN06349	0.76	0.74	0.49	0.63	0.76	0.75
103	XIN06351	0.81	0.66	0.61	0.63	0.83	0.74
104	XIN06425	0.74	0.79	0.49	0.74	0.88	0.81
105	XIN06427	0.88	0.74	0.53	0.68	0.90	0.85
106	XIN06460	0.85	0.84	0.77	0.62	0.89	0.75
107	XIN06617	0.81	0.51	0.62	0.66	0.82	0.68
108	XIN06619	0.79	0.54	0.72	0.52	0.82	0.70
109	XIN06639	0.77	0.55	0.74	0.61	0.74	0.78
110	XIN07900	0.82	0.71	0.69	0.73	0.83	0.70
111	XIN07902	0.74	0.69	0.67	0.56	0.80	0.69
112	XIN07913	0.55	0.83	0.93	0.84	0.64	0.73
113	XIN07914	0.70	0.84	0.77	0.68	0.65	0.72
114	XIN07953	0.72	0.75	0.77	0.72	0.84	0.75
115	XIN08073	0.87	0.71	0.17	0.64	0.84	0.78
116	XIN08225	0.65	0.76	0.87	0.83	0.66	0.71
117	XIN08227	0.73	0.81	0.89	0.87	0.67	0.77
118	XIN08229	0.76	0.78	0.83	0.85	0.76	0.90
119	XIN08230	0.59	0.88	0.86	0.81	0.67	0.77
120	XIN08231	0.64	0.74	0.90	0.89	0.58	0.76
121	XIN08252	0.75	0.74	0.72	0.56	0.81	0.74
122	XIN08254	0.80	0.62	0.53	0.71	0.80	0.75
123	XIN08283	0.87	0.60	0.71	0.68	0.88	0.74

（续）

序号	资源编号	序号/资源编号					
		181	182	183	184	185	186
		XIN10214	XIN10220	XIN10222	XIN10228	XIN10230	XIN10284
124	XIN08327	0.64	0.82	0.94	0.79	0.65	0.74
125	XIN08670	0.82	0.74	0.83	0.81	0.75	0.68
126	XIN08699	0.82	0.71	0.55	0.74	0.79	0.74
127	XIN08701	0.77	0.66	0.78	0.64	0.89	0.61
128	XIN08718	0.79	0.69	0.53	0.53	0.80	0.67
129	XIN08743	0.80	0.71	0.58	0.75	0.84	0.75
130	XIN08754	0.89	0.57	0.30	0.61	0.89	0.73
131	XIN08786	0.71	0.84	0.93	0.74	0.70	0.85
132	XIN09052	0.74	0.72	0.64	0.53	0.80	0.72
133	XIN09099	0.73	0.89	0.89	0.77	0.57	0.70
134	XIN09101	0.69	0.81	0.88	0.79	0.68	0.82
135	XIN09103	0.78	0.64	0.65	0.62	0.84	0.78
136	XIN09105	0.87	0.72	0.56	0.63	0.86	0.69
137	XIN09107	0.81	0.66	0.61	0.49	0.71	0.70
138	XIN09291	0.66	0.85	0.89	0.83	0.71	0.77
139	XIN09415	0.82	0.79	0.74	0.70	0.77	0.74
140	XIN09478	0.43	0.83	0.90	0.90	0.36	0.80
141	XIN09479	0.88	0.75	0.10	0.65	0.85	0.76
142	XIN09481	0.92	0.82	0.18	0.61	0.87	0.74
143	XIN09482	0.85	0.69	0.39	0.54	0.89	0.79
144	XIN09616	0.85	0.59	0.74	0.68	0.88	0.76
145	XIN09619	0.84	0.65	0.66	0.68	0.84	0.76
146	XIN09621	0.88	0.56	0.54	0.63	0.76	0.69
147	XIN09624	0.76	0.58	0.67	0.69	0.82	0.72
148	XIN09670	0.67	0.81	0.90	0.90	0.73	0.68

（续）

序号	资源编号	序号/资源编号					
		181	182	183	184	185	186
		XIN10214	XIN10220	XIN10222	XIN10228	XIN10230	XIN10284
149	XIN09683	0.87	0.77	0.86	0.71	0.86	0.83
150	XIN09685	0.79	0.62	0.92	0.77	0.76	0.75
151	XIN09687	0.78	0.71	0.94	0.82	0.76	0.74
152	XIN09799	0.71	0.65	0.74	0.55	0.83	0.69
153	XIN09830	0.87	0.73	0.81	0.67	0.76	0.77
154	XIN09845	0.61	0.79	0.85	0.76	0.64	0.74
155	XIN09847	0.56	0.80	0.81	0.73	0.60	0.78
156	XIN09879	0.89	0.65	0.60	0.71	0.92	0.76
157	XIN09889	0.86	0.72	0.78	0.54	0.86	0.73
158	XIN09891	0.87	0.67	0.56	0.73	0.93	0.79
159	XIN09912	0.74	0.72	0.80	0.76	0.53	0.67
160	XIN10136	0.89	0.60	0.78	0.63	0.86	0.77
161	XIN10138	0.52	0.82	0.85	0.79	0.56	0.71
162	XIN10149	0.52	0.89	0.87	0.86	0.44	0.80
163	XIN10156	0.72	0.90	0.85	0.72	0.74	0.69
164	XIN10162	0.55	0.74	0.79	0.74	0.57	0.63
165	XIN10164	0.67	0.83	0.89	0.80	0.73	0.80
166	XIN10168	0.79	0.68	0.59	0.78	0.85	0.72
167	XIN10172	0.59	0.74	0.90	0.84	0.66	0.78
168	XIN10181	0.83	0.60	0.76	0.64	0.71	0.74
169	XIN10183	0.88	0.56	0.77	0.56	0.79	0.75
170	XIN10184	0.84	0.60	0.71	0.59	0.74	0.74
171	XIN10186	0.93	0.74	0.81	0.80	0.84	0.76
172	XIN10188	0.81	0.50	0.63	0.66	0.77	0.68
173	XIN10189	0.74	0.44	0.67	0.58	0.73	0.61

（续）

（续）

序号	资源编号	序号/资源编号					
		181	182	183	184	185	186
		XIN10214	XIN10220	XIN10222	XIN10228	XIN10230	XIN10284
174	XIN10191	0.86	0.49	0.67	0.74	0.84	0.73
175	XIN10196	0.51	0.90	0.90	0.88	0.61	0.83
176	XIN10197	0.71	0.86	0.90	0.74	0.61	0.64
177	XIN10199	0.78	0.69	0.81	0.71	0.71	0.62
178	XIN10203	0.86	0.53	0.81	0.82	0.84	0.81
179	XIN10205	0.81	0.74	0.66	0.61	0.84	0.74
180	XIN10207	0.85	0.76	0.65	0.02	0.80	0.77
181	XIN10214	0.00	0.86	0.87	0.87	0.57	0.81
182	XIN10220	0.86	0.00	0.77	0.74	0.78	0.65
183	XIN10222	0.87	0.77	0.00	0.66	0.87	0.81
184	XIN10228	0.87	0.74	0.66	0.00	0.82	0.75
185	XIN10230	0.57	0.78	0.87	0.82	0.00	0.76
186	XIN10284	0.81	0.65	0.81	0.75	0.76	0.00
187	XIN10334	0.90	0.72	0.36	0.74	0.87	0.78
188	XIN10378	0.59	0.88	0.91	0.91	0.57	0.82
189	XIN10380	0.62	0.85	0.91	0.94	0.64	0.72
190	XIN10558	0.92	0.69	0.73	0.61	0.87	0.67
191	XIN10559	0.84	0.83	0.84	0.72	0.91	0.72
192	XIN10642	0.77	0.84	0.88	0.82	0.81	0.70

表28 遗传距离（二十八）

序号	资源编号	序号/资源编号					
		187	188	189	190	191	192
		XIN10334	XIN10378	XIN10380	XIN10558	XIN10559	XIN10642
1	XIN00110	0.91	0.74	0.74	0.83	0.78	0.84
2	XIN00244	0.80	0.88	0.91	0.69	0.78	0.85
3	XIN00245	0.82	0.88	0.85	0.77	0.68	0.84
4	XIN00246	0.72	0.81	0.86	0.68	0.74	0.84
5	XIN00247	0.69	0.80	0.84	0.78	0.88	0.82
6	XIN00249	0.77	0.82	0.81	0.61	0.72	0.80
7	XIN00252	0.69	0.85	0.88	0.55	0.81	0.85
8	XIN00253	0.71	0.82	0.88	0.49	0.86	0.83
9	XIN00255	0.73	0.82	0.83	0.83	0.76	0.77
10	XIN00256	0.69	0.72	0.76	0.63	0.56	0.70
11	XIN00275	0.85	0.85	0.78	0.74	0.75	0.70
12	XIN00327	0.64	0.93	0.94	0.73	0.88	0.86
13	XIN00533	0.66	0.88	0.82	0.67	0.71	0.71
14	XIN00892	0.94	0.64	0.64	0.83	0.81	0.76
15	XIN00935	0.57	0.89	0.91	0.63	0.53	0.79
16	XIN01057	0.89	0.68	0.74	0.89	0.68	0.93
17	XIN01059	0.93	0.59	0.56	0.84	0.78	0.79
18	XIN01061	0.74	0.86	0.90	0.76	0.74	0.75
19	XIN01070	0.85	0.51	0.53	0.78	0.69	0.71
20	XIN01174	0.58	0.94	0.94	0.67	0.73	0.88
21	XIN01451	0.93	0.49	0.61	0.86	0.81	0.78
22	XIN01462	0.64	0.80	0.88	0.85	0.78	0.85
23	XIN01470	0.68	0.83	0.81	0.69	0.63	0.82

（续）

序号	资源编号	序号/资源编号					
		187	188	189	190	191	192
		XIN10334	XIN10378	XIN10380	XIN10558	XIN10559	XIN10642
24	XIN01797	0.56	0.89	0.85	0.84	0.73	0.85
25	XIN01888	0.76	0.82	0.82	0.85	0.83	0.79
26	XIN01889	0.71	0.91	0.91	0.78	0.72	0.82
27	XIN02035	0.81	0.61	0.61	0.76	0.78	0.81
28	XIN02196	0.81	0.74	0.76	0.84	0.73	0.79
29	XIN02360	0.75	0.65	0.71	0.60	0.61	0.85
30	XIN02362	0.90	0.59	0.72	0.81	0.80	0.78
31	XIN02395	0.80	0.65	0.64	0.92	0.81	0.84
32	XIN02522	0.62	0.92	0.96	0.69	0.70	0.85
33	XIN02916	0.74	0.92	0.95	0.57	0.54	0.83
34	XIN03117	0.59	0.85	0.88	0.63	0.85	0.81
35	XIN03178	0.85	0.50	0.67	0.87	0.81	0.84
36	XIN03180	0.94	0.68	0.71	0.79	0.78	0.79
37	XIN03182	0.81	0.65	0.71	0.64	0.65	0.84
38	XIN03185	0.78	0.71	0.78	0.83	0.74	0.76
39	XIN03207	0.66	0.88	0.87	0.60	0.81	0.79
40	XIN03309	0.66	0.86	0.93	0.69	0.78	0.80
41	XIN03486	0.78	0.81	0.83	0.72	0.78	0.81
42	XIN03488	0.72	0.84	0.84	0.84	0.72	0.78
43	XIN03689	0.60	0.85	0.85	0.64	0.72	0.90
44	XIN03717	0.60	0.76	0.76	0.53	0.78	0.81
45	XIN03733	0.85	0.80	0.78	0.76	0.76	0.81
46	XIN03841	0.86	0.49	0.53	0.76	0.76	0.70
47	XIN03843	0.88	0.78	0.76	0.83	0.78	0.81
48	XIN03845	0.97	0.53	0.66	0.87	0.90	0.75

（续）

序号	资源编号	序号/资源编号					
		187	188	189	190	191	192
		XIN10334	XIN10378	XIN10380	XIN10558	XIN10559	XIN10642
49	XIN03902	0.90	0.41	0.48	0.91	0.86	0.75
50	XIN03997	0.86	0.77	0.70	0.80	0.71	0.76
51	XIN04109	0.94	0.70	0.67	0.88	0.82	0.81
52	XIN04288	0.64	0.88	0.93	0.77	0.79	0.79
53	XIN04290	0.49	0.90	0.96	0.66	0.75	0.82
54	XIN04326	0.83	0.78	0.76	0.65	0.66	0.77
55	XIN04328	0.75	0.85	0.70	0.57	0.65	0.69
56	XIN04374	0.75	0.71	0.69	0.74	0.70	0.78
57	XIN04450	0.89	0.69	0.77	0.78	0.75	0.86
58	XIN04453	0.79	0.88	0.86	0.75	0.72	0.90
59	XIN04461	0.64	0.94	0.93	0.70	0.70	0.88
60	XIN04552	0.80	0.48	0.60	0.86	0.80	0.78
61	XIN04585	0.65	0.93	0.96	0.72	0.65	0.86
62	XIN04587	0.79	0.90	0.91	0.65	0.62	0.74
63	XIN04595	0.80	0.86	0.79	0.74	0.68	0.80
64	XIN04734	0.64	0.88	0.90	0.78	0.83	0.82
65	XIN04823	0.72	0.68	0.72	0.73	0.80	0.81
66	XIN04825	0.67	0.81	0.81	0.79	0.74	0.89
67	XIN04897	0.88	0.55	0.63	0.81	0.66	0.90
68	XIN05159	0.88	0.81	0.84	0.68	0.62	0.71
69	XIN05239	0.71	0.90	0.92	0.76	0.74	0.79
70	XIN05251	0.94	0.68	0.57	0.89	0.93	0.63
71	XIN05269	0.72	0.86	0.83	0.66	0.67	0.79
72	XIN05281	0.65	0.93	0.90	0.82	0.66	0.86
73	XIN05352	0.85	0.39	0.50	0.87	0.90	0.81

（续）

序号	资源编号	序号/资源编号					
		187	188	189	190	191	192
		XIN10334	XIN10378	XIN10380	XIN10558	XIN10559	XIN10642
74	XIN05379	0.82	0.90	0.82	0.62	0.62	0.73
75	XIN05425	0.82	0.88	0.88	0.70	0.77	0.78
76	XIN05427	0.54	0.83	0.83	0.58	0.69	0.78
77	XIN05440	0.41	0.86	0.87	0.74	0.60	0.86
78	XIN05441	0.60	0.81	0.85	0.75	0.72	0.89
79	XIN05461	0.66	0.85	0.86	0.74	0.66	0.83
80	XIN05462	0.74	0.82	0.84	0.71	0.64	0.82
81	XIN05645	0.77	0.77	0.71	0.76	0.70	0.82
82	XIN05647	0.83	0.65	0.62	0.74	0.76	0.82
83	XIN05649	0.83	0.65	0.65	0.75	0.79	0.79
84	XIN05650	0.76	0.88	0.90	0.82	0.79	0.87
85	XIN05651	0.62	0.88	0.93	0.74	0.77	0.96
86	XIN05652	0.25	0.80	0.83	0.77	0.70	0.85
87	XIN05701	0.62	0.91	0.90	0.69	0.63	0.87
88	XIN05702	0.75	0.91	0.89	0.59	0.56	0.74
89	XIN05726	0.80	0.59	0.56	0.86	0.77	0.77
90	XIN05731	0.70	0.87	0.77	0.72	0.73	0.86
91	XIN05733	0.73	0.88	0.78	0.74	0.79	0.82
92	XIN05862	0.88	0.66	0.63	0.77	0.78	0.75
93	XIN05891	0.75	0.89	0.86	0.64	0.76	0.84
94	XIN05926	0.88	0.76	0.84	0.84	0.74	0.88
95	XIN05952	0.94	0.55	0.61	0.88	0.82	0.78
96	XIN05972	0.82	0.54	0.63	0.80	0.73	0.85
97	XIN05995	0.83	0.79	0.84	0.85	0.73	0.74
98	XIN06057	0.83	0.66	0.64	0.76	0.79	0.80

（续）

序号	资源编号	序号/资源编号					
		187	188	189	190	191	192
		XIN10334	XIN10378	XIN10380	XIN10558	XIN10559	XIN10642
99	XIN06084	0.71	0.70	0.84	0.85	0.80	0.88
100	XIN06118	0.87	0.82	0.83	0.75	0.65	0.73
101	XIN06346	0.81	0.81	0.76	0.64	0.76	0.65
102	XIN06349	0.33	0.83	0.78	0.69	0.73	0.84
103	XIN06351	0.50	0.86	0.85	0.59	0.67	0.82
104	XIN06425	0.38	0.86	0.92	0.71	0.69	0.83
105	XIN06427	0.59	0.91	0.89	0.73	0.79	0.90
106	XIN06460	0.74	0.84	0.86	0.69	0.68	0.86
107	XIN06617	0.53	0.88	0.85	0.76	0.69	0.77
108	XIN06619	0.69	0.77	0.74	0.56	0.67	0.75
109	XIN06639	0.65	0.83	0.85	0.66	0.67	0.82
110	XIN07900	0.63	0.79	0.76	0.71	0.74	0.84
111	XIN07902	0.72	0.87	0.81	0.72	0.63	0.84
112	XIN07913	0.87	0.60	0.58	0.83	0.80	0.73
113	XIN07914	0.73	0.76	0.71	0.71	0.65	0.73
114	XIN07953	0.66	0.85	0.79	0.83	0.61	0.91
115	XIN08073	0.33	0.88	0.90	0.78	0.75	0.90
116	XIN08225	0.80	0.55	0.53	0.78	0.79	0.81
117	XIN08227	0.86	0.70	0.76	0.76	0.81	0.92
118	XIN08229	0.83	0.85	0.89	0.82	0.81	0.94
119	XIN08230	0.85	0.63	0.78	0.87	0.85	0.83
120	XIN08231	0.84	0.76	0.82	0.83	0.79	0.90
121	XIN08252	0.76	0.85	0.82	0.72	0.64	0.84
122	XIN08254	0.60	0.84	0.77	0.70	0.81	0.86
123	XIN08283	0.66	0.91	0.91	0.61	0.75	0.85

序号	资源编号	序号/资源编号					
		187	188	189	190	191	192
		XIN10334	XIN10378	XIN10380	XIN10558	XIN10559	XIN10642
124	XIN08327	0.94	0.52	0.58	0.88	0.82	0.80
125	XIN08670	0.79	0.73	0.81	0.81	0.79	0.82
126	XIN08699	0.42	0.79	0.82	0.81	0.78	0.87
127	XIN08701	0.69	0.87	0.91	0.53	0.49	0.86
128	XIN08718	0.52	0.80	0.90	0.57	0.67	0.78
129	XIN08743	0.41	0.84	0.81	0.74	0.64	0.80
130	XIN08754	0.42	0.92	0.85	0.68	0.76	0.82
131	XIN08786	0.93	0.57	0.63	0.87	0.72	0.84
132	XIN09052	0.72	0.87	0.81	0.72	0.63	0.84
133	XIN09099	0.83	0.70	0.67	0.77	0.80	0.79
134	XIN09101	0.90	0.76	0.75	0.81	0.83	0.84
135	XIN09103	0.69	0.91	0.90	0.67	0.75	0.86
136	XIN09105	0.50	0.91	0.94	0.63	0.70	0.94
137	XIN09107	0.53	0.86	0.80	0.59	0.78	0.88
138	XIN09291	0.89	0.40	0.49	0.92	0.88	0.71
139	XIN09415	0.71	0.82	0.80	0.66	0.83	0.78
140	XIN09478	0.90	0.50	0.59	0.92	0.88	0.84
141	XIN09479	0.29	0.90	0.86	0.71	0.74	0.89
142	XIN09481	0.35	0.88	0.88	0.68	0.77	0.87
143	XIN09482	0.46	0.88	0.84	0.74	0.68	0.86
144	XIN09616	0.60	0.88	0.85	0.61	0.75	0.79
145	XIN09619	0.55	0.94	0.93	0.72	0.72	0.77
146	XIN09621	0.44	0.90	0.85	0.59	0.62	0.79
147	XIN09624	0.73	0.85	0.90	0.78	0.81	0.87
148	XIN09670	0.85	0.61	0.46	0.90	0.84	0.69

（续）

序号	资源编号	序号/资源编号					
		187	188	189	190	191	192
		XIN10334	XIN10378	XIN10380	XIN10558	XIN10559	XIN10642
149	XIN09683	0.89	0.89	0.97	0.83	0.76	0.85
150	XIN09685	0.80	0.85	0.77	0.70	0.64	0.78
151	XIN09687	0.87	0.85	0.86	0.71	0.75	0.76
152	XIN09799	0.77	0.82	0.88	0.75	0.69	0.76
153	XIN09830	0.79	0.84	0.84	0.73	0.73	0.83
154	XIN09845	0.83	0.74	0.65	0.68	0.72	0.70
155	XIN09847	0.83	0.76	0.67	0.70	0.72	0.76
156	XIN09879	0.63	0.88	0.93	0.67	0.81	0.86
157	XIN09889	0.72	0.86	0.97	0.80	0.73	0.88
158	XIN09891	0.49	0.88	0.90	0.77	0.80	0.90
159	XIN09912	0.72	0.54	0.64	0.76	0.82	0.75
160	XIN10136	0.72	0.83	0.85	0.81	0.78	0.88
161	XIN10138	0.83	0.51	0.61	0.81	0.74	0.87
162	XIN10149	0.84	0.27	0.48	0.89	0.83	0.83
163	XIN10156	0.80	0.71	0.65	0.76	0.74	0.76
164	XIN10162	0.83	0.53	0.52	0.77	0.74	0.74
165	XIN10164	0.97	0.63	0.69	0.90	0.77	0.85
166	XIN10168	0.55	0.89	0.86	0.64	0.65	0.80
167	XIN10172	0.82	0.59	0.65	0.80	0.84	0.72
168	XIN10181	0.82	0.79	0.76	0.80	0.77	0.79
169	XIN10183	0.78	0.85	0.86	0.75	0.75	0.80
170	XIN10184	0.71	0.81	0.85	0.80	0.74	0.84
171	XIN10186	0.78	0.86	0.91	0.76	0.70	0.88
172	XIN10188	0.72	0.72	0.76	0.75	0.78	0.81
173	XIN10189	0.58	0.81	0.76	0.54	0.54	0.76

（续）

序号	资源编号	序号/资源编号					
		187	188	189	190	191	192
		XIN10334	XIN10378	XIN10380	XIN10558	XIN10559	XIN10642
174	XIN10191	0.68	0.89	0.84	0.73	0.72	0.86
175	XIN10196	0.82	0.66	0.62	0.85	0.72	0.78
176	XIN10197	0.81	0.68	0.65	0.72	0.75	0.76
177	XIN10199	0.79	0.64	0.78	0.77	0.70	0.71
178	XIN10203	0.73	0.85	0.88	0.83	0.78	0.84
179	XIN10205	0.73	0.85	0.82	0.72	0.56	0.86
180	XIN10207	0.74	0.93	0.91	0.60	0.71	0.81
181	XIN10214	0.90	0.59	0.62	0.92	0.84	0.77
182	XIN10220	0.72	0.88	0.85	0.69	0.83	0.84
183	XIN10222	0.36	0.91	0.91	0.73	0.84	0.88
184	XIN10228	0.74	0.91	0.94	0.61	0.72	0.82
185	XIN10230	0.87	0.57	0.64	0.87	0.91	0.81
186	XIN10284	0.78	0.82	0.72	0.67	0.72	0.70
187	XIN10334	0.00	0.91	0.85	0.67	0.67	0.88
188	XIN10378	0.91	0.00	0.45	0.91	0.94	0.82
189	XIN10380	0.85	0.45	0.00	0.92	0.83	0.79
190	XIN10558	0.67	0.91	0.92	0.00	0.65	0.79
191	XIN10559	0.67	0.94	0.83	0.65	0.00	0.91
192	XIN10642	0.88	0.82	0.79	0.79	0.91	0.00

三、192 份大豆资源的群体结构分析

为了估测 192 份大豆资源的群体结构并确定最佳的群体分组，应用 STRUCTURE 2.3.4 软件进行基于混合模型的亚群划分，软件运行设置等位变异频率特征数（遗传群体数）K 从 2 到 20，Burn - in 周期为 100 000，MCMC 的重复次数为 100 000 次，采用混合模型和相关等位基因频率，然后将结果文件压缩，上传到 "STRUCTURE HAR-VESTER" 网站（http://www.structureharvester.com/），据 EVAN-NO 等的方法计算得到 Delta K，确定最佳 K 值。

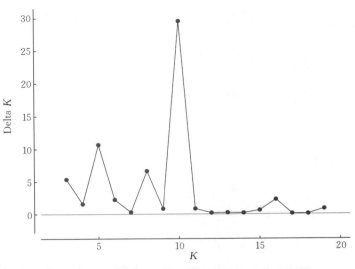

图 1　192 份大豆资源最佳 K 值

根据图 1 可以看到，K 值为 10 时，具有最大的拐点，说明最佳群体结构为 10 个类群。

对 192 份大豆资源的群体结构进行划分，192 份大豆资源被划分为 10 个类群，各序号的资源群体结构划分情况见图 2。

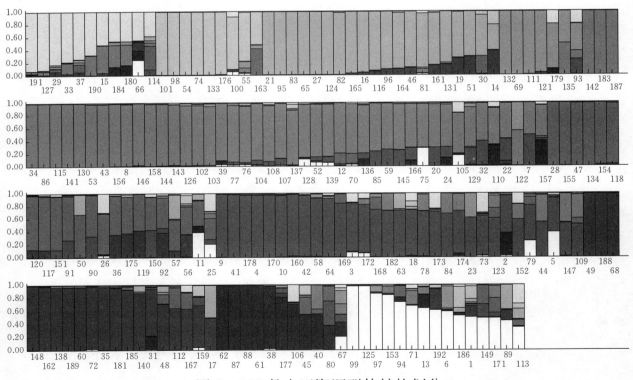

图 2　192 份大豆资源群体结构划分

四、36 对 SSR 引物名称及序列

引物名称	所在染色体	正向引物序列	反向引物序列
Satt300	A1	GCGACCATCATCTAATCACAATCTACTA	TCCCCATCATTTATCGAAAATAATAATT
Satt429	A2	GCGACCATCATCTAATCACAATCTACTA	TCCCCATCATTTATCGAAAATAATAATT
Satt197	B1	CACTGCTTTTTCCCCTCTCT	AAGATACCCCCAACATTATTTGTAA
Satt556	B2	GCGATAAAACCCGATAAATAA	GCGTTGTGCACCTTGTTTTCT
Satt100	C2	ACCTCATTTTGGCATAAA	TTGGAAAACAAGTAATAATAACA
Satt267	D1a	CCGGTCTGACCTATTCTCAT	CACGGCGTATTTTTATTTTG
Satt005	D1b	TATCCTAGAGAAGAACTAAAAAA	GTCGATTAGGCTTGAAATA
Satt514	D2	GCGCCAACAAATCAAGTCAAGTAGAAAT	GCGGTCATCTAATTAATCCCTTTTTGAA
Satt268	E	TCAGGGGTGGACCTATATAAAATA	CAGTGGTGGCAGATGTAGAA
Satt334	F	GCGTTAAGAATGCATTTATGTTTAGTC	GCGAGTTTTTGGTTGGATTGAGTTG
Satt191	G	CGCGATCATGTCTCTG	GGGAGTTGGTGTTTTCTTGTG
Sat_218	H	GCGCACGTTAAATGAACTGGTATGATA	GCGGGCCAAAGAGGAAGATTGTAAT
Satt239	I	GCGCCAAAAAATGAATCACAAT	GCGAACACAATCAACATCCTTGAAC
Satt380	J	GCGAGTAACGGTCTTCTAACAAGGAAAG	GCGTGCCCTTACTCTCAAAAAAAAA
Satt588	K	GCTGCATATCCACTCTCATTGACT	GAGCCAAAACCAAAGTGAAGAAC
Satt462	L	GCGGTCACGAATACAAGATAAATAATGC	GCGTGCATGTCAGAAAAAATCTCTATAA
Satt567	M	GGCTAACCCGCTCTATGT	GGGCCATGCACCTGCTACT
Satt022	N	GGGGGATCTGATTGTATTTTACCT	CGGGTTTCAAAAAACCATCCTTAC
Satt487	O	ATCACGGACCAGTTCATTTGA	TGAACCGCGTATTCTTTTAATCT
Satt236	A1	GCGCCCACACAACCTTTAATCTT	GCGGCGACTGTTAACGTGTC
Satt453	B1	GCGGAAAAAAAACAATAAACAACA	TAGTGGGGAAGGGAAGTTACC
Satt168	B2	CGCTTGCCCAAAAATTAATAGTA	CCATTCTCCAACCTCAATCTTATAT
Satt180	C1	TCGCGTTGTCAGC	TTGATTGAAACCCAACTA
Sat_130	C2	GCGTAAATCCAGAAATCTAAGATGATATG	GCGTAGAGGAAAGAAAAGACACAATATCA
Sat_092	D2	AATTGAGTGAAACTTATAAGAATTAGTC	AAATAAGTAGGATGCTTGACAAA
Sat_112	E	TGTGACAGTATACCGACATAATA	CTACAAATAACATGAAATATAAGAAATA
Satt193	F	GCGTTTCGATAAAAATGTTACACCTC	TGTTCGCATTATTGATCAAAAAT
Satt288	G	GCGGGGTGATTTAGTGTTTGACACCT	GCGCTTATAATTAAGAGCAAAAGAAG
Satt442	H	CCTGGACTTGTTTGCTCATCAA	GCGGTTCAAGGCTTCAAGTAGTCAC
Satt330	I	GCGCCTCCATTCCACAACAAATA	GCGGCATCCGTTTCTAAGATAGTTA
Satt431	J	GCGTGGCACCCTTGATAAATAA	GCGCACGAAAGTTTTTCTGTAACA
Satt242	K	GCGTTGATCAGGTCGATTTTTATTTGT	GCGAGTGCCAACTAACTACTTTTATGA
Satt373	L	TCCGCGAGATAAATTCGTAAAAT	GGCCAGATACCCAAGTTGTACTTGT
Satt551	M	GAATATCACGCGAGAATTTTAC	TATATGCGAACCCTCTTACAAT
Sat_084	N	AAAAAAGTATCCATGAAACAA	TTGGGACCTTAGAAGCTA
Satt345	O	CCCCTATTTCAAGAGAATAAGGAA	CCATGCTCTACATCTTCATCATC

五、panel 组合信息表

panel	荧光类型	引物名称 (等位变异范围，bp)	panel	荧光类型	引物名称 (等位变异范围，bp)
1	TAMARA	Satt453 (236－282)	5	HEX	Satt191 (187－224)
	HEX	Satt100 (108－167)		ROX	Sat_092 (210－257)
	ROX	Satt005 (123－174)		6－FAM	Satt462 (196－287)
	6－FAM	Satt288 (195－261)	6	TAMARA	Satt197 (134－200)
2	TAMARA	Satt300 (234－269)		HEX	Sat_084 (132－160)
	HEX	Satt239 (155－194)		ROX	Sat_218 (264－329)
	ROX	Satt268 (202－253)		6－FAM	Satt345 (192－251)
	6－FAM	Satt567 (103－109)	7	TAMARA	Satt431 (190－231)
	6－FAM	Satt373 (210－282)		HEX	Satt330 (105－151)
3	TAMARA	Satt236 (211－236)		ROX	Sat_112 (298－354)
	HEX	Satt380 (125－135)		6－FAM	Satt551 (224－237)
	ROX	Satt514 (181－249)	8	TAMARA	Satt334 (183－215)
	6－FAM	Satt487 (192－204)		HEX	Satt442 (229－260)
4	TAMARA	Satt168 (200－236)		ROX	Sat_130 (279－315)
	HEX	Satt588 (130－170)		6－FAM	Satt180 (212－275)
	ROX	Satt429 (237－273)	9	HEX	Satt193 (223－258)
	6－FAM	Satt242 (174－201)		ROX	Satt267 (229－249)
5	TAMARA	Satt556 (161－212)		6－FAM	Satt022 (194－216)

注：部分引物变异范围取自 556 份大豆品种的结果。

六、实验主要仪器设备及方法

1. 样品 DNA 使用天根生化科技有限公司植物 DNA 提取试剂盒提取。

2. 使用 Bio – Rad 公司 S1000 型号 PCR 仪进行 PCR 扩增。

3. 等位变异结果由 ABI3130XL 测序仪扩增后获得。

将 6 – FAM 和 HEX 荧光标记的 PCR 产物用超纯水稀释 30 倍，TAMRA 和 ROX 荧光标记的 PCR 产物用超纯水稀释 10 倍。分别取等体积的上述 4 种稀释后的 PCR 产物，混合。吸取 1 μL 混合液加入 DNA 分析仪专用深孔板孔中。在板中各孔分别加入 0.1 μL LIZ500 分子量内标和 8.9 μL 去离子甲酰胺。除待测样品外，还应同时包括参照品种的扩增产物。将样品在 PCR 仪上 95℃ 变性 5 min，迅速取出置于碎冰上，冷却 10 min。瞬时离心 10 s 后上测序仪电泳。

注：PCR 扩增产物稀释倍数可根据扩增结果进行相应调整。